LTspice Grundlagen

Eine Einführung in die Schaltungssimulation

Dr. Dogan Ibrahim

elektor
design > share > earn

1. Auflage 2025

ISBN 978-3-89576-682-4 Print
ISBN 978-3-89576-683-1 eBook

Satz und Aufmachung: D-Vision, Julian van den Berg | Oss (NL)
Übersetzung: Markus Freund
Druck: Ipskamp Printing, Enschede (NL)

Elektor Verlag GmbH, Aachen
www.elektor.de

Inhaltsverzeichnis

Vorwort

In allen Bereichen der Elektrotechnik und Elektronik ist eine Simulation von Schaltkreisen unerlässlich. Studierende setzen dabei das Gelernte aus ihren Kursen in die Praxis um und erhalten dadurch die Möglichkeit die komplexe Theorie in anwendungsbezogenen Experimenten umzusetzen. Praktizierende Ingenieure simulieren und optimieren elektronische Schaltungen bevor diese zum Testen aufgebaut werden.

Im Bereich der Elektrotechnik und Elektronik ist die Schaltungstheorie ein Kernfach und grundlegender Bestandteil in den Fächern der Ingenieursausbildung. Üblicherweise müssen für die Versuche in einem Entwicklungslabor Messgeräte und Elektronikbauteile gekauft und zusammengebaut werden um Schaltungen für Versuche und eine Validierung aufzubauen. Es ist normal, besonders in der Entwicklungsphase, dass die Bestimmung der Bauteile für einen Aufbau kostspielig und manchmal auch schwierig sein kann. Eine Schaltung zu simulieren ist viel billiger und schneller. Bauteile und Messinstrumente können nicht zerstört werden und sind in beliebiger Stückzahl verfügbar.

LTspice wurde von Mike Engelhardt entwickelt und gehört nun zu Analog Devices. Es handelt sich dabei um ein Zeichnungsprogramm für Schaltungen, einen leistungsstarken, schnellen und kostenlosen SPICE-Simulator sowie eine Anzeige von Kurvenverläufen mit einer großen Datenbank an Bauteilen, die weltweit mit SPICE-Modellen unterstützt wird. Mit LTspice kann man einfach und schnell einen Schaltplan zeichnen. Dank der leistungsfähigen Grafikfunktionen kann man sich die Spannungen und Ströme in einer Schaltung und die Leistungsaufnahme der Bauteile und vieles mehr anzeigen lassen.
LTspice ist ein leistungsfähiges Werkzeug zur Simulation von elektronischen Schaltungen mit vielen Funktionen und Möglichkeiten. All diese im Detail zu behandeln ist im Umfang dieses Buches nicht möglich. Deshalb werden in diesem Buch die gängigsten Themen wie DC- und AC-Analyse, Parametersweep, Übertragungsfunktionen, Oszillatoren, Diagramme, etc. dargestellt. Wenngleich dieses Buch eine Einführung in LTspice ist, deckt es die meisten Interessensgebiete derjenigen ab, die sich mit der Simulation von elektronischen Schaltungen befassen.

Das Buch richtet sich an Elektroingenieure und Elektronikentwickler, Studierende, Lehrer und Bastler. Im Buch werden viele getestete Simulationen gezeigt. Die Leser benötigen keine Programmierkenntnisse, doch ist es hilfreich, wenn Sie mit den Grundlagen des Schaltkreisentwurfs und deren Funktionsweisen vertraut sind. Diejenigen, die tiefer in die Materie eintauchen möchten, finden umfangreiche Tutorials, Artikel, Videos, Dateien mit Schaltungen und SPICE-Modelle von Schaltkreisen im Internet.

Alle in diesem Buch verwendeten Simulationsbeispiele befinden sich als herunterladbare Dateien auf der zugehörigen Webseite dieses Buches. Die Leser sind eingeladen diese Beispiele zum Lernen zu verwenden oder sie für ihre eigenen Anwendungen zu verändern. Ich wünsche Ihnen viel Spaß beim Lesen dieses Buches und dass Sie LTspice für Ihr nächstes elektrisches/elektronisches Simulationsprojekt verwenden.

Prof. Dogan Ibrahim

Kapitel 1 • Einführung

1.1 Warum simulieren?

Ein wesentlicher Unterschied zwischen den Lehrveranstaltungen für Ingenieure und den Lehrveranstaltungen anderer Studiengänge besteht darin, dass der Inhalt bei den Ingenieuren stark von praktischen Inhalten geprägt ist wie z.B. Laborpraktika. In allen Fächern ist die Arbeit in Laboren ein wesentlicher Bestandteil und es ist für alle Studierenden in einem solchem Fach eine grundlegende Bedingung, dass sie die Laboraufgaben erfolgreich durchführen, bevor sie ihren Abschluss machen dürfen.

Im Unterricht lernen die Studierenden die Mathematik und die Theorie hinter der Elektronik und anschließend wird von ihnen erwartet, dass sie die gewonnenen Kenntnisse bei der Durchführung von relevanten Versuchen im Labor anwenden können. Das gilt für alle Ingenieurswissenschaften, egal ob Chemietechnik, Maschinenbau, Elektrotechnik/ Elektronik, etc. Studierende der Elektrotechnik zum Beispiel, lernen im Unterricht sehr detailliert die Schaltungstheorie. Danach wird von ihnen erwartet, dass sie die Laborversuche mit echten Bauteilen, echten Messgeräten und echten Versorgungsspannungen durchführen und die gelernte Theorie in die Praxis umsetzen.

Obwohl echte Laborversuche sehr nützlich sein können, sind doch einige Probleme damit verbunden:

- Der Kauf von echten Elektronikbauteilen und Messgeräten kann sehr teuer sein. Häufig benötigt man für einen Jahrgang die gleichen Messgeräte mehrfach, was sehr kostspielig sein kann.

- Die Charakteristik eines Elektronikbauteils und der Ausstattung kann sich durch Alterung oder mit der Temperatur ändern, wodurch sich unerwartete oder falsche Ergebnisse ergeben.

- Es ist nicht immer leicht, die benötigten Bauteile zu finden und Studierende müssen lange warten, bevor sie ihre Projekte entwickeln und testen können.

- Echte Bauteile und echte Messinstrumente können bei unsachgemäßer Behandlung Schaden nehmen, z.B. wenn eine zu hohe Spannung angelegt oder ein zu hoher Strom eingeprägt wurde oder wenn sie kurzgeschlossen werden. Es kann teuer werden, diese rechtzeitig zu reparieren oder zu ersetzen.

- Bei Nichtbeachtung der Sicherheitsbestimmungen können Studierende im Labor verunfallen (z.B. elektrischer Schlag). Demnach muss immer eine Aufsicht im Labor anwesend sein um sicherzustellen, dass die Studierenden die Bauteile richtig verbinden und die Geräte am Netzanschluss entsprechend den gegebenen Sicherheitsbestimmungen verwenden.

- Labormessgeräte müssen für gewöhnlich von Zeit zu Zeit erneut kalibriert werden, was teuer und lästig sein kann.

- Studierende im Fernstudium können möglicherweise die Laborräume nicht besuchen.

Die Simulation am Computer ist eine Alternative zur Ausübung von Versuchen unter Verwendung von Hardware. Ein Simulator ist im Grunde ein Computerprogramm, welches das Verhalten von echten elektronischen Schaltung vorhersagt. In einer Simulation werden Softwaremodelle (z.B. SPICE-Modelle) von realen Bauteilen und virtuelle Messinstrumente verwendet. In der Regel starten die Studierenden für eine Simulation das Simulationsprogramm und wählen die benötigten Bauteile und virtuellen Messgeräte aus einer Softwarebibliothek aus. Dabei kann beispielsweise der Wert eines Widerstandes per Knopfdruck verändert werden. Im Anschluss verbinden die Studierenden mit den Werkzeugen der Software die Bauteile und Messinstrumente um die Schaltung zu erstellen. Danach wird der Simulationsprozess gestartet und das AC- oder DC-Verhalten, die Impulsantwort, das Rauschverhalten oder eine Fouriertransformation simuliert. Viele andere Verhaltensweisen der Schaltung können einfach angeordnet, dargestellt oder gespeichert werden.

Die Simulation ist eine Alternative und ein unschätzbares Werkzeug zum Design und zur Entwicklung von elektronischen Schaltungen. Einige Vorteile sind:

- Jedes Bauteil kann unabhängig von seinem Preis modelliert und simuliert werden. Die virtuellen Messgeräte sind Computerprogramme und deshalb gibt es keine Probleme mit Kosten.

- Die in einer Simulation verwendeten virtuellen Instrumente und Bauteile können keinen Schaden nehmen, wenn sie falsch angeschlossen, oder hohe Spannungen angelegt werden oder durch sie große Ströme fließen.

- Die Instrumente im Simulator müssen nicht kalibriert werden, da sie lediglich Computerprogramme sind. Sie sind immer verfügbar und arbeiten immer in der gleichen Beschaffenheit.

- Eine Simulation erlaubt es die inneren Ströme und Spannungen von Bauteilen in einer Schaltung zu messen, was mit echten Bauteilen kompliziert oder gar unmöglich wäre. So könnte beispielsweise die Spannung über einem Schaltungsteil sehr hoch sein und eine Gefahr darstellen.

- In Fernlehrgängen kann eine Simulation einfach verwendet werden. Die Studierenden können eine Kopie des Simulationsprogramms oder die Zugangsdaten für die Verwendung eines Simulationsprogramms über das Internet erhalten. LTspice ist ein frei verfügbares Schaltkreissimulationsprogramm und kann von allen Studierenden verwendet werden. Die Versuche können dann z.B. zu Hause und jederzeit durchgeführt werden.

- Allerdings hat die Simulation auch einige Nachteile:

- Eine Simulation ist nur so gut wie ihr Modell. Eine Simulation berücksichtigt gewöhnlich keine Bauteiltoleranzen, Alterungsprozesse oder ein Temperaturverhalten. Die Anwender könnten annehmen, dass alle Bauteile stets ideal sind

- Bei hohen Frequenzen könnten die Simulationsergebnisse ungenau sein. So finden normalerweise Eigenschaften wie z.B. der Skin-Effekt bei einer Hochfrequenzsimulation keine Berücksichtigung

- Ein Simulator kann fehlerbehaftet sein oder Eigenheiten besitzen, die ohne besondere Berücksichtigung zu falschen Ergebnissen führen können.

- Simulationsprogramme entwickeln sich ständig weiter, indem neue Bauteile und Funktionalitäten eingeführt und Bugs behoben werden. Das erfordert ein regelmäßiges einspielen von Updates.

1.2 Elektroniksimulation

Die Geschichte der Elektroniksimulation reicht bis in die 1970er Jahre zurück. Bevor PCs verfügbar waren, wurde die Elektroniksimulation analog mit Operationsverstärkern und passiven Bauteilen durchgeführt. Diese Art der Simulation war sehr eingeschränkt, ungenau und wurde hauptsächlich verwendet um Steuerungen der Automatisierungstechnik zu analysieren.

Eines der ersten Simulationsprogramme war SPICE (Simulation Program with Integrated Circuit Emphasis), das entwickelt wurde um analoge Schaltungen zu simulieren. Es wurde in den späten 1960er Jahren an der Universität in Berkeley entwickelt. Die SPICE Version 2 wurde in der Public Domain und die Version 3 wurde im März 1985 veröffentlicht. Diese Version wurde in der Programmiersprache FORTRAN geschrieben, welche zu dieser Zeit am häufigsten benutzt wurde.

Heutzutage basieren die meisten professionellen Simulationsprogramme auf SPICE. Zu SPICE gibt es im Internet viele Informationsquellen wie Bücher, Tutorials, Videos und Beispiele. Der interessierte Leser sollte sich damit beschäftigen. Speziell Kapitel 13 ist dem Thema SPICE-Modellierung gewidmet.

1.3 Der LTspice Simulator

Auf dem Markt sind viele professionelle Schaltkreissimulatoren verfügbar und einige davon sind recht teuer. Einige Bildungseinrichtungen oder Privatpersonen bieten kostenlose Simulatoren zum freien Download im Internet an. Einige aktuelle verfügbare und bekannte Schaltungssimulatoren sind: LTspice, TINA-TI, Altium, Proteus, PSPICE, SiMetrix, CircuitLab, Multisim, PLECS, CircuitLogix und viele mehr.

LTspice wurde von Linear Technology (jetzt Analog Devices) entwickelt und zur Verfügung gestellt. Einige Funktionen von LTspice sind in den nächsten Abschnitten zusammengestellt.

1.3.1 Schematic Capture

Elektronische Zeichnungen werden in einem einfach zu bedienenden Schaltplaneditor eingegeben. Die Bauteilsymbole werden aus der Werkzeugleiste ausgewählt und können auf dem Bildschirm einfach mit der Maus und der Tastatur positioniert, bewegt, gedreht und/oder gespiegelt werden. Der Bauteilkatalog von LTspice beinhaltet viele elektronische Bauteile. Eine große Anzahl an zusätzlichen Bauteilen kann aus vielen Quellen im Internet hinzugefügt werden. Man kann beliebig viele Simulationsdateien oder subcircuits öffnen, Schaltungsteile aus einer Schaltung ausschneiden und kopieren sowie in eine andere Schaltung einfügen. Mit LTspice kann man einfach Blöcke mit elektronischen Schaltungen (subcircuits oder hierarchical blocks genannt) erstellen, die in andere Schaltungen eingefügt werden können. Dadurch wird es möglich wird, große Schaltungen mit einfachen Blöcken zu erstellen. So kann man z.B. einen Block mit einem Tiefpassfilter zweiter Ordnung erzeugen und dann durch einfaches Hintereinanderschalten dieser Blöcke Tiefpassfilter höherer Ordnung erstellen.

1.3.2 DC-Analyse

Die DC-Analyse berechnet den Gleichstromarbeitspunkt und die Übertragungscharakteristik von analogen oder digitalen Schaltungen. Der Anwender kann die berechneten („gemessenen“) Gleichspannungswerte der Knotenspannungen und Kreisströme an jedem Knoten oder in jeder Masche untersuchen, indem eine Liste von allen Strömen und allen Spannungen in der Schaltung tabellarisch dargestellt werden.

1.3.3 AC-Analyse

Die AC-Analyse erlaubt die Berechnung und Darstellung von komplexen Spannungen und Strömen sowie Leistungsübertragungsfunktionen. Bodediagramme mit einer logarithmischen Frequenzachse und einer vertikalen Achse in Dezibel sind einfach erstellt.

1.3.4 Transientenanalyse

Die Transientenanalyse ermöglicht die Berechnung und Darstellung des zeitlichen Verhaltens der Schaltung. Der Anwender kann bei dieser Simulationsart eine Sinusspannung, eine Rechteckspannung, ein aus Geraden zusammengesetzter Spannungsverlauf (arbitrary piece-wise linear voltage) oder eine beliebige andere benutzerdefinierte Spannung aus einer Datei (z.B. .wav) als Eingangsspannung verwenden.

1.3.5 Darstellung der Ergebnisse

Die Auswahlmöglichkeiten zur Darstellung der Kurvenverläufe sind sehr beeindruckend. Sie ermöglichen die Darstellung der Zeitverläufe oder Frequenzgänge an jedem beliebigen Punkt der Schaltung durch einen einfachen Klick auf die gewünschte Stelle. Zusätzlich zum Strom- und Spannungsverlauf kann durch einfaches Anklicken eines Bauteils seine Verlustleistung dargestellt werden. Man kann sich die Frequenz eines Kurvenverlaufs, seinen Maximalwert, die Spannung oder Zeit an jedem Punkt einer Spannungs- Strom- oder Leistungskurve anzeigen lassen. Man kann an jedem Teil des Kurvenverlaufs rein- und raus zoomen, die Farbe der gezeichneten Kurven ändern, Text einfügen, mehrere Kurvenverläufe in einem Diagramm, Diagramme übereinander oder in verschiedenen Fenstern darstellen und vieles mehr.

1.3.6 Rauschanalyse

Mit LTspice kann man das Rauschen am Eingang oder Ausgang einer Schaltung analysieren und darstellen.

1.3.7 Fourieranalyse (FFT)

Zusätzlich zu der Berechnung und Darstellung des zeitlichen Verhaltens kann das Frequenzverhalten durch eine FFT (Fast Fourier Transform) eines Ausgangssignals einfach dargestellt werden.

1.3.8 Simulation digitaler Schaltungen

LTspice besitzt Werkzeuge zur Simulation von digitalen Schaltungen. Obwohl die vorhandene Auswahl an digitalen Bausteinen eher klein ist, können viele digitale Bausteine einfach importiert und verwendet werden.

1.3.9 Analyse mittels Laplacetransformation

LTspice erlaubt die Verwendung der Übertragungsfunktion als Laplacetransformierte einer Schaltung in einer Simulation.

1.3.10 Expression Editor

Mit dem Expression Editor kann man mathematische Operationen an jedem Kurvenverlauf durchführen. So können z.B. zwei Kurvenverläufe miteinander multipliziert und das Ergebnis grafisch dargestellt werden.

1.3.11 AC Sweep

LTspice ermöglicht einen Frequenzdurchlauf der Wechselspannung sowohl linear, in Oktaven und dekadisch.

1.3.12 DC Sweep

Ein DC Sweep ermöglicht die Untersuchung des Verhaltens der Schaltung bezüglich mehrerer Einflüsse. Dieser kann für die Spannung, den Strom oder die Temperatur durchgeführt werden.

1.3.13 Parametersweep

Zusätzlich zu einem Spannungsdurchlauf erlaubt LTspice die Bauteilwerte zu ändern und damit einen Parameterdurchlauf durchzuführen und die Ergebnisse darzustellen.

1.3.14 SPICE-Modelle

Es gibt unzählige frei verfügbare und kompatible SPICE-Modelle von Bauteilen, die mit LTspice verwendet werden können. Weiterhin ist es möglich, selbst Modelle zu erstellen und zu verwenden.

1.3.15 Netzliste

Die Netzliste kann exportiert werden, damit man sie z.B. mit einem Leiterplattenentwurfs-programm verwenden kann.

1.3.16 Onlinehilfe

Durch drücken der F1-Taste gelangt man zu einer umfangreichen Hilfeseite. Ergänzend dazu findet der interessierte Leser im Internet kostenfreie Tutorials, Bücher, YouTube-Videos, Simulationsbeispiele und Artikel.

Kapitel 2 • Die ersten Schritte mit LTspice

2.1 Übersicht

In diesem Kapitel wird die Installation der aktuellsten LTspice-Version auf einem Computer mit Windows gezeigt (das Programm kann auch auf macOS ab Version 10.14 installiert werden). Ergänzend wird die Verwendung von einigen Menüoptionen erläutert. Am Ende dieses Kapitels werden wir mit LTspice die Schaltung eines interessanten Multivibrators zeichnen und simulieren. In den übrigen Kapiteln dieses Buches werden wir detailliert das Zeichnen eines Schaltplans und die Simulationsarten von Grund auf besprechen.

2.2 Installation von LTspice mit Windows

Während dieses Buch geschrieben wurde, war die aktuelle LTspice Version 24.0.9, auch bekannt als Version 24. Die Installationsschritte sind:

- Gehen Sie auf die Internetseite:
  https://www.analog.com/en/resources/design-tools-and-calculators/LTspice-simulator.html

- Scrollen Sie runter und klicken Sie auf den Downloadlink um die Installationsdatei herunterzuladen (Abbildung 2.1). Während das Buch geschrieben wurde, hieß die Installationsdatei (für 64-bit PCs): LTspice64.msi

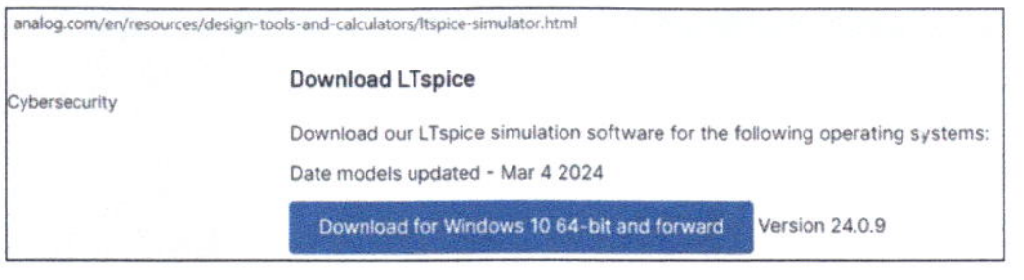

Abbildung 2.1: Zum Herunterladen der Installationsdatei klicken

- Mit einem Doppelklick auf die Datei wird LTspice installiert. Nach der Installation sollte das Icon wie in Abbildung 2.2 auf dem Desktop erscheinen.

Abbildung 2.2: LTspice Icon

2.3 Start von LTspice

Mit einem Doppelklick auf das Icon wir LTspice gestartet. Abbildung 2.3 zeigt das Startfenster. Dabei fällt einem auf, dass alle Menüoptionen ausgegraut und nicht bedienbar sind. Die Ausnahmen sind: File, View, Tools und Help. Später in diesem Kapitel werden wir diese Optionen behandeln. In der Zwischenzeit klicken Sie auf Help → About LTspice um sich die Versionsnummer (Abbildung 2.4) anzeigen zu lassen.

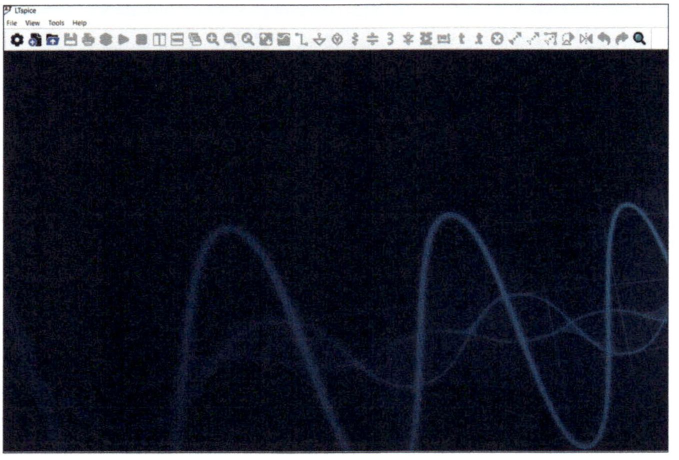

Abbildung 2.3: Startfenster von LTspice

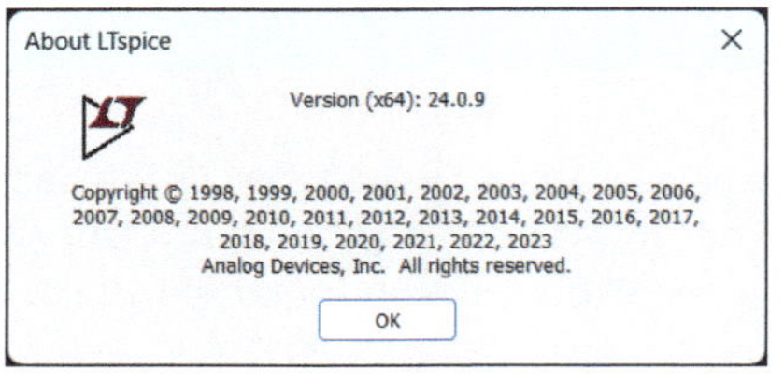

Abbildung 2.4: Versionsnummer von LTspice

2.4 Erstellung eines neuen Schaltplans

Es ist wichtig zu wissen wie man die Werte von Widerständen, Kondensatoren und Spulen angibt, bevor man einen neuen Schaltplan erstellt. Tabelle 2.1 zeigt die verfügbaren Vorsätze für die Maßeinheiten. Dabei ist zu beachten, dass diese unabhängig von Groß- und Kleinschreibung sind. Das Bedeutet z.B., dass sowohl k als auch K für Kilo verwendet werden kann.

Vorsatz	Name	Faktor
T	Tera	1012
G	Giga	109
Meg	Mega	106
k	Kilo	103
m	Milli	10-3
u	Mikro	10-6
n	Nano	10-9
p	Pico	10112
f	Femto	10-15

Tabelle 2.1: Vorsätze in LTspice

Um einen neuen Schaltplan zu erzeugen klicken Sie auf **File** → **New Schematic** oder Sie drücken **Strg+N** oder klicken auf das zweite Icon mit dem ´**+**´ auf der linken Seite in der oberen Menüleiste. Dadurch wird die Bildschirmfläche wie in Abbildung 2.5 angezeigt. Im oberen Teil des Fenster sind die Menüpunkte angeordnet und darunter befinden sich die Buttons bzw. Icons (in der Abbildung ist die Leiste für eine bessere Übersichtlichkeit in zwei Teile geteilt). Für jeden Button ist eine Kurzbeschreibung für eine schnelle Orientierung vorhanden.

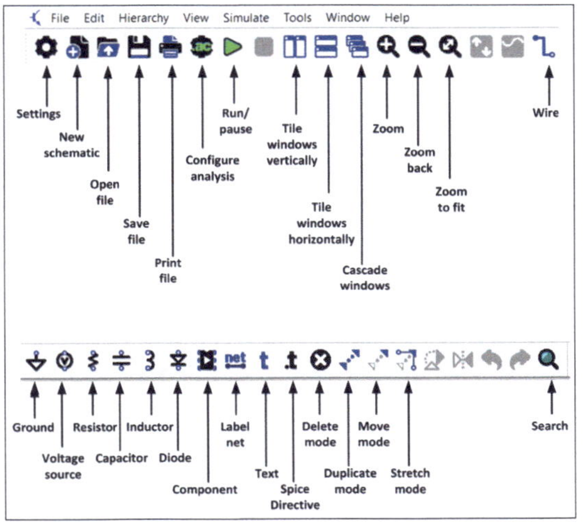

Abbildung 2.5: Fenster mit neuem Schaltplan

Mit den nachfolgenden Tastenkombinationen können die Funktionen der Icons ausgeführt werden. Diese können durch **Tools** → **Settings** im Reiter für **Schematic** unter **Keyboard Shortcuts** geändert und wieder zurückgesetzt werden (in den Klammern befinden sich die ´klassischen´ LTspice XVII Tastenkürzel. Diese können in den Einstellungen ebenfalls aktiviert werden):

New Schematic	-	Strg+N	erzeugt einen neuen Schaltplan
Open	-	Strg+O	öffnet eine bereits vorhandene Datei
Save	-	Strg+S	speichert die aktuelle Datei
Print	-	Strg+P	ruft das Druckermenü zum Drucken auf
Configure Analysis	-	A (n/a)	öffnet das Fenster zur Konfiguration der Simulation
Zoom to rectangle	-	Z (Strg+Z)	Auswahl eines Bereichs zum Vergrößern
Zoom back	-	Shift+Z (Strg+B)	Verkleinert die Ansicht einen Schritt
Zoom to fit	-	Space (n/a)	Zeigt die gesamte Schaltung
Wire	-	W (F3)	Wählt das Verbindungstool aus
Ground	-	G	Wählt das Symbol für die Masse
Resistor	-	R	Wählt das Symbol für einen Widerstand
Capacitor	-	C	Wählt das Symbol für einen Kondensator
Inductor	-	L	Wählt das Symbol für eine Spule
Diode	-	D	Wählt das Symbol für eine Diode

Component	-	P (F2)	Öffnet die Bibliothek mit den Bauteilen
Label Net	-	N (F4)	Erzeugt eine Beschriftung an Leitungen sowie Ein- und Ausgängen
Text	-	T	Ruft das Feld für eine Texteingabe auf
SPICE Directive	-	. (S)	Ruft das Fenster zur Eingabe von SPICE-Befehlen auf
Delete Mode	-	DEL (DEL oder F5)	Wählt das Tool zum Löschen von Komponenten aus
Duplicate Mode	-	Strg+C (F6)	Wählt das Tool zum Kopieren aus
Move Mode	-	M (F7)	Ruft den Modus zum Verschieben von Komponenten auf (ohne Verbindungen)
Stretch Mode	-	S (F8)	Ruft den Modus zum Verschieben von Komponenten auf (mit Verbindungen)
Search	-	Strg+F	Öffnet das Textfeld zur Suche

Schaltplanbeispiel

Bestimmt lernt man am einfachsten, wie man einen Schaltplan erstellt, indem man ein Schaltplanbeispiel durchgeht. Der Schaltplan, den wir zeichnen werden, ist ein Multivibrator (auch als astabile Kippstufe bekannt), das aus dem Ordner von LTspice mit Lernbeispielen (**File → Open Examples... → Educational → astable.as**c) stammt. Der Multivibrator ist ein einfacher Rechteckgenerator mit zwei Transistoren, vier Widerständen, zwei Kondensatoren und natürlich einer Versorgungsspannung (z.B. eine Batterie). Die genaue Funktionsweise ist zu diesem Zeitpunkt irrelevant und der Autor nimmt an, dass die meisten Leser mit der Schaltung des Multivibrators vertraut sind. Es folgt eine Schritt-für-Schritt-Anleitung, die erklärt wie man die Schaltung in Abbildung 2.6 zeichnet und im Anschluss simuliert.

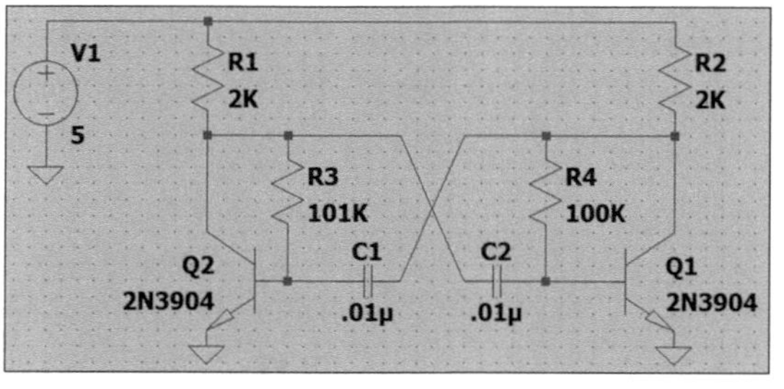

Abbildung 2.6: Beispiel Multivibrator

- Starten Sie LTspice
- Klicken Sie auf **File → New Schematic**
- Wir werden die Hintergrundfarbe in weiß und die Farbe für die Verbindungen in schwarz ändern um die Erkennbarkeit für dieses Buch zu verbessern.
  Um die Farbe für die Leitungen zu ändern klicken Sie auf **Tools → Color Preferences** und wählen unter **Selected** item die Auswahl **Wires**. Die Farbe der Verbindungen verändern Sie, indem Sie die Schieber jeweils nach links schieben oder in die Felder für jede Farbe (Red, Green, Blue) jeweils eine ´0´

eingeben, so dass die Farbe für die Verbindungen schwarz wird. Ebenso wählen Sie für den Hintergrund **Background** als Auswahl unter **Selected item** und setzen die Schieber für rot, grün und blau (Red, Green, Blue) jeweils nach rechts oder geben als Wert ´255´ ein, so dass die Hintergrundfarbe weiß wird.

- Die Linien der Kurvenverläufe in den Diagrammen können Sie dicker machen, indem Sie unter **Tools** → **Settings** den Reiter **Waveforms** auswählen. Dort können Sie bei **Data trace width[*]** einen größeren Wert (z.B. ´3´) auswählen.

- Klicken Sie auf das Symbol für einen Widerstand und positionieren Sie die Widerstände R1, R2, R3 und R4 ungefähr an der selben Stelle wie in Abbildung 2.6 (vgl. Abbildung 2.7). Um den Vorgang abzuschließen, drücken Sie Escape oder auf die rechte Maustaste. Mit dem Mausrad können Sie rein und raus zoomen. Wenn Sie die linke Maustaste gedrückt halten, können Sie die Zeichnung bewegen. Wenn Sie die Position eines Bauteils verändern möchten, drücken Sie ´M´ (**Move Mode**), klicken auf das zu bewegende Bauteil und schieben es an die gewünschte Stelle. (Wenn Sie die Leitung dabei verbunden bleiben soll, verwenden Sie den **Stretch Mode** um das Bauteil zu bewegen.) Drücken Sie **Escape** auf der Tastatur oder klicken auf die rechte Maustaste um den **Move Mode** zu beenden.

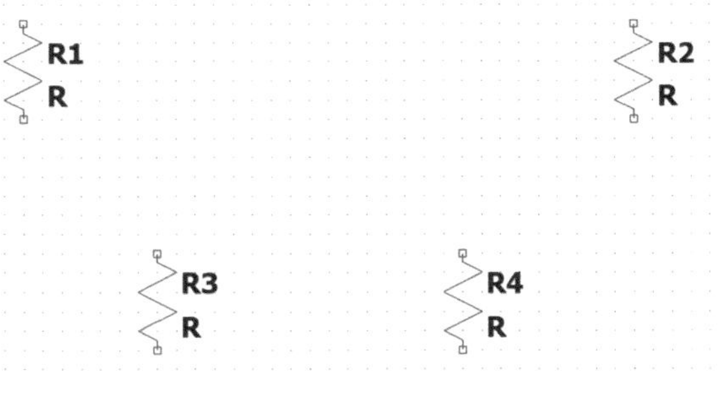

Abbildung 2.7: Platzierung der Widerstände

- Nun werden wir die beiden Kondensatoren platzieren. Klicken Sie auf das Symbol für den Kondensator. In unserer Zeichnung sollte der Kondensator um 90° gedreht sein. Das geschieht durch Drücken von **Strg+R** bevor er an seinem Platz positioniert wird. Setzen Sie die Kondensatoren C1 und C2 an die selbe Stelle wie in Abbildung 2.8. Drücken Sie Escape auf der Tastatur oder die rechte Maustaste um den Modus zu beenden.

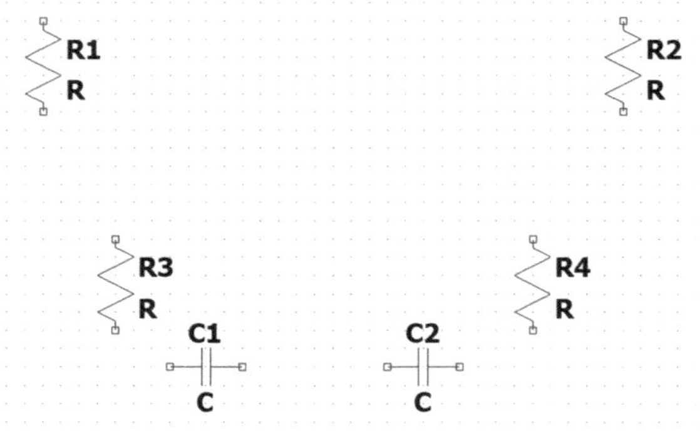

Abbildung 2.8: Platzierung der Kondensatoren

- Nun positionieren Sie die beiden NPN-Transistoren. Klicken Sie auf **Component** und wählen Sie **npn** aus. Beachten Sie, dass es verschiedene Symbole für NPN-Transistoren gibt. Positionieren Sie Q1 wie in Abbildung 2.6. Der Transistor Q2 sollte gespiegelt werden, bevor er platziert wird. Drücken Sie dazu **Strg+E** und positionieren Sie ihn wie in Abbildung 2.9. Drücken Sie Escape auf der Tastatur oder machen Sie einen Rechtsklick um den Modus zu beenden. Vielleicht müssen Sie einige Bauteile bewegen um Sie genauso wie in Abbildung 2.9 zu positionieren.

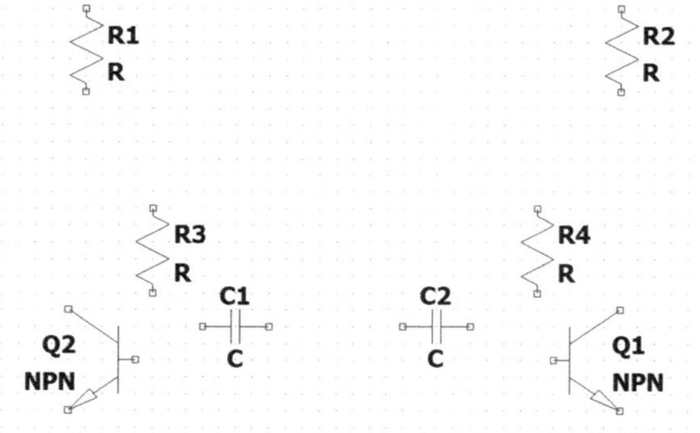

Abbildung 2.9: Platzierung der Transistoren

- Wir werden nun eine Gleichspannungsquelle hinzufügen, die bei dieser Anwendung eine Batterie ist. Klicken Sie auf **Voltage Source** (oder ´V´) und setzen die Spannungsquelle neben R1 wie in Abbildung 2.10. Drücken Sie Escape auf der Tastatur oder die rechte Maustaste um den Modus zu beenden.

- Wir werden nun alle Bauteile verbinden wie in Abbildung 2.10 dargestellt. Klicken Sie auf **Wire** (oder ´W´) und verbinden Sie die Bauteile. Beachten Sie, dass ein Teil der Verbindungen zwischen C1 und R4 und zwischen C3 und R3 nicht horizontal oder vertikal sondern schräg verläuft. Dies erreicht man, indem man C1 und R4 horizontal und vertikal verbindet und dann den **Strech Mode** (´S´) verwendet. Damit können Sie die Verbindungen bewegen und eine

Schräge erzeugen wie in Abbildung 2.10 dargestellt. Alternativ können Sie mit gedrückter Strg-Taste die Linie ziehen und die Linie wird schräg gezeichnet.

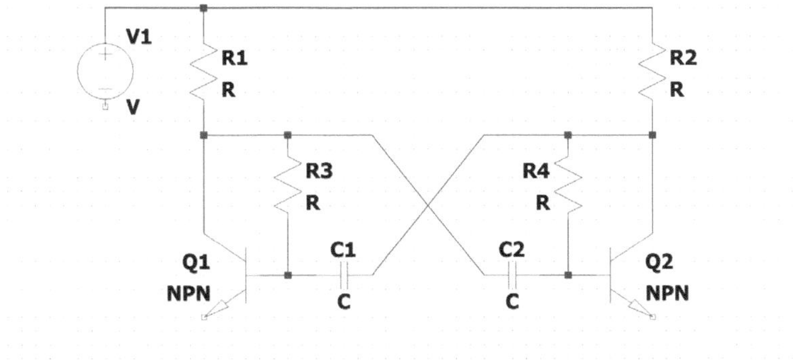

Abbildung 2.10: Verbundene Bauteile

- Jede Schaltung benötigt eine Masse als Bezugspunkt. Ohne Bezugsmasse kann die Schaltung nicht simuliert werden. Verbinden Sie die Massepunkte durch Klicken auf den **Ground**-Button. Drücken Sie wie zuvor Escape. Abbildung 2.11 zeigt die vollständige Schaltung. Sie können den Schaltplan auf und ab bewegen, indem Sie auf eine beliebige Stelle im Schaltplan klicken und die linke Maustaste gedrückt halten und dabei die Maus bewegen. Die Größe des Schaltplans kann durch Verwendung des Mausrades größer oder kleiner gemacht werden.

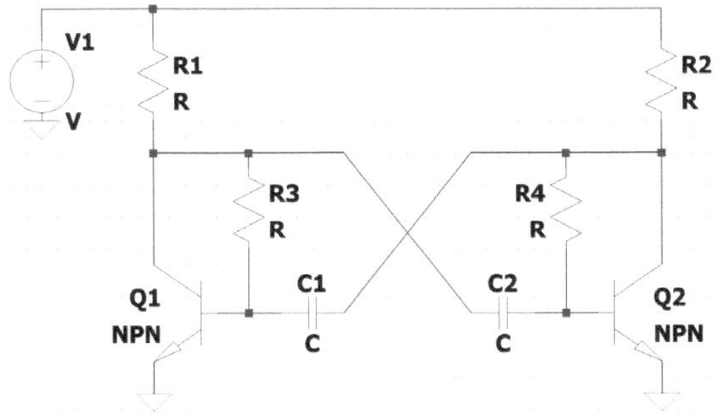

Abbildung 2.11: Vollständiger Schaltplan

- Der nächste Schritt ist die Eingabe der Bauteilwerte. Klicken Sie mit der rechten Maustaste auf die Widerstände und geben die Werte: R1 = R2 = R3 = R4 = 100k ein. Sie können eine Toleranz von 5% eingeben. Sehen Sie in Abbildung 2.12 wie der Wert von 2k für R1 eingegeben wird. Für die Kondensatoren geben Sie die Werte genauso ein, indem Sie diese mit einem rechten Mausklick auswählen. Für Kondensatoren können Sie verschiedene andere Werte eingeben wie die Bemessungsspannung etc., doch diese werden für dieses Beispiel nicht benötigt. Geben Sie für die Spannungsquelle 5 V ein.

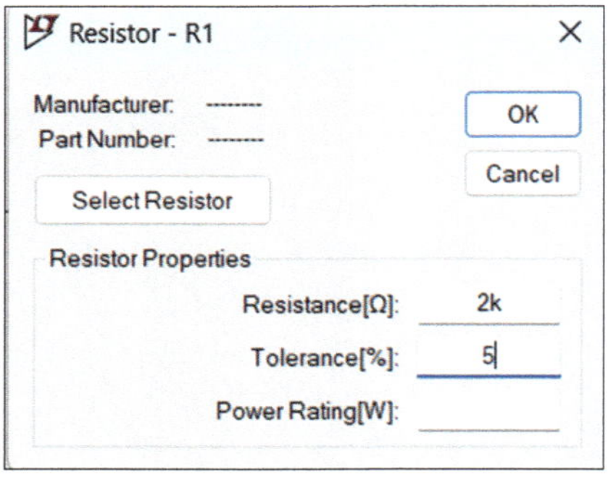

Abbildung 2.12: Werte für R1 (2k und 5%)

- Für die Transistoren wählen Sie das Modell 2N3904. Der fertige Schaltplan ist in Abbildung 2.13 dargestellt. Jetzt sollten Sie Ihren Schaltplan abspeichern. Standardmäßig ist die Dateiendung .asc.

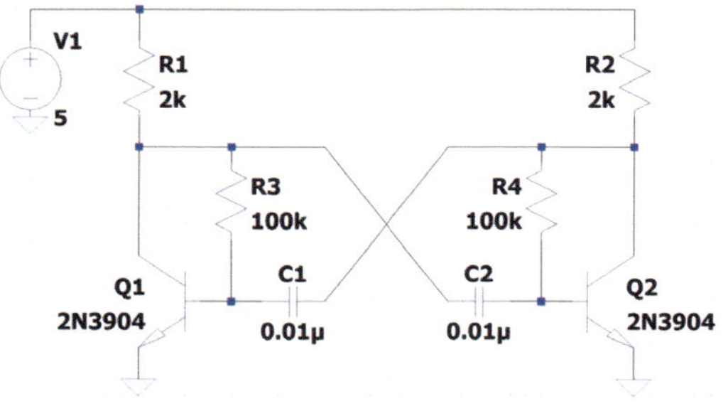

Abbildung 2.13: Fertiger Schaltplan

Simulation der Schaltung

Durch die Simulation der Schaltung können wir uns die Gleich- und Wechselspannungen an verschiedenen Stellen der Schaltung anzeigen lassen, die jeweiligen Diagramme darstellen und vieles mehr. In der Simulation zu dieser Schaltung erwarten wir, dass die Spannung an den Kollektoren der Transistoren einer Rechteckspannung entsprechen.

Bei der Simulation von Oszillatoren können Probleme entstehen, weil sie nicht sofort anlaufen, denn in der Simulation befinden sich ideale Bauteilwerte und es existiert kein Rauschen. Am einfachsten lässt sich sicherstellen, dass der Multivibrator zu oszillieren beginnt, wenn wir R3 etwas verändern. Wir können z.B. R3 = 101 kΩ verwenden.

Um die Simulation zu starten, klicken Sie den **Run/Pause-Button** (oder Alt+R) und geben, sagen wir, für die Simulationszeit 25 ms ein. Der Spannungs- oder der Stromverlauf kann einfach dargestellt werden, indem man mit dem Mauszeiger auf die benötigte Stelle klickt – in diesem Beispiel der Kollektor eines Transistors. Beachten Sie, dass jeweils ein **Spannungsprüfer** für die Spannung oder eine **Stromzange** für den Strom angezeigt wird, je nachdem, ob sich der Mauszeiger über einem Knoten (oder einer Leitung) oder einem Bauteil befindet. Wählen Sie den Spannungsprüfer und dann sollten Sie eine

Rechteckspannung wie in Abbildung 2.14 angezeigt bekommen (es ist nur ein Ausschnitt des Diagramms dargestellt).

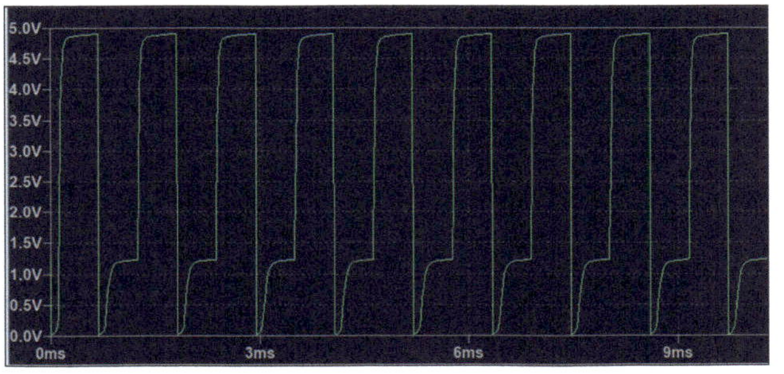

Abbildung 2.14: Kollektorspannung am Transistore

Einfügen von Beschriftungen

Möglicherweise möchten Sie an einigen Stellen eine Beschriftung hinzufügen, so dass es leichter wird, die Messpunkte zu identifizieren. Lassen Sie uns beispielsweise Beschriftungen mit Q1 und Q2 an den Kollektoren der Transistoren Q1 und Q2 hinzufügen. Klicken Sie auf **Label Net** (F4) und geben dann Q1 ein. Bewegen Sie den Mauszeiger an den Kollektor von Q1 und drücken die linke Maustaste. Drücken Sie Escape um den Vorgang abzuschließen. Wiederholen Sie dies für den Transistor Q2. Sie sollten nun Beschriftungen an den Kollektoren haben wie dies in Abbildung 2.15 gezeigt ist. Wenn Sie erneut simulieren und sich jetzt das Diagramm für die Ausgangsspannung am Kollektor von Q1 anzeigen lassen, sollte die Diagrammüberschrift **V(q1)** sein. Beachten Sie, dass Sie auch mit einem Rechtsklick im Schaltplan auf einen Knoten oder eine Verbindung Beschriftungen erstellen können.

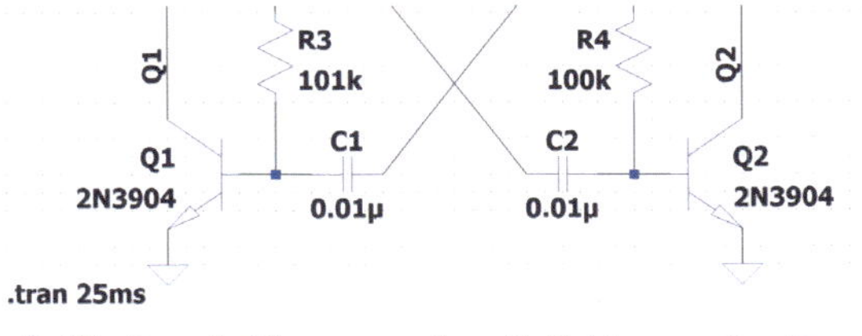

Abbildung 2.15: Beschriftung an den Kollektoren der Transistoren

Ändern der Zeitachse

Bewegen Sie den Mauszeiger auf die Zeitachse (x-Achse) und Sie sollten ein kleines Lineal angezeigt bekommen. Machen Sie einen Rechtsklick und geben die gewünschten Achsenwerte (Axis Limits) ein. In Abbildung 2.16 wird gezeigt wie man das Raster der x-Achse einstellt, so dass ein Gitter mit Abständen von 5 Millisekunden angezeigt wird.

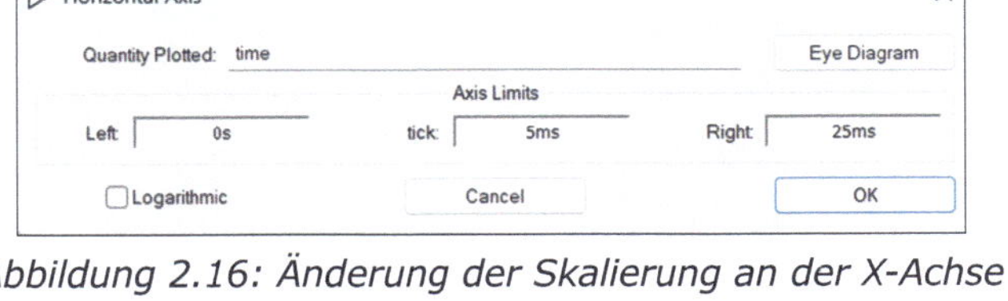

Abbildung 2.16: Änderung der Skalierung an der X-Achse

Anzeige der Frequenz

Bewegen Sie den Mauszeiger zu einem beliebigen Punkt im Diagramm und drücken Sie die linke Maustaste. Während Sie die Maustaste gedrückt halten, bewegen Sie den Mauszeiger zu dem nächsten Punkt eine Periode weiter. Die Frequenz wird am unteren Bildrand angezeigt wie in Abbildung 2.17 dargestellt. In diesem Beispiel wurde eine Frequenz von 886,62791 Hz angezeigt.

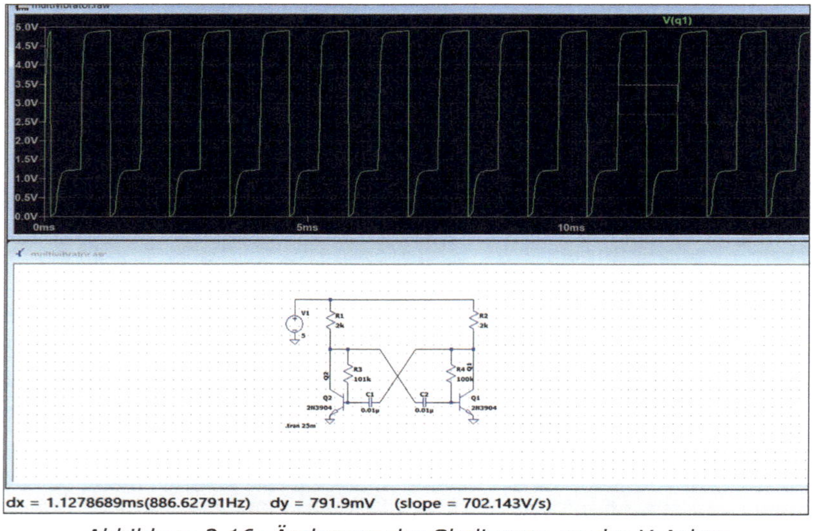

Abbildung 2.16: Änderung der Skalierung an der X-Achse

Anzeige von Werten an verschiedenen Punkten im Diagramm

Nehmen wir an, Sie möchten die Spannung an verschiedenen Punkten im Diagramm anzeigen lassen. Klicken Sie in der Überschrift auf die Bezeichnung der Kurve V(q1). Sie sollten ein Kreuz mit gestrichelten Linien sehen und es erscheint ein Fenster. Bewegen Sie den Kreuzungspunkt der beiden gestrichelten Linien an die Stelle, an der Sie die Spannung angezeigt bekommen möchten. Während Sie den Cursor bewegen, werden die Werte der aktuellen Position im Fenster angezeigt (Abbildung 2.18).

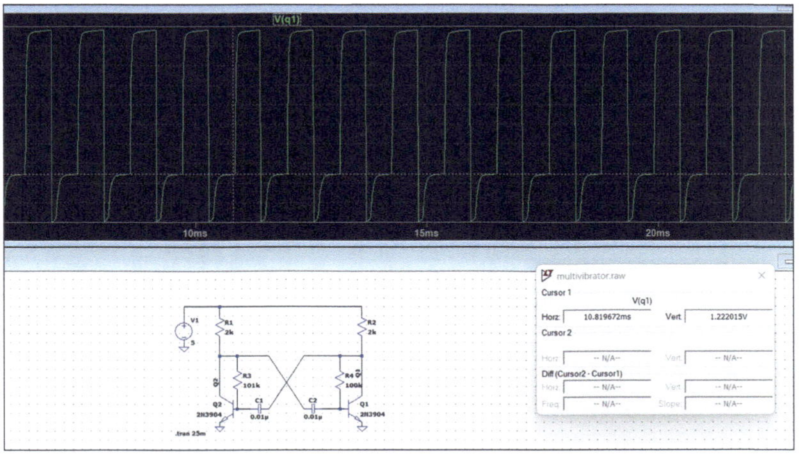

Abbildung 2.18: Anzeige von Werten im Diagramm

Mehrere Diagramme

Sie können mehrere Diagramme auf der selben Achse darstellen lassen. Klicken Sie beispielsweise um sich die Kollektorspannung darstellen zu lassen. Klicken Sie dann ebenfalls um sich die Spannung an der Basis des Transistors darstellen zu lassen. Der resultierende Graph ist in Abbildung 2.19 dargestellt, in dem die grüne Kurve die Kollektorspannung und die blaue Kurve die Basisspannung des Transistors ist (es ist nur ein Ausschnitt des Diagramms dargestellt).

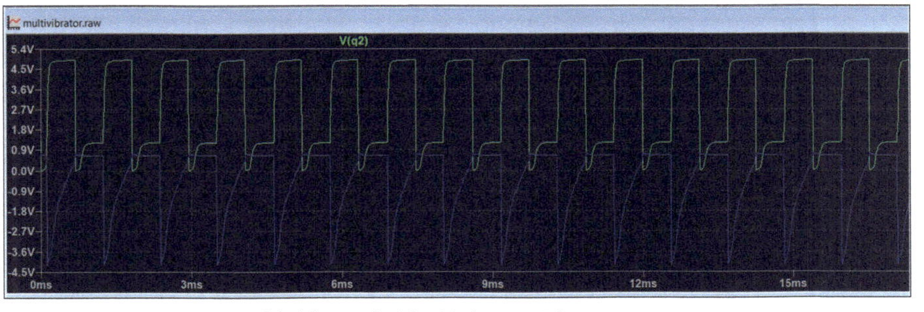

Abbildung 2.19: Mehrere Diagramme

Wenn Sie möchten, können Sie die Farbe der Kurvenverläufe oder die Hintergrundfarbe ändern. Um den Hintergrund beispielsweise in weiß und die erste Kurve in schwarz zu ändern:

- Klicken Sie auf **Tools** → **Color Preferences**
- Wählen Sie **Waveform** am oberen Reiter
- Wählen Sie **Background** neben **Selected item** und legen die Werte für rot, grün und blau auf 255 fest, so dass der Hintergrund weiß ist. Dann wählen Sie bei **Selected** item die Kurve **Trace V(1)** aus und setzen für die Werte rot

grün und blau jeweils den Wert 0, so dass die erste Kurve schwarz wird. Die Abbildung 2.20 zeigt das neue Diagramm.

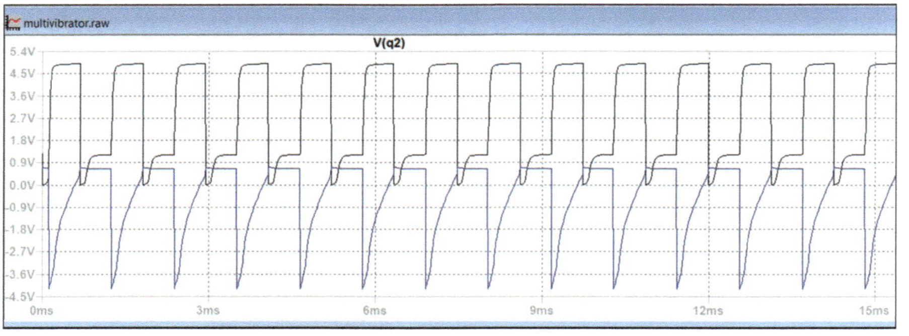

Abbildung 2.20: Neues Diagramm

2.5 Simulatoreinstellungen

Es gibt viele Optionen, die man als Benutzer für die Konfiguration des Simulators auswählen kann. Normalerweise sind die bereits vorhandenen Standardeinstellungen ausreichend für die meisten Simulationsarten. Klicken Sie im Menü auf das Settings-Icon (das Zahnrad im Fenster oben links) und Sie sehen die verfügbaren Optionen. Dennoch sind Sie an diesem Punkt angehalten, keine Änderungen an den Optionen vorzunehmen.

2.6 Beispielschaltungen

Mit dem Simulator werden viele Beispielschaltungen geliefert um dem Anwender dabei behilflich zu sein, sich mit der Bedienung vertraut zu machen. Klicken Sie auf **File → Open Examples** um den Ordner mit den Beispielen zu öffnen. Es werden zwei Ordner mit den Namen **Applications** und **Educational** angezeigt. Der Ordner **Applications** ist für erfahrenere Anwender und beinhaltet viele Beispielschaltungen mit komplexeren Bauteilen von Analog Devices. Der Ordner **Educational** beinhaltet viele interessante Beispiele wie Verstärker, Oszillatoren, Filter, Transformatoren etc.

2.6 Onlinehilfe

Das Hilfemenü besitzt mehrere Menüpunkte. Es gibt Hilfeoptionen zur Verwendung von LTspice, Hilfe zu den Tastaturkürzeln, Support der EngineerZone, ein Link zur Analog Devices Internetseite, einen LTspice Updatecheck und die Anzeige der Programmversion.

Kapitel 3 • Einführung in die Schaltungsanalyse und -simulation mit Gleichspannungen

3.1 Übersicht

Im letzten Kapitel haben wir gesehen wie man LTspice installiert und wie man einen Schaltplan zeichnet und anschließend eine Schaltung mit Widerständen, Kondensatoren, Transistoren und einer Gleichspannungsquelle simuliert.

In diesem Kapitel werden Sie lernen wie man die Schaltpläne zeichnet und wie man einfache Gleichspannungskreise simuliert. Es ist wichtig, dass die Leser erst Kapitel 2 abschließen, bevor Sie mit dem Lesen dieses Kapitels anfangen.

3.2 Einfache Schaltung mit vier Widerständen

Wir werden die Schaltung in Abbildung 3.1 analysieren. Die Schaltung besitzt vier Widerstände mit den Werten R1 = R2 = R3 = R4 = 2 kΩ und eine 1,5 V Gleichspannungsquelle (z.B. eine Batterie).

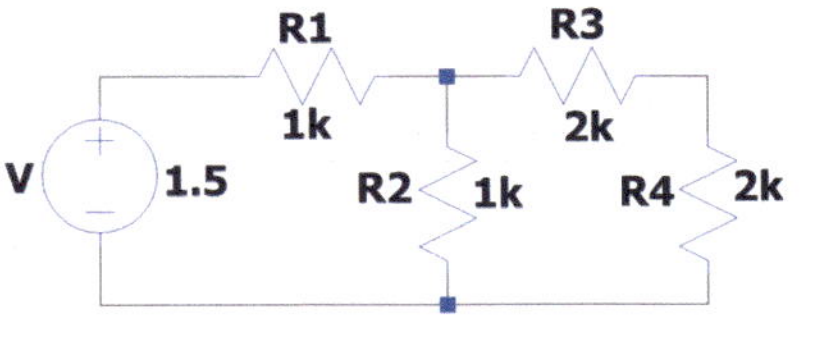

Abbildung 3.1: Schaltung für die Analyse

Die Schritte sind:

Zeichnen des Schaltplans

- Positionieren Sie die Widerstände und die Spannungsquelle wie in Abbildung 3.1. Sie können, wenn Sie möchten, die Bauteilbezeichnung der Widerstände und deren Werte verschieben, indem Sie das Icon für den **Move Mode** (M) verwenden.

- Machen Sie einen Rechtsklick auf die Bauteile und geben Sie die Werte ein.

- Geben Sie Ihrer Schaltung einen Namen. Klicken Sie auf das **Text** (T) Icon, wählen Sie **Comment** (Abbildung 3.2) und geben den Text **EINFACHE WIDERSTANDSSCHALTUNG** ein.

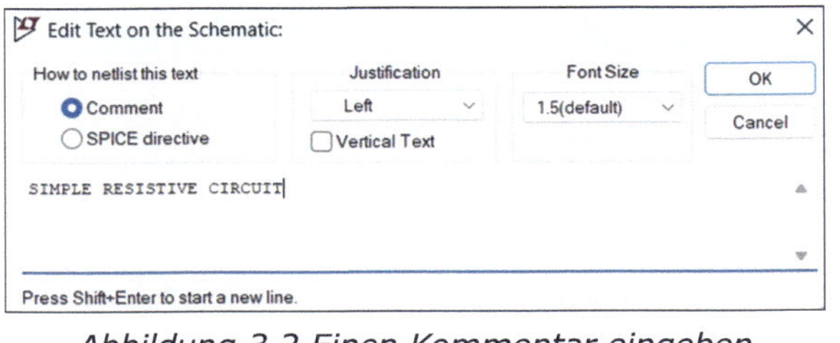

Abbildung 3.2 Einen Kommentar eingeben

- Sie sollten die verschiedenen Knoten mit einer Bezeichnung versehen, damit es während der Simulation einfacher ist, sie zu unterscheiden. Lassen Sie uns die Bezeichnung **A** für die Verbindung von R1, R2 und R3 eingeben. Sie können entweder auf das Icon **Label Net** (N) klicken oder mit einem Rechtsklick auf den Knoten **Label Net** auswählen. Klicken Sie auf die Verbindung und platzieren das Label. Drücken Sie Escape oder machen einen Rechtsklick um den Modus wieder zu verlassen. Sie können einen ungewollten Teil im Schaltplan durch Klick auf das **Delete Mode** Icon (oder die Backspace-Taste oder DEL drücken) löschen, indem Sie die Schere über das zu löschende Teil positionieren und dann darauf klicken. Drücken Sie erneut Escape um den Modus zu verlassen.

- Fügen Sie eine Masse hinzu. Denken Sie daran, dass in LTspice jede Schaltung eine Masse (Referenzspannung) als Bezug haben muss. Abbildung 3.3 zeigt den fertigen Schaltplan. Speichern Sie nun Ihren Schaltplan.

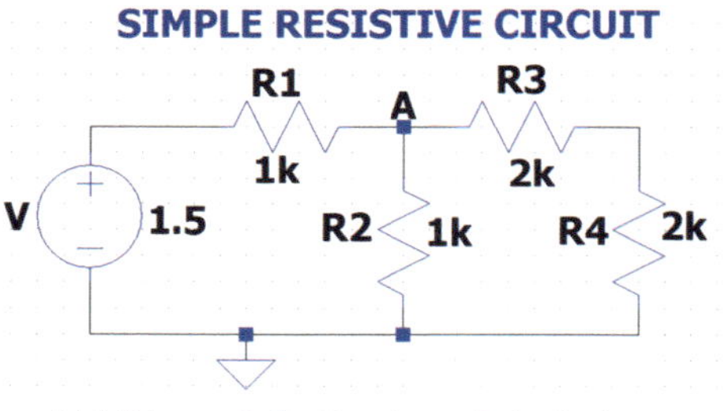

Abbildung 3.3: Fertiger Schaltplanc

Simulieren

Wir sind nun bereit, diese einfache Schaltung zu simulieren und die Spannungen und Ströme an verschiedenen Stellen der Schaltung darzustellen.

- Klicken Sie auf das **Run/Pause** Icon (grüner Pfeil oder Alt+R)

- Wählen Sie den Reiter **DC op pnt** (Gleichstromarbeitspunkt) wie in Abbildung 3.4 dargestellt. Das ist wahrscheinlich die einzig sinnvolle Auswahl, da es keine zeitliche Veränderung gibt und wir einfach nur die Spannungen und Ströme in der Schaltung tabellarisch darstellen möchten. Klicken Sie auf **OK**.

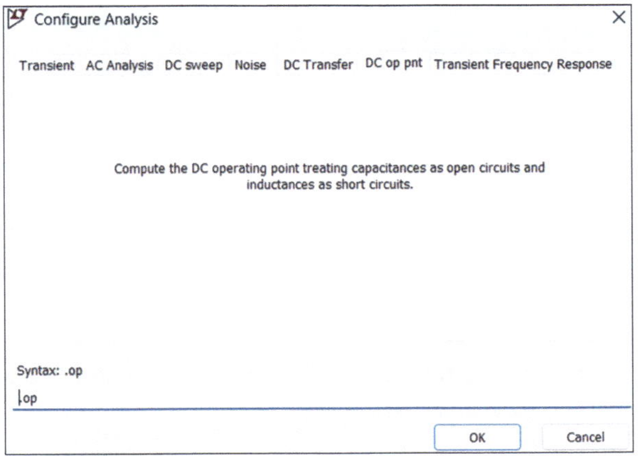

Abbildung 3.4: Auswahl des Gleichstromarbeitspunkts (DC op pnt)

- Wie in Abbildung 3.5 dargestellt, erscheint nun eine Tabelle, in der alle Spannungen und Ströme in der Schaltung aufgelistet sind. So beträgt z.B. die Spannung im Punkt A 0,666 V, der Strom durch R1 liegt bei -0,8333 mA, der Strom durch R3 beträgt - 0,1666 mA und so weiter. Beachten Sie, dass der Strom durch die Spannungsquelle einen negativen Wert besitzt.

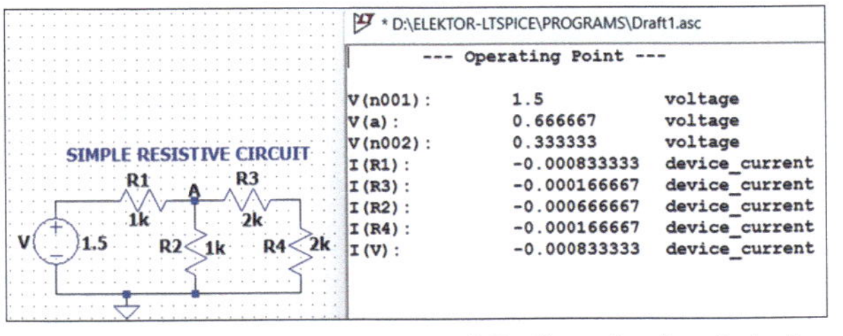

Abbildung 3.5: Spannungen und Ströme in der Schaltung

Plausibilitätsprüfung

Wir werden nun die Spannungen und Ströme in der Schaltung theoretisch berechnen um die Simulationsergebnisse zu verifizieren.

Die Widerstände R3 und R4 sind in Serie geschaltet, also ist Rx = R3 + R4, was 4 kΩ ergibt

Rx ist parallel zu R2, was mit Ry = (4 kΩ · 1 kΩ) : (4 kΩ + 1 kΩ) = 0,8 kΩ ergibt

Nun liegen R1 und Ry in Serie. Der Strom durch R1 ist I(R1) = 1,5 V : (R1 + Ry) = 0,833 mA

Die Spannung über Ry (oder R2) beträgt 0,833 mA · 0,8 kΩ = 0,666 V

Der Strom durch R3 und R4 ist I(R4) = 0,666 V : (2kΩ + 2kΩ) = 0,1666 mA

Die Spannung über R3 ist V(R3) = 0,1666 A · 2 kΩ =0,333 V

Die Spannung über R4 ist V(R4) = 0,1666 A · 2 kΩ =0,333 V

Die Ergebnisse sind dieselben wie durch den Simulator ermittelt. Das bestätigt die Richtigkeit der Simulationsergebnisse.

Zeitliche Analyse

Beachten Sie, dass wir auch eine Transientenanalyse hätten verwenden können um die Gleichspannungen und -ströme zu zeigen. Die Schritte dafür sind:

- Klicken Sie mit der rechten Maustaste auf das Wort **.op** in der unteren rechten Ecke des Schaltplans und löschen es.
- Wählen Sie **Run/Pause** und danach **Transient**. Geben Sie bei **Stop time** 100u ein. Sie sollten im Anschluss ein Diagramm oberhalb des Schaltplans sehen.
- Klicken Sie mit dem Spannungsprüfer auf den Knoten A im Schaltplan um sich die Spannung an diesem Knoten anzeigen zu lassen. Klicken Sie ebenso mit der Stromzange auf R1 um sich den Strom durch ihn anzeigen zu lassen. Abbildung 3.6 zeigt das Ergebnis. Beachten Sie, dass die Achse für den Strom auf der rechten Seite im Diagramm ist.

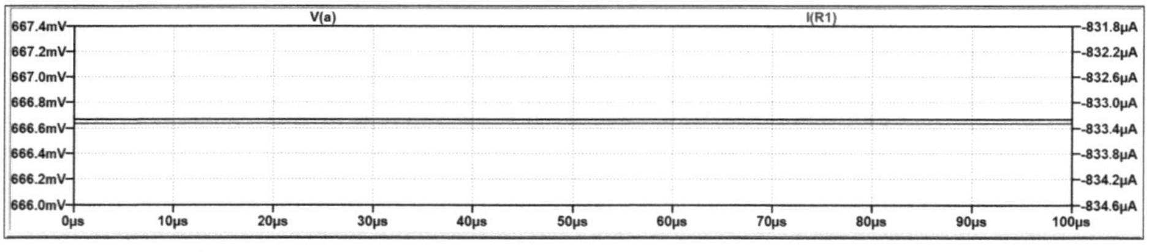

Abbildung 3.6: Spannung am Knoten A und der Strom durch R1

Spannungsdifferenz

Wir können uns die Spannungsdifferenz zwischen zwei Knoten in der Schaltung anzeigen lassen. Um sich z.B. die Spannung zwischen der Spannungsquelle und dem Knoten A anzeigen zu lassen, gehen Sie wie folgt vor:

- Klicken Sie mit dem Spannungsprüfer auf die Leitung, die aus der Spannungsquelle kommt. Halten Sie die Maustaste gedrückt und bewegen Sie den Spannungsprüfer zum Knoten A. Lassen Sie die Maustaste los. Sie sollten nun eine Spannungsdifferenz von 0,8334 V (1,5 V - 0,6666 V) mit der Bezeichnung **V(N001,A)** bekommen wie in Abbildung 3.7 dargestellt.

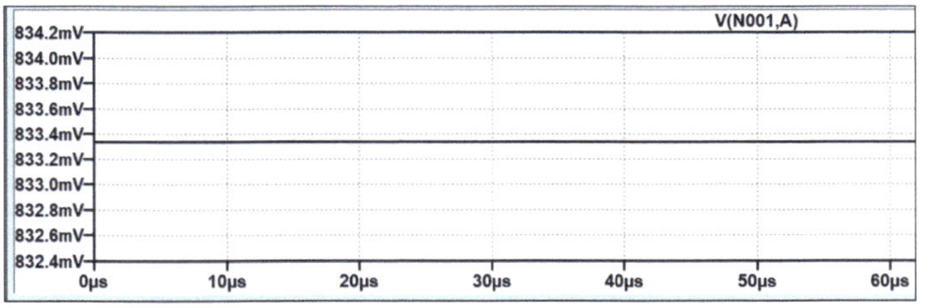

Abbildung 3.7: Darstellung einer Spannungsdifferenz

3.3 Eine komplexere Widerstandsschaltung

Abbildung 3.8 zeigt die Schaltung, die wir analysieren werden. Die Schaltung besitzt fünf Widerstände mit R1 = R3 = 1 kΩ und R2 = R4 =2 kΩ, R5 = 10 Ω und zwei Gleichspannungsquellen mit V1 = 3 V und V2 = 5 V.

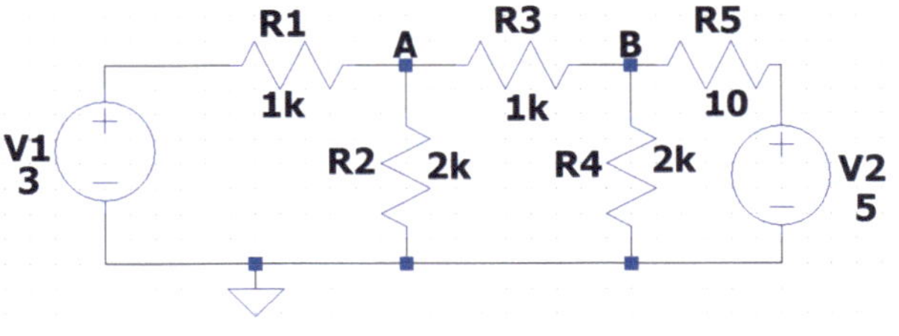

Abbildung 3.8: Schaltung für die Analyse

Zeichnen des Schaltplans

Die Schritte sind:

- Positionieren Sie die Widerstände und Spannungsquellen wie in Abbildung 3.8. Wenn Sie wünschen, können Sie die Widerstandsbezeichnungen und deren Werte verschieben, indem Sie den **Move mode** (M) Button klicken.
- Mit einem Rechtsklick auf die Bauteile können Sie die Werte eingeben.
- Geben Sie der Schaltung einen Namen. Klicken Sie auf den **Text** (T) Button und wählen **Comment** aus. Geben Sie nun den Text **KOMPLEXERE WIDERSTANDSSCHALTUNG** ein.
- Fügen Sie an den beiden Knoten die Bezeichnungen **A** und **B** hinzu.
- Fügen Sie eine Masse hinzu.

Abbildung 3.9 zeigt den fertigen Schaltplan. Speichern Sie nun Ihren Schaltplan.

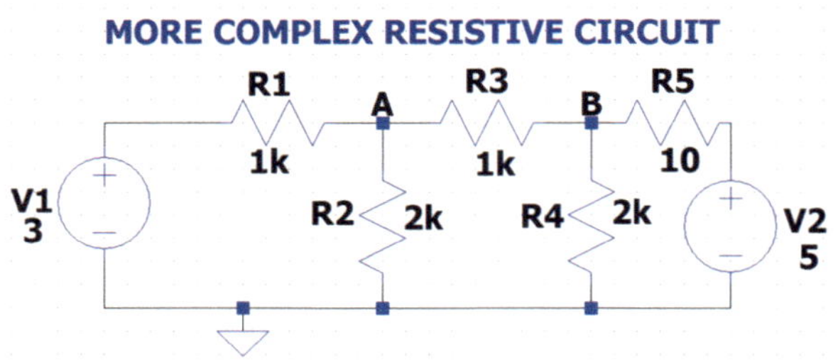

Abbildung 3.9: Komplexere Schaltung

Simulation

Wir sind nun bereit, unsere einfache Schaltung zu simulieren und die Spannungen und Ströme an verschiedenen Stellen unserer Schaltung darzustellen.

- Klicken Sie auf das **Run/Pause** Icon (grüner Pfeil).
- Wählen Sie den Reiter **DC op pnt** (Gleichstromarbeitspunkt) und klicken Sie auf **OK**.
- Wie in Abbildung 3.10 zu sehen, wird eine Tabelle dargestellt, in der alle Spannungen und Ströme der Schaltung aufgelistet sind. So ist z.B. die Spannung am Punkt A 3,182 V, der Strom durch R1 beträgt 0,18298 mA, der Strom durch R3 liegt bei 1,7744 mA und so weiter.

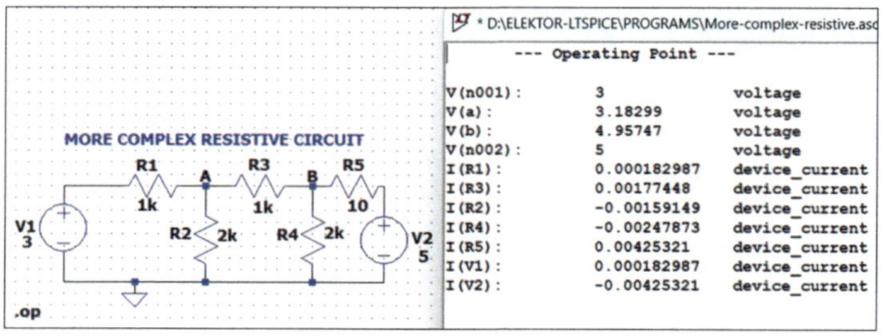

Abbildung 3.10: Spannungen und Ströme in der Schaltung

Plausibilitätsprüfung

Wir werden nun die theoretischen Spannungen und Ströme berechnen um die Simulationsergebnisse zu verifizieren. Vielleicht ist es am einfachsten, das Maschenstromverfahren unter Verwendung von Matrizen anzuwenden. (Es gibt viele Tutorials zum Maschenstromverfahren im Internet.) Wenn wir die Matrizen für die Maschen aufschreiben, erhalten wir Folgendes:

$$U = Z \cdot I$$

oder $$I = Z^{-1} \cdot U,$$

wobei U die Spannungen in Volt sind und Z die Widerstände (Impedanzen) in kΩ, was damit den Strom in mA ergibt:

$$U = \begin{matrix} -3 \\ 0 \\ 5 \end{matrix} \; V ,$$

$$Z = \begin{matrix} 3 & -2 & 0 \\ -2 & 5 & -2 \\ 0 & -2 & 2{,}010 \end{matrix} \; k\Omega ,$$

$$I = \begin{matrix} I1 \\ I2 \\ I3 \end{matrix} \; mA \cdot$$

Die Berechnung der Inversen von **Z** ergibt:

$$Z^{-1} = \begin{matrix} 0{,}5984 & 0{,}3976 & 0{,}3956 \\ 0{,}3976 & 0{,}5964 & 0{,}5935 \\ 0{,}3956 & 0{,}5935 & 1{,}0880 \end{matrix} \; mS$$

Die Ströme ergeben sich durch die Matrixmultiplikation:

$I = Z^{-1} \cdot U$,

was Folgendes ergibt:

I1 = 0,1830 mA
I2 = 1,7745 mA
I3 = 4,2532 mA

Die Spannungen über den Bauteilen ergeben sich dann zu:

U(R1) = R1 · I1 = 1 kΩ · 0,1830 mA = 0,1830 V
U(R2) =(I2 - I1) I1 = 1 kΩ · 0,1830 mA = 0,1830 V
U(R2) =(I2 - I1) · R2 = (1,7745 mA- 0,1830 mA)· 2 kΩ = 3,183 V
U(R3) = R3 · I2 = 1 kΩ · 1,7745 mA = 1,7745 V
U(R4) =(I3 - I2) · R4 = (4,2532 mA- 1,7745 mA)· 2 kΩ = 4,9574 V

und die Ströme:

I(R1) = I1 = 0,1830 mA
I(R2) = I2 - I1 = 1,7745 mA - 0,1830 mA = 1,5015 mA
I(R3) = I1 = 1,7745 mA
I(R4) = I3 - I2 = 4,2532 mA - 1,7745 mA = 2,4787 mA
I(R5) = I1 = 4,2532 mA

Die Ergebnisse sind die selben wie diejenigen, die wir mit dem Simulator erhalten haben. Das bestätigt die Richtigkeit der Simulationsergebnisse.

3.4 Ein Spannungsteiler – Sweep einer Gleichspannung

Ein Spannungsteiler mit Widerständen besteht aus zwei (oder mehreren) Widerständen in Reihe. So eine Schaltung wird häufig verwendet um eine Eingangsspannung zu verringern, z.B. von 5 V auf 3,3 V. In diesem Beispiel werden wir einen Spannungsteiler mit einem Widerstand von R1 = 1 kΩ am Eingang und einem Ausgangswiderstand von R2 = 2 kΩ entwerfen. Die Gleichspannungsquelle wird von 0 V bis 12 V variiert und die Ausgangsspannung über R2 wird grafisch dargestellt. Abbildung 3.11 zeigt die dazugehörige Schaltung.

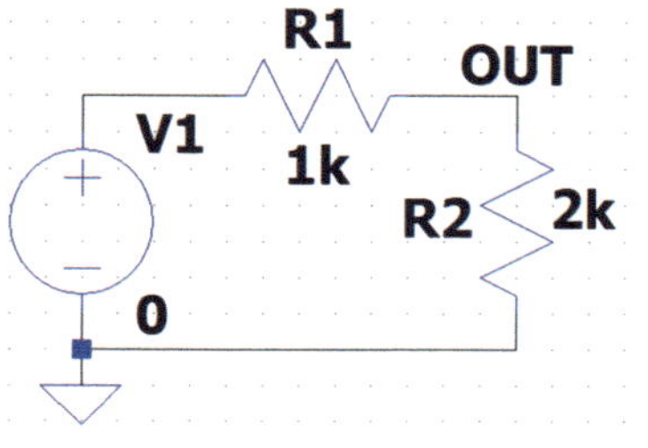

Abbildung 3.11: Ein Spannungsteiler

Zeichnen des Schaltplans

Die Schritte sind:

- Platzieren Sie die Widerstände in einem neuen Schaltplan und geben Sie die Werte für R1 und R2 ein.
- Platzieren Sie die Spannungsquelle V1 und legen ihren Wert auf 0 V fest, so ist der Wert dem Programm bekannt.
- Fügen Sie eine Masse hinzu.
- Setzen Sie an den Ausgang (die Verbindung zwischen R1 und R2) ein Label mit der Bezeichnung **OUT**.

Simulation

- Klicken Sie auf **Run/Pause**.
- Wählen Sie **DC sweep** aus.
- Geben Sie unter **1st source to sweep V1** ein und wählen unter **Type of sweep** Linear aus. Bei **Start value** geben Sie ´0´ ein, bei **End value** ´12´ und bei **Increment 1** (siehe Abbildung 3.12). Klicken Sie **OK**.

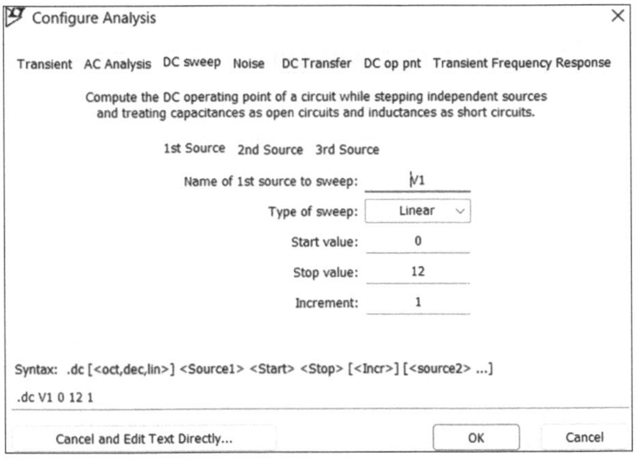

Abbildung 3.12: Einstellung der Werte für einen DC-Durchlauf

- Gehen Sie mit der Maus über **OUT** um den Spannungsprüfer zu erhalten und klicken darauf. Sie sollten ein Diagramm wie in Abbildung 3.13 mit der Ausgangsspannung (y-Achse) über der Gleichspannungsquelle (x-Achse) sehen.

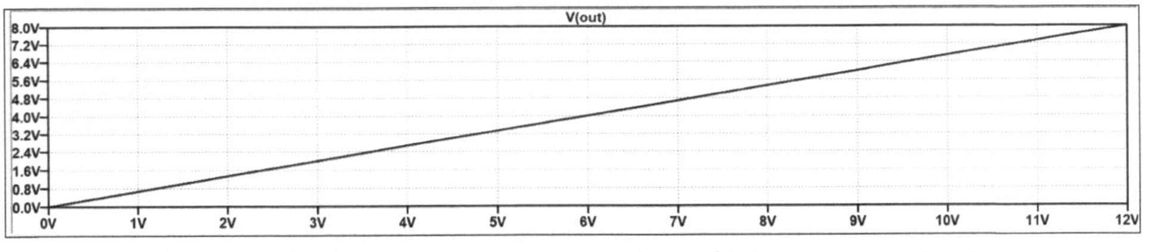

Abbildung 3.13: Ausgangsspannung über die Eingangsspannung

Beachten Sie, dass wir auf diese Weise auch den Strom durch die Schaltung durchlaufen und darstellen können.

Plausibilitätsprüfung

Die Spannung über R2 wird berechnet zu:

$$U(R2) = V1 \cdot R2 : (R1 + R2)$$

bzw.

$$U(R2) = 2 \cdot V1 : 3.$$

Wenn z.B. die Spannung V1 = 6 V beträgt, dann wird die Ausgangsspannung bei 2 · 6 V : 3 = 4 V liegen. Dies entspricht dem angezeigten Wert im Diagramm. Die Ergebnisse sind die selben wie bei der Simulation, was uns die Simulationsergebnisse bestätigen.

3.5 Spannungsteiler – Sweep eines Widerstandswertes

In einem Widerstandsteiler besitzen üblicherweise die Spannungsquelle und der Widerstand R1 einen festen Wert und wir möchten einen geeigneten Wert für R2 finden, mit dem die Eingangsspannung auf den gewünschten Wert verringert wird. In diesem Beispiel beträgt die Eingangsspannung 5 V und der Wert des Widerstands R1 liegt bei 1 kΩ. Der Wert von R2 wird variiert, während die Ausgangsspannung aufgetragen wird. Die Abbildung 3.14 zeigt den Schaltplan.

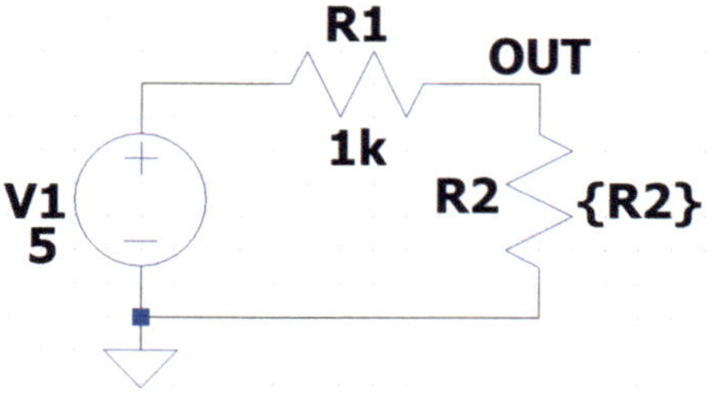

Abbildung 3.14: Die Schaltung

Schaltplaneingabe

Die Schritte sind:

- Platzieren Sie die Widerstände R1 und R2 sowie die Spannungsquelle. Ein Spannungsdurchlauf wie im vorherigen Beispiel gezeigt, kann für einen Widerstandsdurchlauf nicht verwendet werden. Für den zu verändernden Widerstandswert (R2) sollte {**R2**} eingegeben werden. Wenn sich der Bauteilwert in geschweiften Klammern befindet, wird aus dem Bauteilwert in ein Parameter (param).

- Setzen Sie den Widerstand R1 auf 1 k und die Spannungsquelle auf 5 V.

- Setzen Sie ein Label mit dem Namen **OUT** auf die Verbindung zwischen R1 und R2.

Simulation

Weil die Widerstandswerte nicht wie Spannungsquellen durchlaufen werden können, müssen wir eine SPICE-Direktive verwenden. Klicken Sie auf das Icon **SPICE Directive** (´.t´) und geben Sie die nachfolgenden Punkte ein um den Wert von R2 von 1 kΩ bis 10 kΩ in 1 kΩ-Schritten zu durchlaufen (Abbildung 3.15). Wir werden in späteren Kapiteln sehen wie die SPICE-Direktiven verwendet werden. Klicken Sie auf **OK**:

```
.step param R2 1k 10k 1k
```

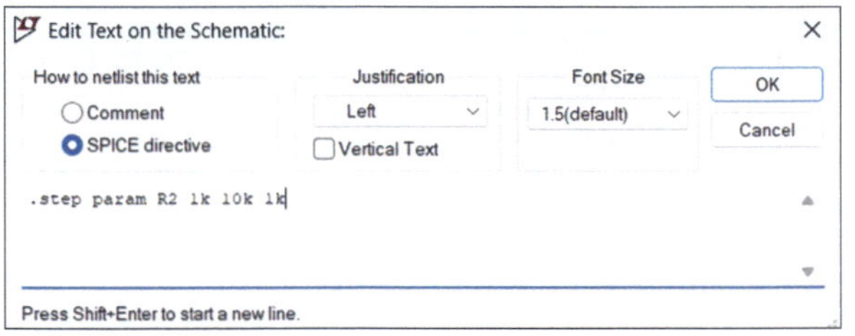

Abbildung 3.15: Einstellung von R2 für die Schritte von 1 kΩ bis 10 kΩ in Schritten von 1 kΩ

- Klicken Sie auf **Run/Pause**.
- Wählen Sie den Reiter **Transient**.
- Geben Sie bei **Stop time** 30u ein und klicken Sie auf **OK**.
- Sie sollten nun ein Diagramm ohne Kurven sehen. Klicken Sie mit dem Spannungsprüfer auf den Schaltungsausgang und das Diagramm wird mit einer Kurvenschar ausgefüllt (Abbildung 3.16). Sie können die Skalierung der vertikalen Achse verändern, indem Sie einfach mit der rechten Maustaste darauf klicken. Die untere horizontale Linie (schwarz) korrespondiert mit dem Widerstand R2 = 1 kΩ, wobei die Ausgangsspannung 2,5 V beträgt. Die nächsthöhere horizontale Linie (blau) gehört zum Widerstand R 2 = 2 kΩ und die Ausgangsspannung ist etwa 3,35 V. Dies geht so weiter, bis zum Wert R2 = 10 kΩ, der durch die violette waagerechte Linie bei einer Ausgangsspannung von etwa 4,45 V dargestellt wird. Die horizontale Achse stellt dabei wie immer die Zeit dar, doch kann diese in diesem Beispiel ignoriert werden, da sie hier nicht relevant ist.

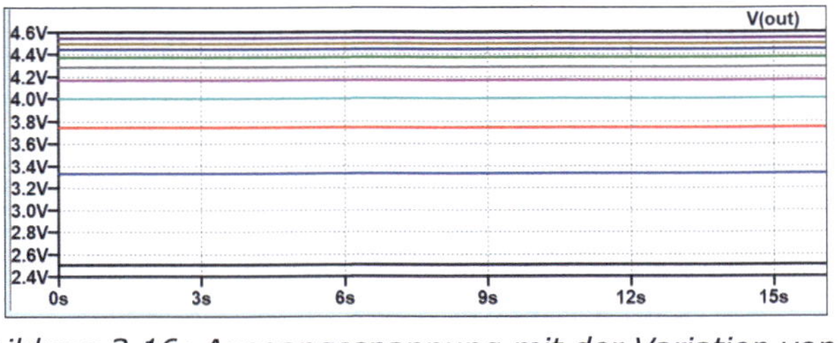

Abbildung 3.16: Ausgangsspannung mit der Variation von R2

Sie könnten im Reiter **Transient** ein Häkchen bei **Start external DC supply voltages at 0V** gesetzt haben um die Darstellung wie in Abbildung 3.17 zu erhalten. In diesem Diagramm wurde die **Stop time** mit 40u festgelegt. Die Werte nach der Einschwingzeit (20 µs) entsprechen den Werten von R2 in Abbildung 3.16.

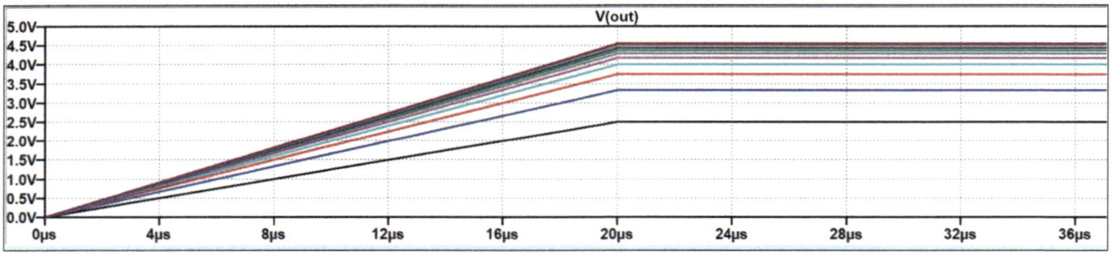

Abbildung 3.17: Ausgangsspannung als Funktion von R2 mit Start der Spannungsquelle ab 0 V

Wir können auch die SPICE-Direktive **list** verwenden um eine Reihe von Werten für R2 festzulegen, anstatt diese zu durchlaufen. Um z.B. die lediglich die Werte 1 kΩ, 5 kΩ und 10 kΩ für R2 zu verwenden, geben Sie den folgenden Befehl ein:

```
.step param R2 list 1k 5k 10k
```

Alternative Methode
Alternativ können Sie den Schaltplan wie in Abbildung 3.14 verwenden und dann die folgende SPICE-Direktive eingeben:

```
.step param R2 1k 10k 1k
```

Klicken Sie auf **Run/Pause**. Dann wählen Sie **DC op pn**t aus und wählen **OK**. Klicken Sie mit dem Spannungsprüfer auf den Ausgang und Sie sollten ein Diagramm mit der Ausgangsspannung auf der vertikalen Achse und dem Wert von R2 auf der horizontalen Achse sehen (Abbildung 3.18).

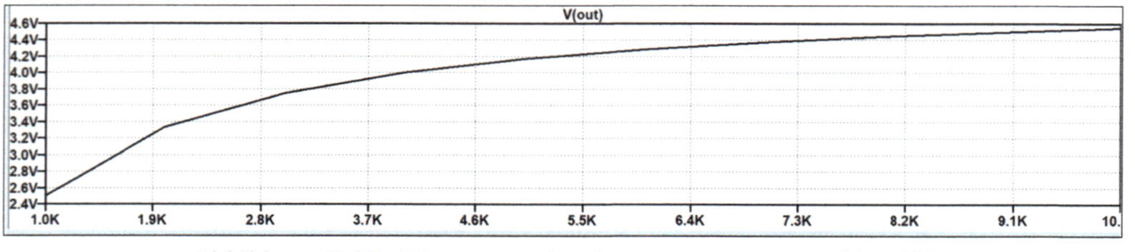

Abbildung 3.18: Diagramm der Ausgangsspannung über R2

3.6 Die Verlustleistung in einem Gleichspannungskreis

Dieses Beispiel besteht aus einer Gleichspannungsquelle und zwei Widerständen. Diesmal werden wir die Verlustleistung jedes Widerstandes und auch die Gesamtleistung berechnen. Abbildung 3.19 zeigt die Schaltung.

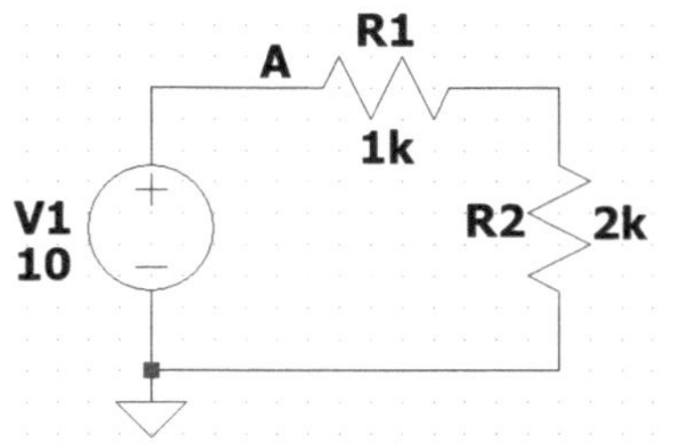

Abbildung 3.19: Schaltung zur Analyse der Verlustleistung

Zeichnen der Schaltung
Die Schritte sind:

- Setzen Sie die Spannungsquelle und die beiden Widerstände wie in Abbildung 3.19 dargestellt und geben Sie die Bauteilwerte ein.
- Positionieren Sie das Label ´A´ wie in Abbildung 3.19 zu sehen

Simulation

- Klicken Sie **Run/Pause** und wählen Sie **Transient**.
- Legen Sie die **Stop time** mit 20 ms fest
- Um die Verlustleistung von R1 darzustellen, drücken Sie auf der Tastatur **Alt** und positionieren Sie den Mauszeiger über R1. Das Leistungsmessgerät (ein Thermometer) wird angezeigt und mit einem Klick wird die Verlustleistung im Diagramm angezeigt.
- Wie im Diagramm angezeigt, liegt die Verlustleistung von R1 bei 11,111 mW (Abbildung 3.20). Die Verlustleistung wird ebenfalls am unteren Rand angezeigt. Entsprechend beträgt die Verlustleistung von R2 22,222 mW.

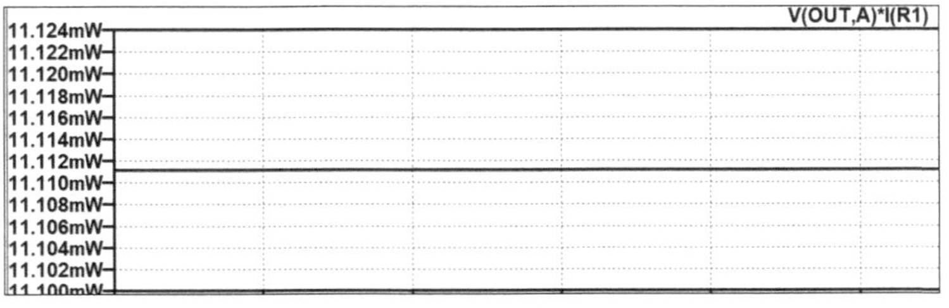

Abbildung 3.20: Verlustleistung von R1

Die vollständige Verlustleistung wird gleichermaßen mit dem Mauszeiger über der Spannungsquelle angezeigt. Sie kann auch ausgerechnet werden, indem man die beiden Kurven addiert. Dazu klicken Sie mit der rechten Maustaste im Diagramm und wählen **Add Traces**. Geben Sie Folgendes in das untere Feld **Expression(s) to add** ein um die gesamte Verlustleistung zu berechnen:

-V(a)*I(R1).

Die gesamte Verlustleistung wird im Diagramm mit 33,333 mW angezeigt (siehe Abbildung 3.21) oder kann am unteren Rand abgelesen werden, indem man den Mauszeiger auf der Kurve platziert.

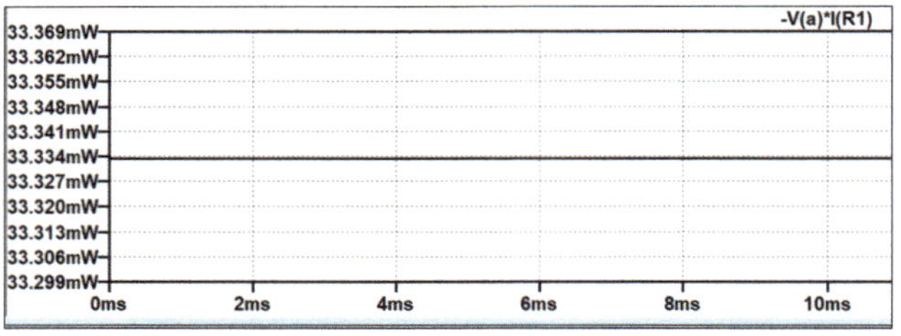

Abbildung 3.21: Gesamte Verlustleistung

3.7 Zeitlicher Verlauf einer RC-Schaltung

In diesem Beispiel werden wir den zeitlichen Verlauf der Spannung einer RC-Schaltung mit einem Spannungssprung am Eingang analysieren.

Zeichnen der Schaltung

- Abbildung 3.22 zeigt eine Schaltung, in der ein 2 kΩ Widerstand (R1) mit einem 1 µF Kondensator (C1) zu einer Reihenschaltung verbunden ist und eine 5 V Spannung an der Schaltung anliegt.

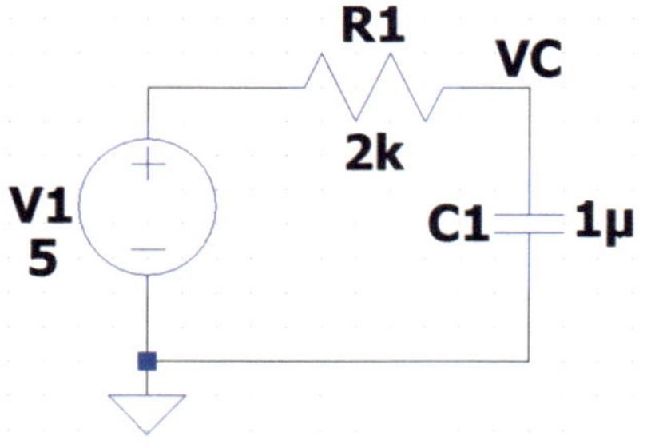

Abbildung 3.22: Einfaches RC-Netzwerk

Simulation

- Klicken Sie auf **Run/Pause** und wählen Sie **Transient**.
- Geben Sie bei Stop time 12m ein.
- Setzen Sie ein Häkchen bei **Skip initial operation point solution** (Abbildung 3.23).

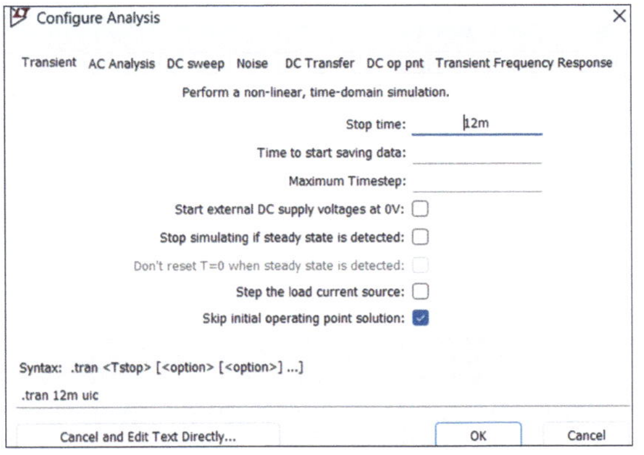

Abbildung 3.23: Einstellungen für die Zeitsimulation

- Klicken Sie auf **OK**. Sie Sollten nun ein leeres Diagramm sehen. Setzen Sie den Spannungsprüfer an den Ausgang (VC) und klicken. Der Zeitverlauf der Spannung über dem Kondensator wird angezeigt.

- Wir können eine Überschrift für das Diagramm eingeben. Klicken Sie mit der rechten Maustaste im Diagramm und wählen Sie **Notes & Annotations** → **Text** aus und geben Sie den Text **Spannung über dem Kondensator** (Abbildung 3.24) ein und wählen Sie für ihre Farbe rot. Die Abbildung 3.25 zeigt das beschriftete Diagramm.

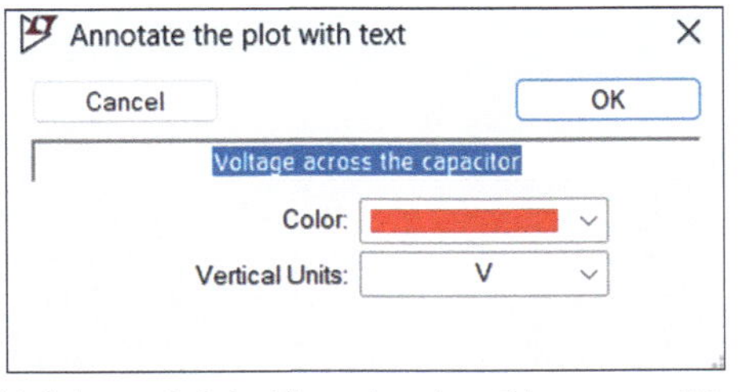

Abbildung 3.24: Eingabe des Diagrammtitels

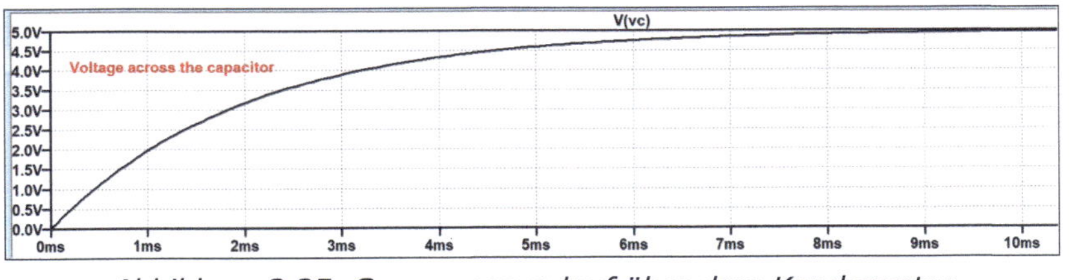

Abbildung 3.25: Spannungsverlauf über dem Kondensator

Die Zeitkonstante einer RC-Schaltung entspricht der Zeit, in der die Spannung über dem Kondensator von 0 V bis auf 63,2 % des Endwertes angestiegen ist. Die Zeitkonstante kann auch grafisch ermittelt werden, in dem man die Tangente an die Kurve im Nullpunkt legt und den Schnittpunkt mit dem Endwert sucht (siehe Abbildung 3.26, in der nur der vordere Teil des Diagramms dargestellt ist). Wählen Sie mit einem Rechtsklick

Notes & Annotations → **Line** aus und zeichnen Sie die Tangente an den ansteigenden Kurvenverlauf. Dann zeichnen Sie eine vertikale Linie vom Schnittpunkt zur x-Achse. In diesem Fall liegt die gefundene Zeitkonstante bei etwa 2 ms.

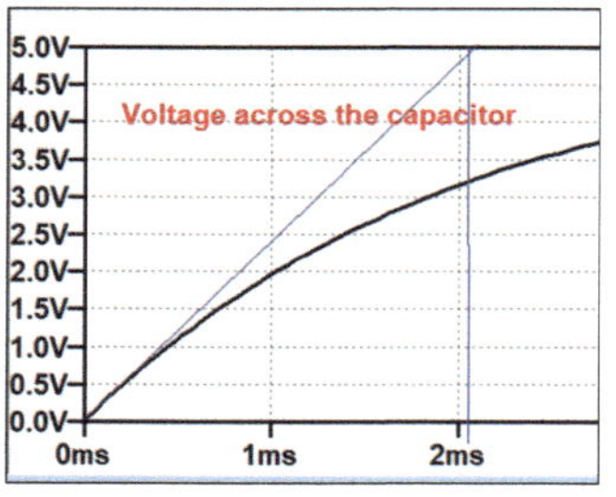

Abbildung 3.26: Grafische Ermittlung der Zeitkonstante

Die Theorie

Die Spannung über einer RC-Schaltung mit einem Spannungssprung ist gegeben mit:

$$U_C = U_1 \cdot \left(1 - \frac{e^{-t}}{RC}\right)$$

Wobei UC die Spannung über dem Kondensator ist und U1 der Spannungssprung am Eingang. In diesem Beispiel ergibt die Formel:

$$U_C = 5V \cdot \left(1 - \frac{e^{-t}}{0{,}002\,s}\right)$$

Die Zeitkonstante einer RC-Schaltung ist mit gegeben. Mit den Bauteilwerten von R = 2 kΩ und C = 1 µF haben wir:

$$\tau = 2 \cdot 10^3 \Omega \cdot 1 \cdot 10^{-6} F = 2ms,$$

Dies ist der selbe Wert, den wir mit dem Simulator berechnet haben.

3.8 Zeitlicher Verlauf einer RLC-Schaltung

In diesem Beispiel werden wir den zeitlichen Verlauf eines RLC-Netzwerks mit einem Spannungssprung am Eingang analysieren.

Zeichnen des Schaltplans

- Abbildung 3.27 zeigt eine Schaltung mit einem 100 Ω Widerstand (R1), einer 2 mH Spule (L1) und einem 2 nF Kondensator (C1) in Reihe an eine 5 V Spannungsquelle (V1) angeschlossen.

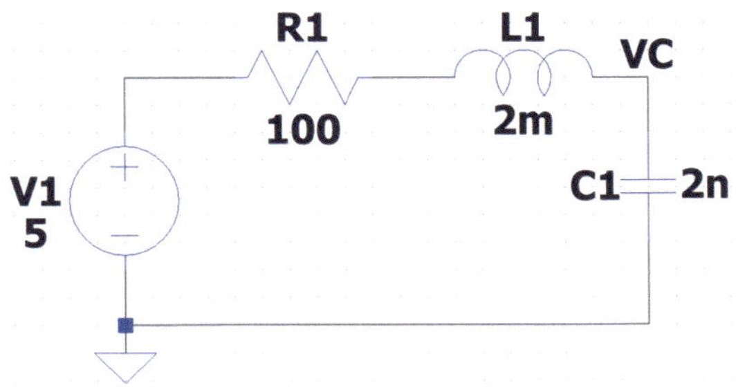

Abbildung 3.27: Die Schaltung eines RLC-Netzwerks

Simulation

- Klicken Sie auf **Run/Pause** und wählen Sie **Transient**.
- Geben Sie bei **Stop time** 150u ein.
- Setzen Sie ein Häkchen bei **Skip initial operation point solutio**n (Abbildung 3.28).

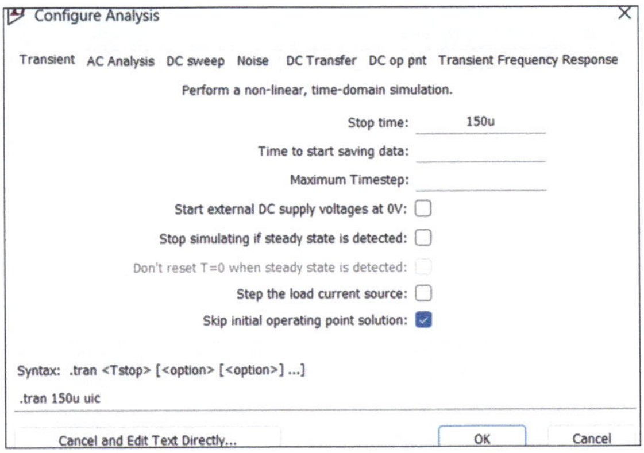

Abbildung 3.28: Einstellungen für die Zeitsimulation

- Klicken Sie auf **OK**. Sie Sollten nun ein leeres Diagramm sehen. Setzen Sie den Spannungsprüfer an den Ausgang (VC) und klicken. Die Entwicklung der Spannung über dem Kondensator wird angezeigt. Der Verlauf zeigt ein Schwingverhalten, welches als schwach gedämpft bezeichnet wird.
- Wir können eine Überschrift für das Diagramm eingeben. Klicken Sie mit der rechten Maustaste im Diagramm und wählen **Sie Notes & Annotations** → **Text** aus und geben Sie den Text **Spannung über dem Kondensator** ein und wählen Sie für ihre Farbe rot. Die Abbildung 3.29 zeigt das beschriftete Diagramm.

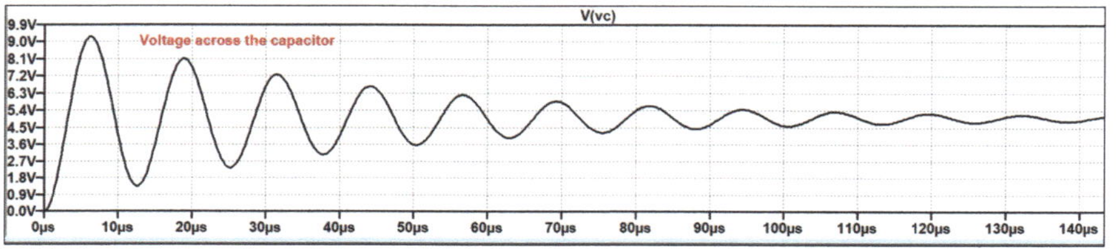

Abbildung 3.29: Spannung über dem Kondensator

Die Theorie

Die Sprungantwort einer RLC-Schaltung hängt vom Dämpfungsmaß ab:

$\xi > 1$	ist aperiodisch, nicht schwingend
$\xi = 1$	ist kritisch gedämpft, gerade kein Überschwingen
$\xi < 1$	ist eine gedämpfte Schwingung

Das Dämpfungsmaß ist gegeben durch:

$$\xi=\frac{R}{2}\sqrt{\frac{C}{L}}=\frac{100}{2}\sqrt{\frac{2\cdot 10^{-9}}{2\cdot 10^{-3}}}=0{,}05$$

In Abbildung 3.27 beträgt $\xi = 0{,}05$ und wir haben eine gedämpfte Schwingung.

Die Sprungantwort einer RLC-Schaltung ist durch folgende Formel gegeben:

$$v(t)=1+e^{-\xi\omega_n t}\cos(\omega_d t+\varphi)$$

Wobei ωn die ungedämpfte (natürliche) Frequenz des Schwingkreises und $\omega_d=\omega_n\sqrt{1-\xi^2}$ die gedämpfte (natürliche) Frequenz ist. In unserem Fall ist die ungedämpfte Schwingung gegeben durch:

$$\omega_n=\frac{1}{\sqrt{LC}} = 500 \text{ rad/s}$$ und demnach $f_n = 79{,}577$ kHz

und

$$f_d=79577\sqrt{1-\xi^2}$$

$$f_d=79577\sqrt{1-0{,}05^2}=79{,}477\,kHz$$

Berechnung der gedämpften Schwingung aus dem Diagramm

Es gibt mehrere Arten in LTspice die Frequenz einer Kurve zu bestimmen. Eine Möglichkeit wurde in Abbildung 2.17 beschrieben. An dieser Stelle möchten wir unter Verwendung von zwei Cursorn eine andere Methode zeigen. Gehen Sie dazu folgendermaßen vor:

- Machen Sie einen Rechtsklick auf die Bezeichnung der Kurve **V(vc)** am oberen Rand des Diagramms um den **Expression Editor** zu öffnen. Wählen Sie unter **Attached Cursor** (Abbildung 3.30) 1st and 2nd und klicken Sie auf **OK**.

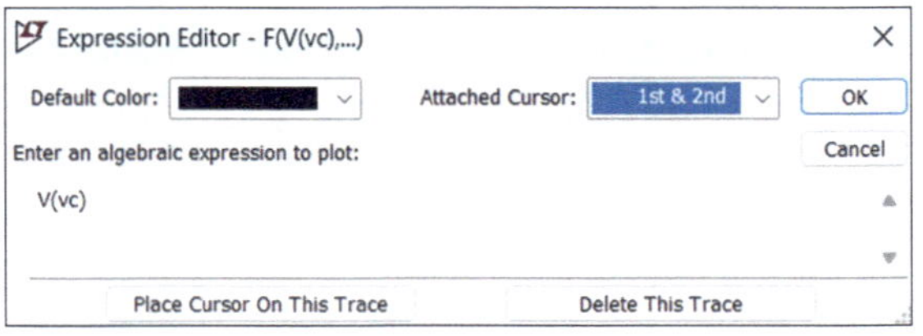

Abbildung 3.30: Auswahl der Cursor 1st und 2nd

- Sie sollten je eine gestrichelte horizontale und eine vertikale Linie in der Mitte des Diagramms sehen. Gehen Sie mit der Maus zu der Linie und es wird die Nummer **1** angezeigt. Bewegen Sie die Nummer **1** zum ersten Maximum der Kurve.

- Gehen Sie zurück zu der Linie in der Mitte und Sie sollten nun die Nummer **2** angezeigt bekommen. Bewegen Sie diesen Cursor zum zweiten Maximum der Kurve (Abbildung 3.31).

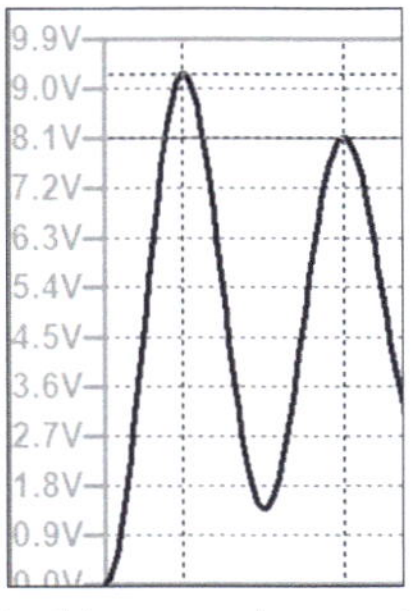

Abbildung 3.31: Markierung der ersten beiden Maxima

- Die Werte für X und Y an den beiden Positionen der Cursor werden zusammen mit der jeweiligen Differenz an der unteren rechten Seite auf dem Bildschirm angezeigt. Zusätzlich wird die Frequenz der Kurve mit 79,692 kHz wie in Abbildung 3.32 dargestellt, angezeigt.

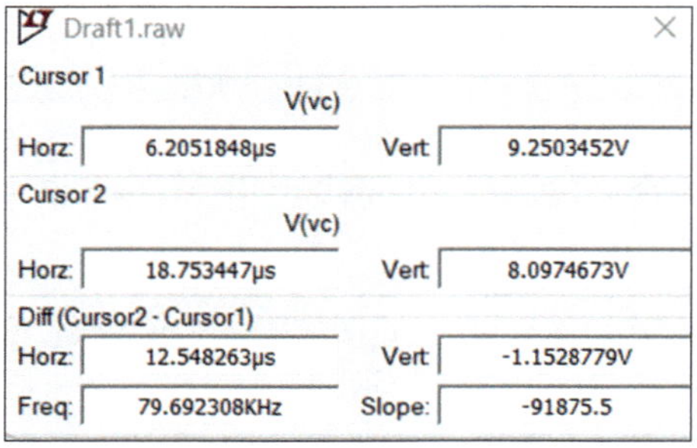

Abbildung 3.32: Ermittlung der Frequenz (79,692 kHz)

Offensichtlich passen beide Ergebnisse, das theoretische und das aus der Simulation, gut zusammen.

Fourierspektrum

Das Fourierspektrum (mit der FFT erhalten) der Kurve kann wie folgt dargestellt werden:

- Stellen Sie die gedämpfte Schwingung wie in Abbildung 3.29 dar.
- Klicken Sie mit der rechten Maustaste auf das Diagramm und wählen Sie **View → FFT**.
- Wählen Sie die Ausgangsspannung V(vc) und klicken Sie auf **OK** (Abbildung 3.33)

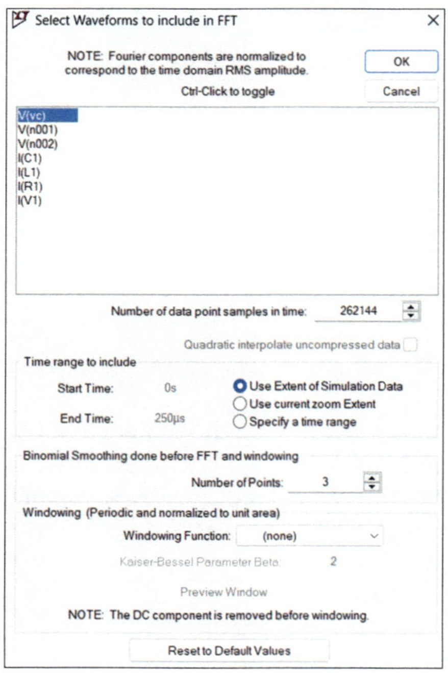

Abbildung 3.33: Einstellung der FFT Parameter

- Abbildung 3.34 zeigt die FFT des Ausgangssignals. Beachten Sie das Maximum bei 79,360 kHz, was der Grundschwingung entspricht.

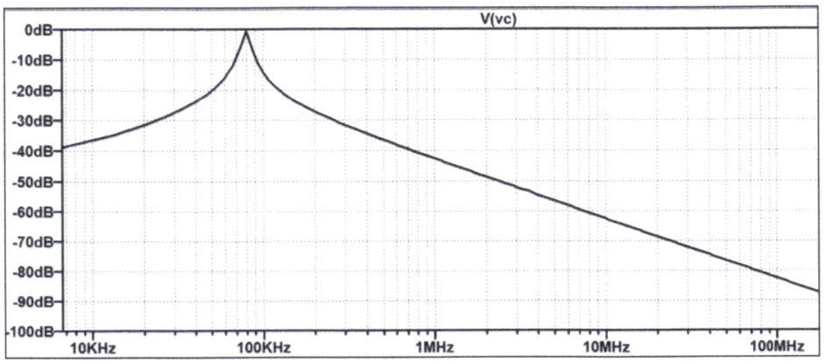

Abbildung 3.34: Frequenzgang des Augangssignals

Mehrere Diagramme

Als weiteres Beispiel möchten wir den Strom durch den Widerstand in einem anderen Diagramm darstellen. Die Schritte dafür sind:

- Machen Sie einen Rechtsklick auf das **Diagramm** und wählen Sie **Add Plot Pane Above**. Sie sollten ein leeres Fenster über dem ersten Diagramm sehen.
- Gehen Sie mit der Stromzange über den Widerstand und klicken Sie darauf. Sie sollten nun den Strom durch den Widerstand im oberen Fenster sehen.
- Geben Sie die Titel für die beiden Diagramme ein, indem Sie mit der rechten Maustaste **Notes & Annotations** → **Text** auswählen. Die Abbildung 3.35 zeigt die fertigen Diagramme.

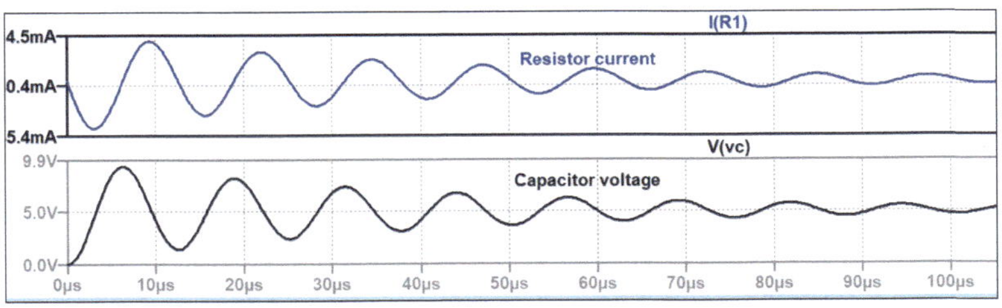

Abbildung 3.35: Darstellung des Widerstandstroms und der Kondensatorspannung in zwei Diagrammen

3.9 Eingangwiderstand, Ausgangswiderstand und Übertragungsfunktion

Der Eingangswiderstand einer Widerstandsschaltung ist der Ersatzwiderstand, der in Eingangsrichtung der Schaltung vorhanden ist. Entsprechend ist der Ausgangswiderstand der Ersatzwiderstand, der am Ausgang in Richtung des Eingangs der Schaltung vorhanden ist, wenn die Eingangsspannung kurzgeschlossen ist. Die Übertragungsfunktion einer Schaltung ist das Verhältnis der Ausgangsspannung im Verhältnis zur Eingangsspannung. Die Übertragungsfunktion wird nicht durch das Eingangssignal bestimmt.

Abbildung 3.36 zeigt eine einfache Widerstandsschaltung. Von dieser Schaltung werden wir mit LTspice den Eingangswiderstand, den Ausgangswiderstand und die Übertragungsfunktion ermitteln.

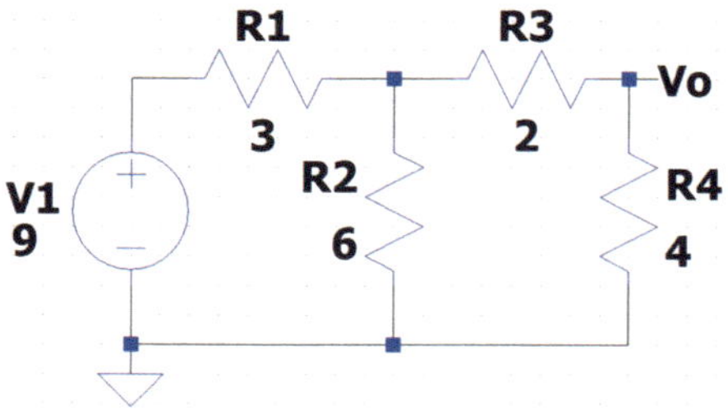

Abbildung 3.36: Ein einfaches Widerstandsnetzwerk

Zeichnen des Schaltplans

- Zeichen Sie die Schaltung wie in Abbildung 3.36 dargestellt. Die Schaltung besteht aus vier Widerständen und einer Spannungsquelle.
- Fügen Sie eine Spannungsquelle hinzu und legen Sie ihren Wert auf 9 V DC fest.
- Fügen Sie am Ausgang ein Label mit der Bezeichnung Vo hinzu.
- Fügen Sie eine Masse hinzu.

Simulation

- Klicken Sie auf **Run/Pause** und wählen Sie **DC Transfer**. Geben Sie die Ausgangs- und Eingangsspannungen ein:

  Output: V(Vo)
  Source: V1

- Sie sollten einen Eingangswiderstand (6 Ω), einen Ausgangswiderstand (2 Ω) und die Übertragungsfunktion (0,3333) wie in Abbildung 3.37 sehen.

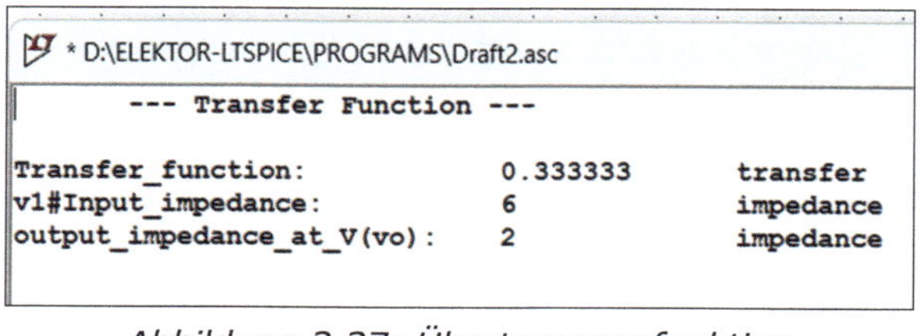

Abbildung 3.37: Übertragungsfunktion

Mit einer 10 V Eingangsspannung erwarten wir eine Ausgangsspannung von 9 V · 0,333 = 2,99 V. Dies kann überprüft werden, indem wir den DC op pnt folgendermaßen darstellen lassen:

- Löschen Sie die SPICE-Direktive **.tf V(Vo) V1** am unteren Rand der Schaltung.
- Klicken Sie auf **Run/Pause** und wählen Sie **DC op pnt** aus. Die Gleichspannungen und -ströme in der Schaltung werden wie in Abbildung 3.38 aufgelistet. Offensichtlich beträgt die Ausgangsspannung wie erwartet 3 V.

```
* D:\ELEKTOR-LTSPICE\PROGRAMS\Draft2.asc

       --- Operating Point ---

V(n001):        9           voltage
V(n002):        4.5         voltage
V(vo):          3           voltage
I(R1):          -1.5        device_current
I(R2):          -0.75       device_current
I(R3):          0.75        device_current
I(R4):          0.75        device_current
I(V1):          -1.5        device_current
```

Abbildung 3.38: Gleichspannungen und Gleichströme

Die Theorie

Eingangswiderstand:

Die Widerstände R4 (4 Ω) und R3 (2 Ω) sind in Serie und ergeben zusammen einen Widerstand von 6 Ω. Dieser Ersatzwiderstand ist parallel mit R2 (6 Ω), was einen weiteren Widerstandswert von 3 Ω ergibt. Dieser ist wiederum in Serie mit R1 (3 Ω), was einen Gesamtwiderstand von 6 Ω am Eingang ergibt wie von LTspice berechnet.

Ausgangswiderstand:

Wird die Spannungsquelle kurzgeschlossen, sind die Widerstände R1 (3 Ω) und R2 (6 Ω) parallel, was einen Widerstand von 2 Ω ergibt. Dieser ist in Serie mit R3 (2 Ω), was 4 Ω ergibt. Dieser 4 Ω Widerstand ist parallel zu R4 (4 Ω), womit der Ausgangswiderstand wie mit LTspice berechnet, 2 Ω beträgt.

Ausgangsspannung:

Die vereinfachte Schaltung ist in Abbildung 3.39 dargestellt. Die Spannung an der Leitung zwischen R1 und Rx = R2 || (R3 + R4) beträgt 4,5 V. Das ist die Eingangsspannung am Spannungsteiler R3/R4. Deshalb liegt die Spannung über R4 bei:

$$U(R4) = U(Vo) = 4{,}5\ V \cdot 4\ \Omega\ :\ (4\ \Omega + 2\ \Omega) = 3\ V$$

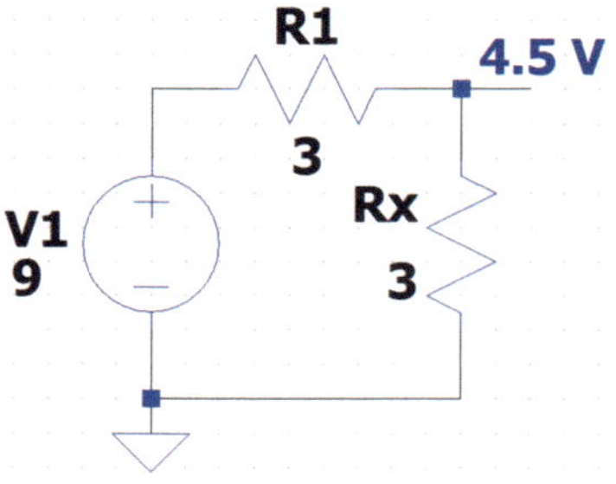

Abbildung 3.39: Das vereinfachte Netzwerk Rx = R2 || (R3+R4) = 3 Ω

Kapitel 4 • Einführung in die Schaltungsanalyse und -simulation mit Wechselspannungen

4.1 Übersicht

Im letzten Kapitel haben Sie gelernt wie Sie einfache Gleichspannungskreise mit LTspice analysieren. In diesem Kapitel werden wir einfache Wechselspannungskreise untersuchen.

4.2 RC-Schaltung

In diesem Beispiel werden wieder ein Widerstand und ein Kondensator mit einer Wechselspannungsquelle in Reihe geschaltet. Das Ziel dieser Übung ist es, zu zeigen, dass die Spannung in einer Kondensatorschaltung dem Strom hinterhereilt.

Schaltplaneingabe

- Verbinden Sie einen 1 Ω Widerstand in Reihe mit einem 100 µF Kondensator wie in Abbildung 4.1 gezeigt.

- Fügen Sie die Label Vin und Vc hinzu und vergessen Sie nicht die Bezugsmasse.

- Fügen Sie eine Spannungsquelle hinzu. Klicken Sie mit der rechten Maustaste auf die Spannungsquelle und danach auf **Advanced**. Anschließend wählen Sie **SINE** aus, geben bei **Amplitude[V]** 10 und bei **Freq[Hz]** 100 ein und klicken dann auf OK (siehe Abbildung 4.2).

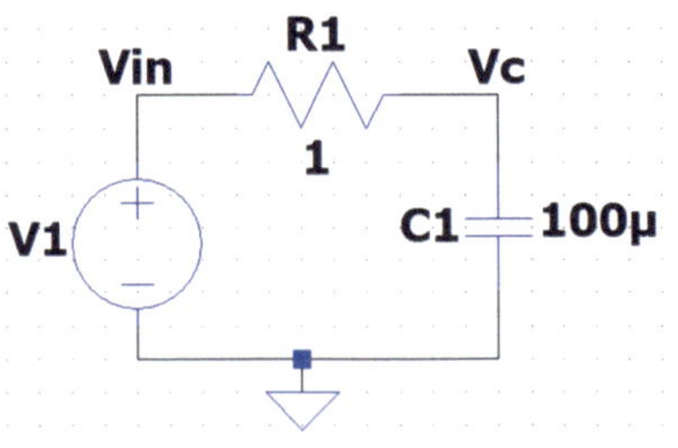

Abbildung 4.1: Die Schaltung

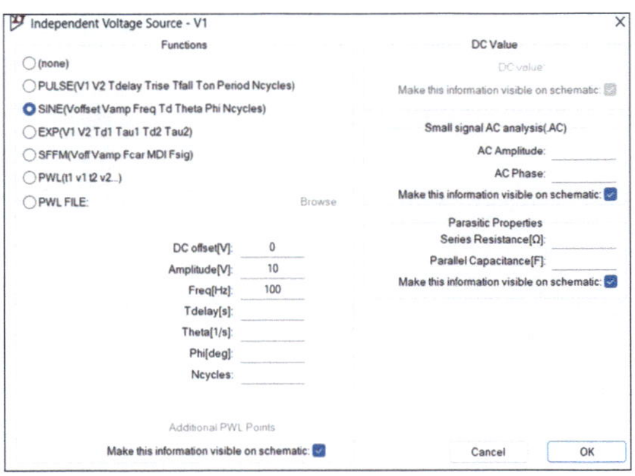

Abbildung 4.2: Einstellung für eine Sinusspannung

Simulation

- Klicken Sie auf **Run/Pause** und wählen Sie **Transient** aus. Geben Sie bei **Stop time** 25m ein.
- Gehen Sie mit dem Spannungsprüfer über den Kondensator und klicken Sie auf die Leitung mit dem Label **Vc**. Entsprechend gehen Sie mit der Stromzange auf den Kondensator und klicken. Die beiden Kurven werden wie in Abbildung 4.3 gezeigt, dargestellt. Eine für die Kondensatorspannung und eine für den Kondensatorstrom.
- Geben Sie für jede Kurve eine Beschriftung ein.
- Aus dem Bild wird ersichtlich, dass die Kondensatorspannung dem Kondensatorstrom hinterhereilt. Im Idealfall, ohne Widerstand, beträgt die Phasenverschiebung 90°.

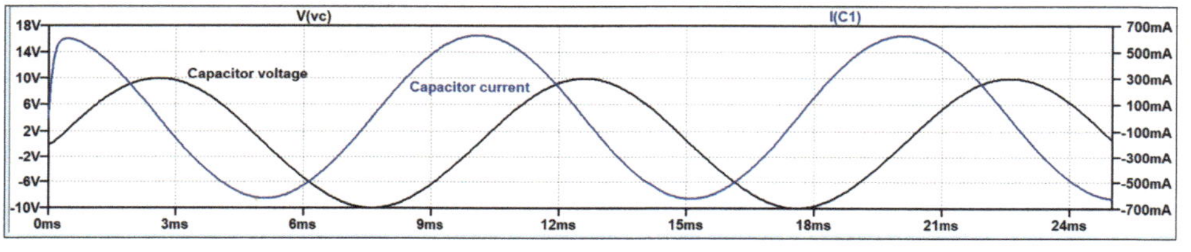

Abbildung 4.3: Kondensatorspannung und Kondensatorstrom

4.3 RL-Schaltung

In diesem Beispiel werden ein Widerstand und eine Spule in Reihe mit einer Sinusspannung geschaltet. Diese Übung soll zeigen, dass der Strom in einer Spule der Spannung in einem Wechselstromkreis hinterhereilt. [1]

Schaltplaneingabe

- Verbinden Sie einen 1 Ω Widerstand in Reihe mit einer 100 mH Spule wie in Abbildung 4.4 dargestellt.
- Fügen Sie die Label Vin und VL hinzu.
- Verbinden Sie eine Spannungsquelle mit der Schaltung. Klicken Sie mit der rechten Maustaste auf die Spannungsquelle und wählen **SINE** aus. Geben Sie eine Amplitude von 10 V und eine Frequenz von 100 Hz wie in Abbildung 4.2 ein.
- Ergänzen Sie die Schaltung um einen Massepunkt.

1 Bei Induktivitäten tut der Strom sich verspäten.

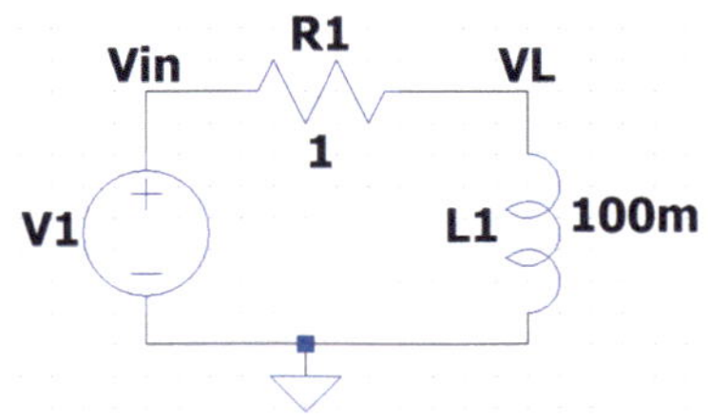

Abbildung 4.4: Die Schaltung

Simulation

- Klicken Sie auf **Run/Pause** und wählen Sie **Transient** aus. Als **Stop time** wählen Sie 20m.

- Klicken Sie mit dem Spannungsprüfer auf die Leitung mit dem Label **VL**. Ebenso verfahren Sie mit der Stromzange, indem Sie auf die Spule klicken. Die beiden Kurven werden wie in Abbildung 4.5 dargestellt - eine für die Spulenspannung und eine für den Spulenstrom.

- Geben Sie für jede Kurve eine Beschriftung ein.

- Im Bild erkennt man, dass die Spulenspannung dem Spulenstrom vorauseilt. Idealerweise (ohne Widerstände) beträgt der Phasenversatz 90°.

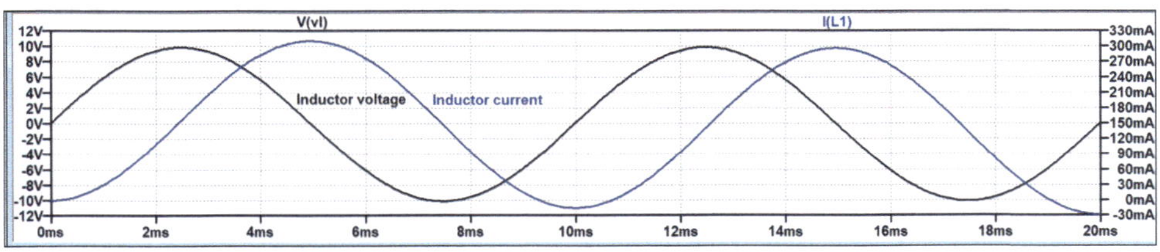

Abbildung 4.5: Spulenspannung und Spulenstrom

4.4 RLC-Schaltung

In diesem Beispiel sind zwei Widerstände, ein Kondensator und eine Spule an eine Sinusspannungsversorgung wie in Abbildung 4.6 gezeigt angeschlossen. Bei dieser Übung sollen die Spannungen und Ströme in der Schaltung gezeigt werden, wenn eine Sinusspannung mit 50 V und einer Frequenz von 1000 Hz angeschlossen ist.

Schaltplaneingabe

- Zeichnen Sie die Schaltung wie in Abbildung 4.6 dargestellt. Beachten Sie, dass die Bauteilwerte so gewählt wurden um die Berechnungen einfach zu halten.

- Fügen Sie einen Massepunkt hinzu.

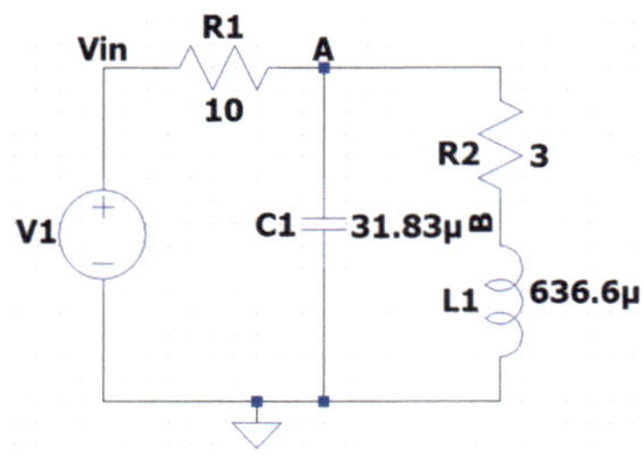

Abbildung 4.6: Die Schaltung

- Setzen Sie eine Spannungsquelle in die Schaltung. Machen Sie einen Rechtsklick auf die Spannungsquelle und geben Sie für die **AC Amplitude** 50 ein (Abbildung 4.7).

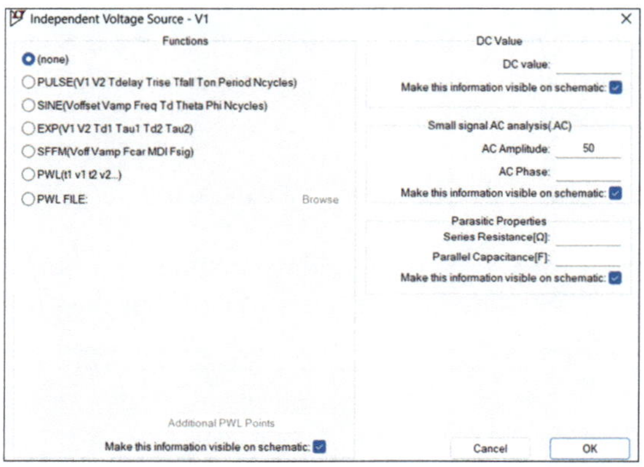

Abbildung 4.7: Einstellung der Wechselspannungsamplitude

Simulation

- Klicken Sie auf **Run/Pause** und wählen Sie **AC Analysis**. Setzen Sie den **Type of sweep** auf **Octave** und geben Sie bei **Number of points per octave** eine 1 ein und setzen Sie jeweils **Start frequency** und **Stop frequency** auf 1000 (siehe Abbildung 4.8).

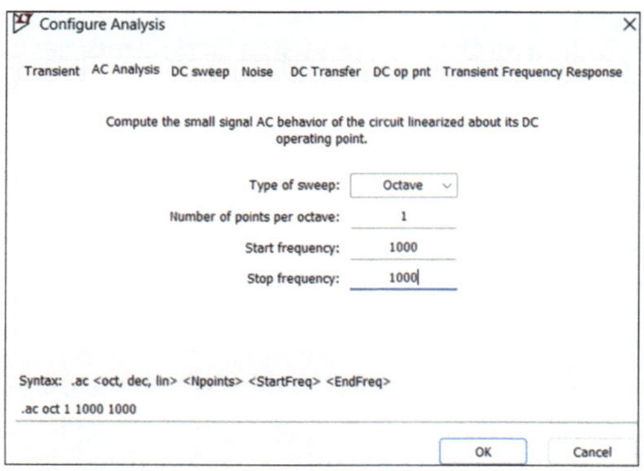

Abbildung 4.8: Einstellungen für die AC-Analyse

- Klicken Sie auf **OK**. Sie sollten einen Tabelle sehen, in der die Spannungen und Ströme in der Schaltung aufgelistet sind (siehe Abbildung 4.9). So beträgt beispielsweise der Strom durch R1 (I(R1), z.B. der Kreisstrom I1) 2,82872 A mit einem Phasenwinkel von -171,866°. Der Strom durch R2 (I(R2), z.B. der Kreisstrom I2) liegt bei 4,47126 A mit einem Phasenwinkel von -63,432° usw.

```
* D:\ELEKTOR-LTSPICE\PROGRAMS\RLC-ac.asc

       --- AC Analysis ---

frequency:    1000          Hz
V(vin):       mag:          50 phase: -2.03555e-15°    voltage
V(a):         mag:     22.3586 phase:    -10.3119°     voltage
V(b):         mag:     17.8845 phase:     26.5537°     voltage
I(C1):        mag:     4.47157 phase:     79.6881°     device_current
I(L1):        mag:     4.47126 phase:     -63.432°     device_current
I(R1):        mag:     2.82872 phase:    -171.866°     device_current
I(R2):        mag:     4.47126 phase:     -63.432°     device_current
I(V1):        mag:     2.82872 phase:    -171.866°     device_current
```

Abbildung 4.9: Ströme und Spannungen und deren Phasenverschiebung

Die Theorie

Bei einer Frequenz f = 1000 Hz besitzt der Kondensator einen Blindwiderstand (Reaktanz) von

$$X_C = \frac{-j}{\omega C} = \frac{-j}{2\pi f C} = \frac{-j}{2\pi \cdot 1 \cdot 10^3 \cdot 31{,}83 \cdot 10^{-6} F} = -j5\Omega$$

Ebenso besitzt die Spule einen Blindwiderstand von

$$X_L = j\omega L = j2\pi f L = j \cdot 2\pi \cdot 1 \cdot 10^3 \cdot 636{,}6 \cdot 10^{-6} H = j4\Omega$$

Demnach haben die Bauteile bei f = 1000 Hz die in Abbildung 4.10 gezeigten Werte.

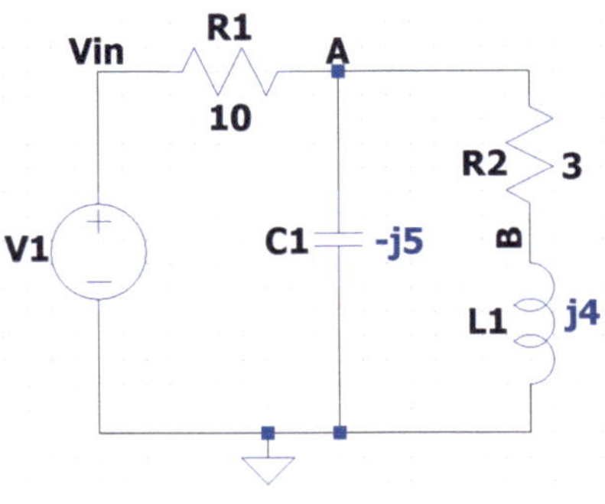

Abbildung 4.10: Bauteilwerte bei einer Frequenz von f = 1000 Hz

Mit dem Maschenstromverfahren und der Annahme, dass I1 und I2 die Ströme jeweils in der ersten und in der zweiten Masche sind, können wir die folgende Matrixgleichung schreiben:

$$\begin{bmatrix} 10-j5 & j5 \\ j5 & 3-j1 \end{bmatrix} \begin{bmatrix} I_1 \\ I_2 \end{bmatrix} = \begin{bmatrix} 50/0^\circ \\ 0 \end{bmatrix}$$

was Folgendes ergibt:

$$I_1 = \frac{\begin{vmatrix} 50 & j5 \\ 0 & 3-j \end{vmatrix} V\,\Omega}{\begin{vmatrix} 10-j5 & j5 \\ j5 & 3-j \end{vmatrix} A\,\Omega^2} = \frac{150-j50}{50-j25} A = 2{,}83\,A\,;\phi = 8{,}14\,°$$

$$I_2 = \frac{\begin{vmatrix} 10-j5 & 50 \\ j5 & 0 \end{vmatrix} V\,\Omega}{\begin{vmatrix} 10-j5 & j5 \\ j5 & 3-j \end{vmatrix} A\,\Omega^2} = \frac{-j250}{50-j25} A = 4{,}47\,A\,;\phi = -63{,}4\,°$$

Die theoretischen Ergebnisse sind die selben wie bei der Simulation ausgegeben.

4.5 Satz des Thévenin – Wechselstromanalyse

Das Ziel bei diesem Beispiel liegt darin, die Verwendung des Thévenin-Theorems mit LTspice zu erlernen.

Thévenin-Satz (Thévenin-Theorem): Dieser Satz besagt, das jedes lineare Netzwerk mit den Anschlüssen A und B wie in Abbildung 4.11a durch eine einzige Spannungsquelle Vt in Reihe mit einer einzigen Impedanz Zt in Reihe ersetzt werden kann wie in Abbildung 4.11b dargestellt. Die äquivalente Spannungsquelle Vt nach Thévenin ist die unbelastete Spannung an den Anschlüssen A und B. Die äquivalente Impedanz Zt nach Thévenin ist die Impedanz des Netzwerks an den Anschlüssen A und B mit allen inneren Spannungsquellen kurzgeschlossen.

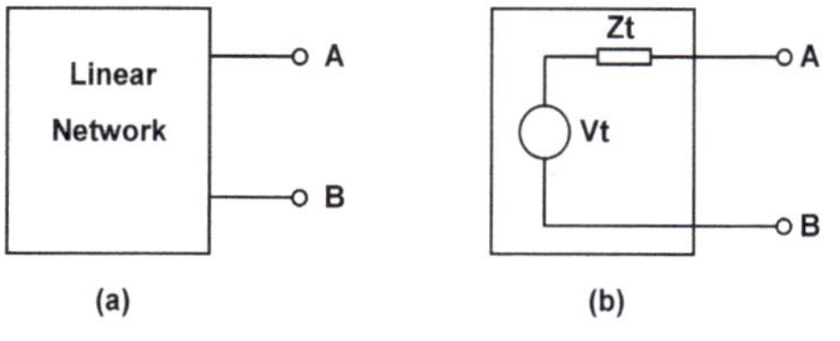

Abbildung 4.11: Thévenin-Äquivalent

Eine Beispielschaltung wird hier gezeigt und ihr Thévenin-Äquivalent wird mit der Verwendung von LTspice berechnet.

Die Schaltung

Die Schaltung besitzt eine Spannungsquelle mit einer Amplitude von 55,8 V, einer Frequenz von 1000 Hz und einer Phasenverschiebung von -17,4°. Die Schaltung besteht aus drei Widerständen mit den Werten 5 Ω, 2 Ω und 6 Ω. Weiterhin gibt es zwei Spulen mit den Werten 796 µH (L1) und 477 µH (L2). Wir möchten die äquivalente Thévenin-Schaltung ermitteln.

- Setzen Sie die Bauteile wie in Abbildung 4.12 dargestellt.
- Geben Sie die Bauteilwerte ein. Klicken Sie mit der rechten Maustaste auf die Spannungsquelle und geben Sie für die AC Amplitude 55.8 und für die Phase - 17.4 ein (siehe Abbildung 4.13) und klicken Sie auf OK.
- Fügen Sie die Beschriftungen hinzu und vergessen Sie die Masse nicht.

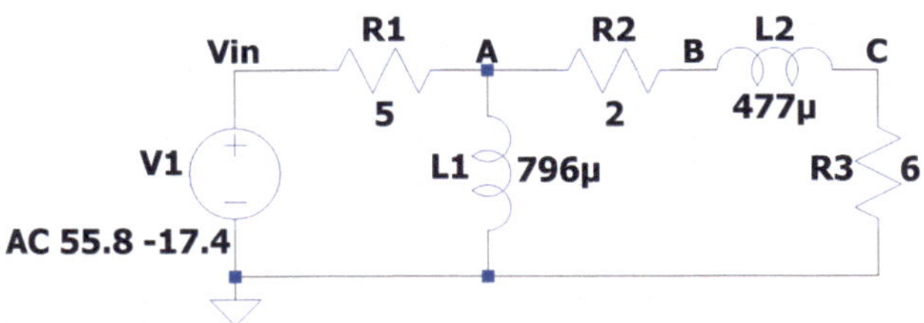

Abbildung 4.12: Die Schaltung

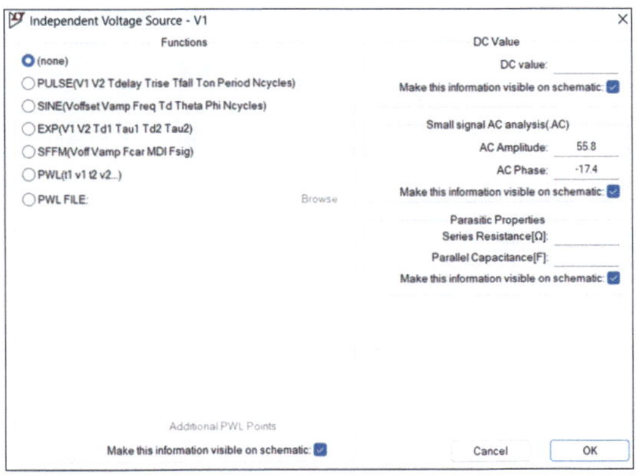

Abbildung 4.13: Einstellung der Eingangsspannung und der Phase

Simulation

- Klicken Sie auf **Run/Pause** und wählen Sie **AC Analysis**. Wählen Sie für **Type of sweep Octave** aus. Bei **Number of points per octave** geben Sie 1 ein und bei **Start frequency** und **Stop frequenc**y geben Sie jeweils 1000 ein. Klicken Sie auf **OK**.
- Sie sollten nun eine Tabelle mit den Strömen und den Spannungen in der Schaltung wie in Abbildung 4.14 sehen.

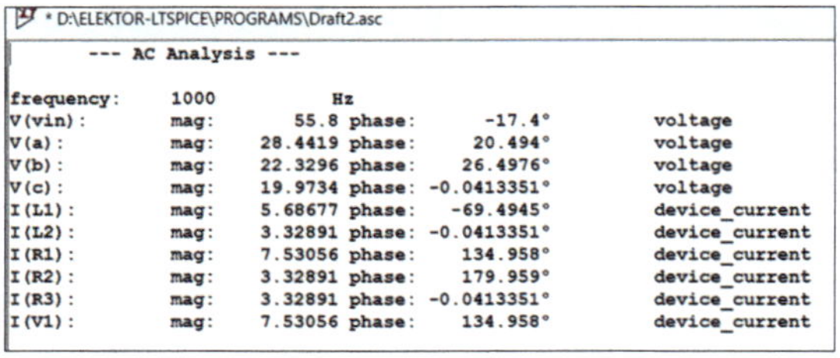

```
* D:\ELEKTOR-LTSPICE\PROGRAMS\Draft2.asc
       --- AC Analysis ---

frequency:    1000           Hz
V(vin):       mag:       55.8 phase:       -17.4°        voltage
V(a):         mag:    28.4419 phase:      20.494°        voltage
V(b):         mag:    22.3296 phase:     26.4976°        voltage
V(c):         mag:    19.9734 phase: -0.0413351°        voltage
I(L1):        mag:    5.68677 phase:    -69.4945°        device_current
I(L2):        mag:    3.32891 phase: -0.0413351°        device_current
I(R1):        mag:    7.53056 phase:     134.958°        device_current
I(R2):        mag:    3.32891 phase:     179.959°        device_current
I(R3):        mag:    3.32891 phase: -0.0413351°        device_current
I(V1):        mag:    7.53056 phase:     134.958°        device_current
```

Abbildung 4.14: Ströme und Spannungen

- Der Strom durch R3 liegt bei I(R3) = 3,33 A; φ = - 0,0413°

Die unbelastete Spannung über R3 berechnet sich zu V(R3) =I(R3) · 6 Ω = 19,98 A; φ = - 0,0413°.

Nun müssen wir die Impedanz mit der kurzgeschlossenen Spannungsquelle von R3 aus gesehen ausrechnen. Dies geschieht folgendermaßen:

Bei der Frequenz f = 1000 Hz besitzen die Spulen folgende Blindwiderstände:

L1: jωL1 = j2 · 1000 Hz · 796 · 10-6 H = j5 Ω,
L2: jωL2 = j2· 1000 Hz · 477 · 10-6 H = j3 Ω.

Demnach besitzen die Bauteile der Schaltung bei f = 1000 Hz die Werte wie in Abbildung 4.15 dargestellt.

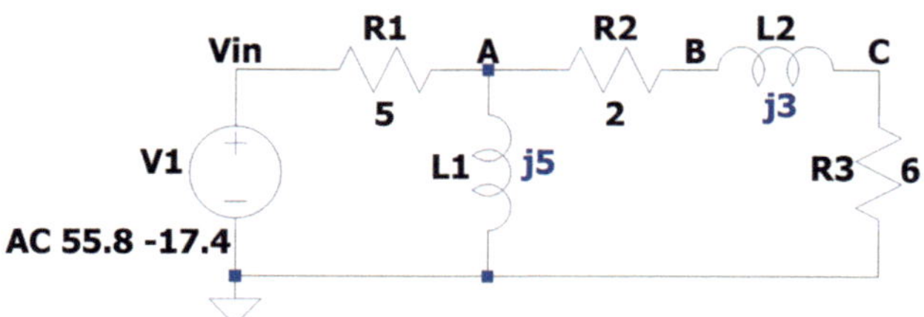

Abbildung 4.15: Bauteilwerte bei einer Frequenz von f = 1000 Hz

R1 und L1 liegen parallel, was 5 ·j5 Ω : (5 + j5) Ω2 = j25 Ω : (5 + j5) Ω2 ergibt.

Die Gesamtimpedanz beträgt dann

$$Zt=\frac{[\frac{25j}{5+5j}+2+3j]\cdot 6}{[\frac{25j}{5+5j}+2+3j]+6}\Omega=3{,}32+j1{,}41\Omega$$

Abbildung 4.16 zeigt die äquivalente Ersatzschaltung.

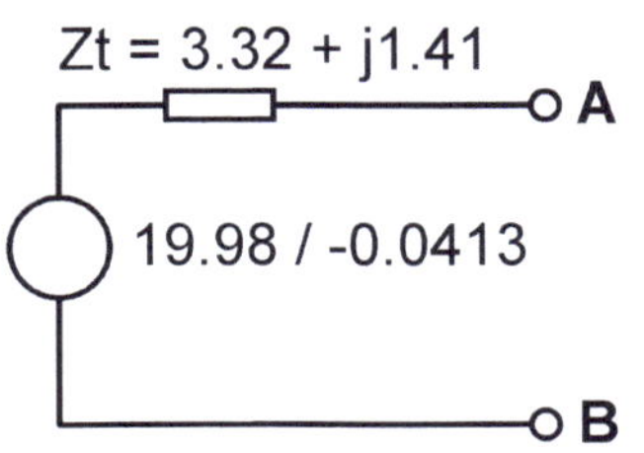

Abbildung 4.16: Ersatzspannungsquelle für die Schaltung in Abbildung 4.12 bei einer Frequenz von 1000 Hz

4.6 Dreiphasige Schaltungen

Wechselspannungsquellen können aus mehr als einer Phase bestehen. Bei einem einphasigen System, welches häufig in Hausinstallationen vorkommt, führt nur eine Ader Spannung. Für den Rückstrom gibt es den Neutralleiter, womit der Stromkreis vollständig wird. Bei Industrieinstallationen gibt es andererseits leistungsstarke Motoren und Pumpen usw. die üblicherweise über ein dreiphasiges Wechselspannungsnetz versorgt werden. In einem sind die drei Phasen jeweils um 120° versetzt zueinander (ergibt zusammen 360°). Die Versorgung durch ein dreiphasiges System ist kontinuierlich, wobei alle drei Phasen bei der Bereitstellung der Leistung beteiligt sind. Jede der drei Phasen kann auch als einzelne Phase zur Versorgung verwendet werden. Das heißt, auch wenn Ihre Wohnung nur mit einer Phase versorgt wird, wird das Haus und das Wohngebiet mit drei Phasen verbunden.

In diesem Abschnitt werden wir uns gleichmäßig belastete dreiphasige Schaltungen ansehen, von denen jeder Zweig die gleiche Spannungsquelle besitzt und die selben Lasten an jedem Zweig angeschlossen sind.

Dreiphasige Systeme existieren gewöhnlich in zwei Varianten: Stern- oder Dreieckschaltung wie in Abbildung 4.17 dargestellt.

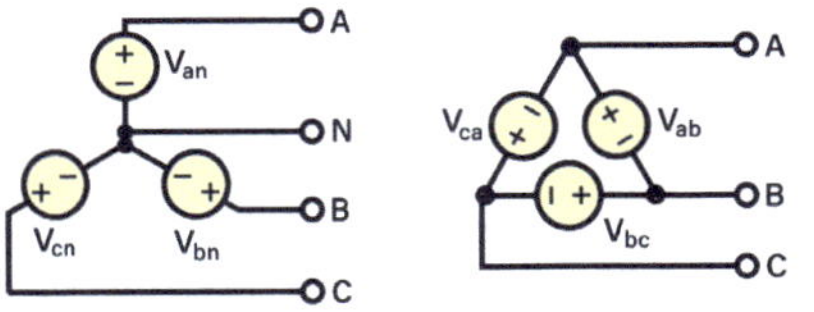

Abbildung 4.17: Stern- (links) und Dreieckschaltung (rechts)

In einer Sternschaltung ist die Außenleiterspannung (VL) die Spannung zwischen zwei Phasen, während die Strangspannung (VP) die Spannung zwischen einer Phase und dem Neutralleiter ist. Die Außenleiterspannung steht mit der Strangspannung in folgendem Zusammenhang:

$$V_L = \sqrt{3} V_P$$

Die Außenleiterströme sind genauso groß wie die Strangströme, d.h.

$I_L = I_P$.

In einer Dreieckschaltung sind die Zusammenhänge zwischen der Außenleiterspannung, der Strangspannung, den Außenleiterströmen und den Strangströmen gegeben durch:

$$I_L = \sqrt{3} I_P \text{ und } V_L = V_P$$

In den nächsten Abschnitten gibt es einige Simulationsbeispiele.

4.6.1 Sternschaltung mit Widerstandslasten

In diesem Beispiel werden wir eine dreiphasige Sternschaltung mit Widerstandslasten an jeder Phase analysieren.

Die Schaltung

Abbildung 4.18 zeigt die zu analysierende dreiphasige Schaltung. In diesem Fall sind die Lastwiderstände Ra = Rb = Rc = 30 Ω und die Phasenspannung beträgt 120 V. Unsere Aufgabe ist es die Lastspannungen und -ströme in der Schaltung zu ermitteln.

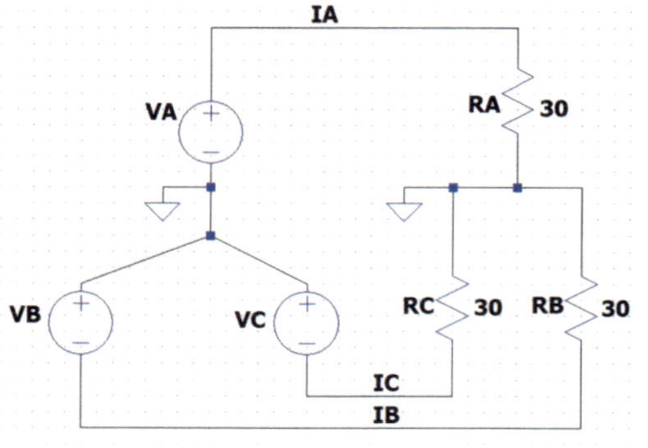

Abbildung 4.18: Eine Sternschaltung mit Widerstandslasten

- Zeichnen Sie die Schaltung aus Abbildung 4.18 mit drei Spannungsquellen und drei 30 Ω Widerständen.

- Erstellen Sie die Spannungsquellen wie folgt: Klicken Sie mit der rechten Maustaste auf die Quelle und dann wählen Sie Advanced aus. Geben Sie die Spannungen und Phasen ein. Abbildung 4.19 zeigt die Einstellung von VA:

  VA: 120 V; 50 Hz; φ =0°,
  VB: 120 V; 50 Hz; φ =120°,
  VC: 120 V; 50 Hz; φ =240°.

Abbildung 4.19: Konfigurierung der Wechselspannungsquelle

Abbildung 4.20 zeigt die fertige Schaltung mit allen Spannungsquellen eingestellt.

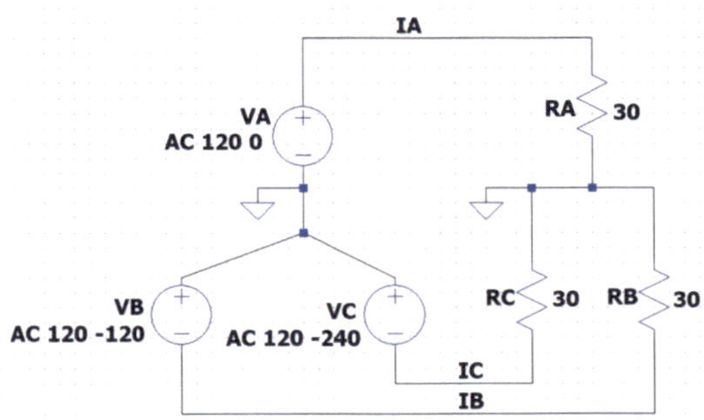

Abbildung 4.20: Vollständige Dreiphasenwechselstrom-Sterntestschaltung

Simulation

- Klicken Sie auf **Run/Pause** und wählen Sie den Reiter **AC Analysis**.
- Wählen Sie unter **Type of sweep Octave** aus und setzen Sie die **Number of points per octave** auf 1 sowie die **Start** und **Stop** Frequenz jeweils auf 50 Hz.
- Klicken Sie auf **OK**. Abbildung 4.21 zeigt die Spannungen und Ströme in der Schaltung. Offensichtlich beträgt der Strom durch jeden Widerstand 4 A und die Spannung über ihnen liegt bei 120 V.

```
* D:\ELEKTOR-LTSPICE\PROGRAMS\Three-phase-star.asc
       --- AC Analysis ---

frequency:    50          Hz
V(ia):        mag:        120 phase:        0°      voltage
V(ib):        mag:        120 phase:       60°      voltage
V(ic):        mag:        120 phase:      -60°      voltage
I(Ra):        mag:          4 phase:        0°      device_current
I(Rc):        mag:          4 phase:      120°      device_current
I(Rb):        mag:          4 phase:     -120°      device_current
I(Va):        mag:          4 phase:     -180°      device_current
I(Vb):        mag:          4 phase:       60°      device_current
I(Vc):        mag:          4 phase:      -60°      device_current
```

Abbildung 4.21: Spannungen und Ströme im Stromkreis

4.6.2 Sternschaltung mit Widerstands- und Induktivitätslasten

In diesem Beispiel werden wir ein dreiphasiges System mit Widerstands- und Induktivitätslasten an jeder Phase analysieren.

Abbildung 4.22 zeigt die zu analysierende dreiphasige Schaltung. In diesem Fall sind die Widerstände Ra = Rb = Rc = 2 Ω, die Spulen La = Lb = Lc = 19 mH und die Strangspannung beträgt 220 V. Wir möchten die Lastspannungen und -ströme in der Schaltung herausfinden.

- Zeichnen Sie die Schaltung wie in Abbildung 4.22 dargestellt, mit drei Spannungsquellen, drei 2 Ω Widerständen und drei 19 mH Spulen.

- Stellen Sie die Spannungsquellen mit den folgenden Eigenschaften ein. Klicken Sie mit der rechten Maustaste auf die Spannungsquelle und klicken Sie dann auf Advanced. Stellen Sie die Spannungen und Phasen ein.

  VA: 220 V; 50 Hz; φ =0°,
  VB: 220 V; 50 Hz; φ =120°,
  VC: 220 V; 50 Hz; φ =240°.

Simulation

- Klicken Sie Run/Pause und wählen Sie den Reiter AC Analysis.

- Setzen Sie den Type of sweep auf Octave, die Number of points per octave auf 1, die Start und Stop Frequenzen auf 50 Hz.

- Klicken Sie auf OK. Abbildung 4.23 zeigt die Spannungen und Ströme in der Schaltung.

Die Theorie

Die Impedanz der Lasten beträgt Z = 2 + jωL Ω oder 2 + j2πfL Ω. Bei f = 50 Hz beträgt die Impedanz 2 + j5,97 Ω, die einen Betrag von 6,3 Ω und einen Winkel von φ = tan- 1(5,97 : 2) = 71,48° besitzt.

Die Ströme durch die Lasten haben dann folgende Werte:

$$I(La)=\frac{V(La)}{Z}=\frac{220V;\phi=0°}{6{,}296\,\Omega;\phi=71{,}48°}=34{,}94\,\Omega;\phi=-71{,}48°,$$

$$I(Lb)=\frac{V(Lb)}{Z}=\frac{220V;\phi=120°}{6{,}296\,\Omega;\phi=71{,}48°}=34{,}94\,\Omega;\phi=48{,}52°,$$

$$I(Lc)=\frac{V(Lc)}{Z}=\frac{220V;\phi=240°}{6{,}296\,\Omega;\phi=71{,}48°}=34{,}94\,\Omega;\phi=168{,}52°.$$

Die theoretischen Ergebnisse stimmen mit denen aus der LTspice Simulation überein.

4.7 Gegeninduktivität

Wenn sich zwei Induktivitäten (oder Spulen) nahe beieinander befinden, streut der vom Strom verursachte magnetische Fluss der einen Spule in die andere Spule ein, wodurch in der Zweiten eine Spannung induziert wird. Dies wird als Gegeninduktivität bezeichnet. Abbildung 4.24a bis Abbildung 4.24d zeigen in Abhängigkeit des Wicklungssinns der Spulen vier Varianten der Gegeninduktivität. Ein Punkt markiert den Wicklungsanfang und jede der beiden magnetisch gekoppelten Spulen zeigt in die Richtung des magnetischen Flusses, wenn ein Strom in den Anschluss mit dem Punkt fließt. Es ist vereinbart, wenn ein Strom in den markierten Anschluss hineinfließt, ist die Polarität der in die zweite Spule induzierten Gegenspannung am markierten Anschluss positiv.

Die Gegeninduktivität der beiden gekoppelten Spulen L1 und L2 steht im Zusammenhang mit folgender Formel:

$$M = k\sqrt{L1 \cdot L2}$$

wobei *k* der Koppelfaktor ist.

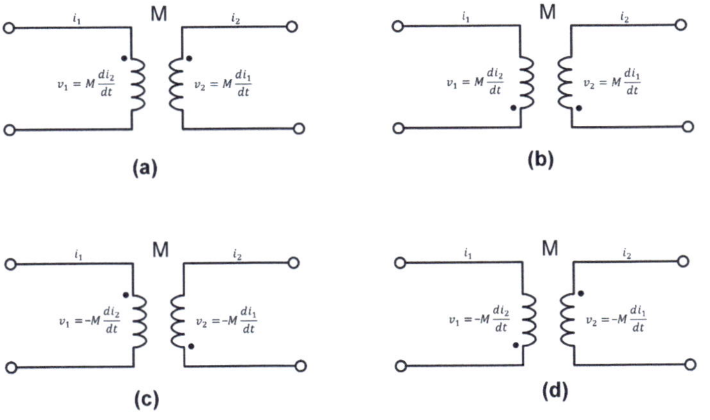

Abbildung 4.24: Varianten von Gegeninduktivitäten

Im nächsten Abschnitt gibt es eine Beispielsimulation.

4.7.1 Eine Schaltung mit Gegeninduktivität

Die Schaltung

Abbildung 4.25 zeigt eine Schaltung mit zwei gekoppelten Spulen, die eine Gegeninduktivität besitzen, einem Kondensator, einem Widerstand und einer Sinuswechselspannungsquelle. Wir werden die Schaltung simulieren um die Spannungen und Ströme in der Schaltung zu ermitteln.

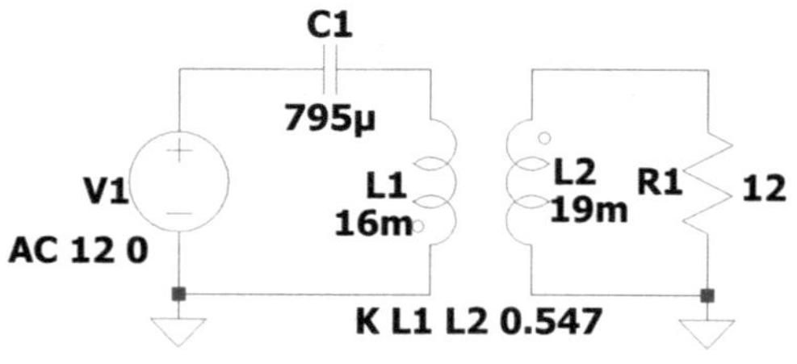

Abbildung 4.25: Zwei gekoppelte Spulen

- Zeichnen Sie die Schaltung wie in Abbildung 4.25.

- Mit einem Rechtsklick auf die Spannungsquelle wählen Sie **Advanced**. Setzen Sie die **AC Amplitude** auf 12.

- Legen Sie die Bauteilwerte L1, L2 und k entsprechend mit 16 mH, 10 mH und 0,547 fest. Geben Sie dem Widerstand den Wert 12 Ω und dem Kondensator 795 µF.

- Der Koppelfaktor (k = 0,547) zwischen den beiden Spulen muss festgelegt werden. Klicken Sie auf **SPICE Directive** (oder .) und geben Sie den folgenden Text ein, der LTspice mitteilt, dass L1 und L2 gegenseitig mit dem Koppelfaktor von 0,547 gekoppelt sind. Fügen Sie diese unter die beiden Spulen wie in Abbildung 4.25:

  K L1 L2 0.547

- Fügen Sie den beiden Stromkreisen jeweils eine Bezugsmasse hinzu

Simulation

- Klicken Sie auf **Run/Pause** und wählen Sie A**C Analysis** aus. Setzen Sie den **Type of sweep** auf **Octave**, die **Number of points per octave** auf 1 und die **Start** und **End** Frequenzen auf 50 Hz.

- Klicken Sie auf **OK**. Sie sollten eine Tabelle mit Strömen und Spannungen wie in Abbildung 4.26 sehen.

* D:\ELEKTOR-LTSPICE\PROGRAMS\mutual-inductance.asc

--- AC Analysis ---

frequency:	50	Hz			
V(n001):	mag:	12	phase:	0°	voltage
V(n002):	mag:	60.8188	phase:	32.3948°	voltage
V(n003):	mag:	34.2326	phase:	-166.823°	voltage
I(C1):	mag:	12.7607	phase:	129.624°	device_current
I(L1):	mag:	12.7607	phase:	-50.3764°	device_current
I(L2):	mag:	2.85272	phase:	-166.823°	device_current
I(R1):	mag:	2.85272	phase:	-166.823°	device_current
I(V1):	mag:	12.7607	phase:	129.624°	device_current

Abbildung 4.26: Ströme und Spannungen der Schaltung in Abbildung 4.25

Kurzgefasst sind die beiden Ströme in der Schaltung:

$I1=12{,}76\,A;\phi=-50{,}37°$,

$I2=2{,}85\,A;\phi=-166{,}82°$.

Die Theorie

Die Gegeninduktivität M der beiden Spulen ist gegeben durch:

$$M=k\sqrt{L1\cdot L2}$$

was einen Wert für M = 9,55 mH ergibt.

Mit dem Kirchhoff'schen Gesetz können wir die Gleichungen für die beiden Maschen schreiben:

$U = (Z1 + j\omega L_1) \cdot I_1 - j\omega MI_2,$
$0 = -j\omega MI_1 + (Z_2 + j\omega L_2) \cdot I_2.$

wobei

$U = 12\ V$
$Z_1 = -j : (2\pi fC) = -j : (2\pi \cdot 50\ Hz \cdot 795 \cdot 10^{-6} = -j4\ \Omega$
$Z_2 = 12\ \Omega$
$L_1 = j2\pi \cdot 50\ Hz \cdot 16 \cdot 10^{-3}\ H = j5{,}02\ \Omega$
$L_2 = j2\pi \cdot 50\ Hz \cdot 19 \cdot 10^{-3}\ H = j5{,}96\ \Omega$
$M = 2\pi \cdot 50\ Hz \cdot 9{,}55 \cdot 10^{-3}\ H = j3\ \Omega$

In die Maschengleichungen eingesetzt ergibt dies:

$12\ V = (-j4 + j5{,}02)\ \Omega \cdot I_1 - j3\ \Omega \cdot I_2$ oder $12\ V = j_1{,}02\ \Omega \cdot I_1 - j3\ \Omega \cdot I_2$
$0\ V = -j3\ \Omega\ \ I_1 + (12\ \Omega + j5{,}96\ \Omega) \cdot I2.$

Nach dem Strom aufgelöst ergibt das:

$I_1 = 12{,}8\ A;\ \varphi = -49{,}45°,$
$I_2 = 2{,}9\ A;\ \varphi = 13{,}67°.$

Die theoretischen Ergebnisse sind die selben wie die mit LTspice berechneten.

4.8 Verwendung eines Transformators

Ein Transformator besteht im Prinzip aus zwei gekoppelten Spulen mit einer Gegeninduktivität. Um einen Transformator zu simulieren, müssen wir wie im vorherigen Beispiel, zwei Spulen zeichnen und den Koppelfaktor k auf 1 setzen. Das setzt voraus, dass der Transformator keine Streuung besitzt, d.h. die Energie wird zu 100% übertragen.

Die Induktivität der Primärspule (Lp) und der Sekundärspule (Ls) stehen mit der Anzahl der Primärwindungen (Np) und der Anzahl der Sekundärwindungen (Ns) mit folgender Gleichung in Zusammenhang:

$$\frac{Lp}{Ls}=(\frac{Np}{Ns})^2$$

Ebenso steht die Primärspannung Vp mit der Sekundärspannung im Zusammenhang mit folgender Gleichung:

$$\frac{Np}{Ns}=\frac{Vp}{Vs}=n$$

Das bedeutet, wenn wir das Übersetzungsverhältnis n für die Spannungen kennen, können wir das Wicklungsverhältnis und demnach das benötigte Verhältnis der Induktivitäten ausrechnen.

4.9 Frequenzdurchlauf

Ein Parameterdurchlauf ist gut zu gebrauchen, wenn wir die Reaktion einer Schaltung auf die Veränderung einer Variablen sehen möchten. In diesem Beispiel haben wir eine einfache RLC-Schaltung. Wir werden den Strom durch die Spule als eine Funktion in Abhängigkeit der Frequenz darstellen und erwarten, dass der Strom ein Maximum bei der Resonanzfrequenz erreicht.

Abbildung 4.27 zeigt den Schaltplan.

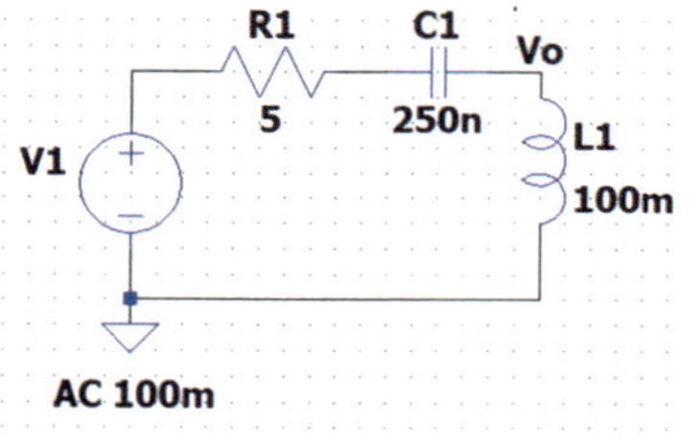

Abbildung 4.27: Ermittlung der Resonanzfrequenz des RCL-Netzwerks

Für diese Schaltung wurden die folgenden Bauteilwerte gewählt: R = 10 Ω, C = 250 nF, und L = 100 mH. Die Resonanzfrequenz dieser Schaltung liegt bei:

$$Zt=\frac{[\frac{25j}{5+5j}+2+3j]\cdot 6}{[\frac{25j}{5+5j}+2+3j]+6}\Omega=3{,}32+j1{,}41\Omega$$

Eingabe des Schaltplans

- Zeichnen Sie die Schaltung und geben Sie die Bauteilwerte ein.

- Stellen Sie die Eingangsspannung und die Frequenz ein. Klicken Sie mit der rechten Maustaste auf die Eingangsspannung und setzen Sie **Functions** auf (none) und geben bei **Small Signal AC Analysis (AC)** als Wert für die **Amplitude** 100m ein (Abbildung 4.28).

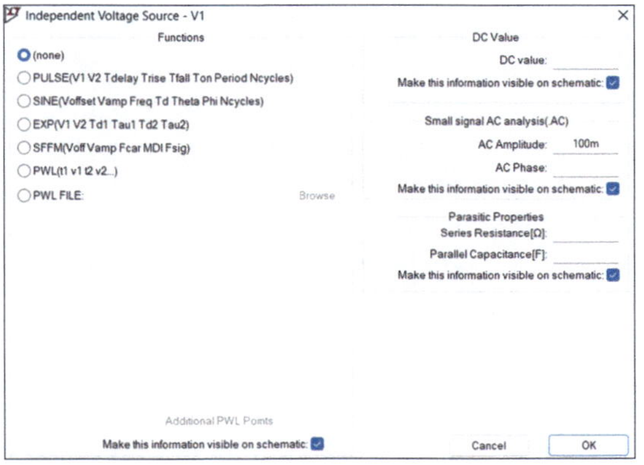

Abbildung 4.28: Einstellung der Eingangsspannung

Simulation

- Klicken Sie auf **Run/Pause** und wählen Sie **AC Analysis**. Geben Sie die folgenden Werte ein. Mit diesen Einstellungen beginnt der Frequenzdurchlauf bei 600 Hz und geht bis auf 1200 Hz hoch.

  Type of sweep: Linear
  Number of points: 100
  Start frequency: 600
  Stop frequency: 1200

- Bewegen Sie den Mauszeiger auf die Spule und klicken Sie, wenn die Stromzange erscheint. Sie sollten nun die grafische Darstellung des Stroms durch die Spule in Abhängigkeit der Frequenz sehen. Bewegen Sie nun den Zeiger auf die y-Achse, machen einen Rechtsklick und wählen linear aus (Abbildung 4.29)

- Beachten Sie, dass der Strom wie erwartet ein Maximum (20 mA) bei der Frequenz von 1006 Hz besitzt, d.h. bei der Resonanzfrequenz der Schaltung.

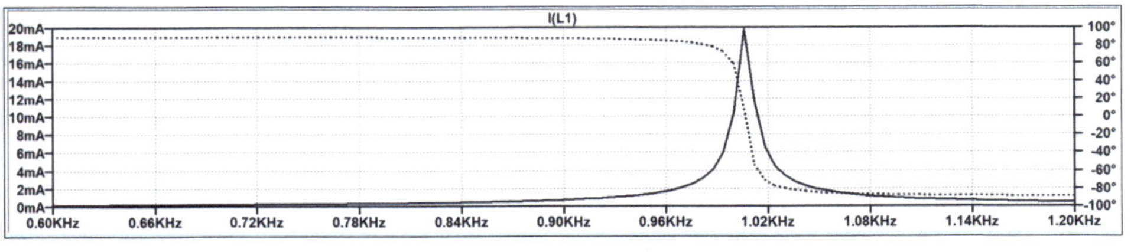

Abbildung 4.29: Spulenstrom

Theoretisch ist im Resonanzfall die Schaltung rein resistiv. Aus diesem Grund erwarten wir, dass der Strom durch die Spule (und den Kondensator) 0,1 V : 5 Ω = 20 mA beträgt. Dies ist in der Tat auch der Wert, der mit LTspice ermittelt wurde.

4.10 Fast Fourier Transform (FFT)

Die schnelle Fouriertransformation (auch bekannt als FFT; Fast Fourier Transform) wird verwendet um ein Signal aus dem Zeitbereich in den Frequenzbereich zu übertragen. Mit Hilfe der FFT kann man die Frequenzanteile eines Signales identifizieren. Die FFT wird häufig in der digitalen Signalverarbeitung, bei Wissenschaft und Musik, in den Ingenieurswissenschaften und in der Mathematik verwendet. Mit Hilfe von LTspice können wir das Frequenzspektrum einer gegebenen Kurve anzeigen. Ein einfaches Beispiel wird in diesem Abschnitt vorgestellt (siehe auch Abschnitt 3.8).

Die Schaltung

Abbildung 4.30 zeigt die zu untersuchende Schaltung. Es handelt sich dabei um eine einfache RC-Schaltung, die mit einer Rechteckspannung angesteuert wird.

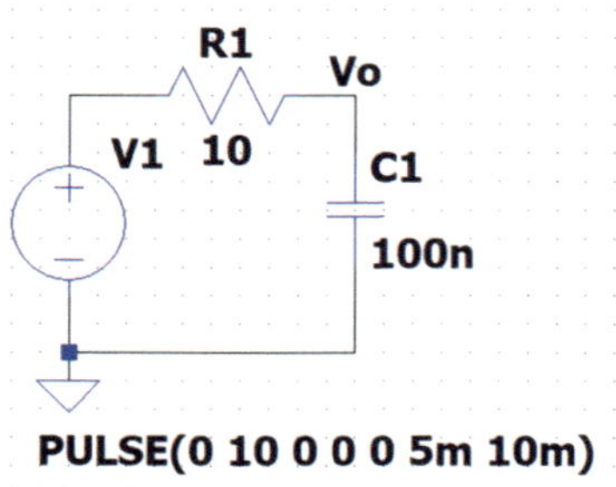

Abbildung 4.30: Ein einfaches Netzwerk zum Ausprobieren der FFT

- Zeichnen Sie die Schaltung wie in Abbildung 4.30.

- Fügen Sie eine Spannungsquelle hinzu. Machen Sie darauf einen Rechtsklick und wählen Sie **Advanced**. Dann wählen Sie **PULSE** und geben die nachfolgenden Werte ein. Dadurch wird ein Rechtecksignal mit einer Periodendauer von 10 ms und einer Pulsdauer von 5 ms (d.h. gleiche Ein- und Ausschaltzeit):

Von[V]:	10
Ton[s]:	5m
Tperiod[s]:	10m

Simulation

- Klicken Sie auf **Run/Pause** und wählen Sie **Transient**. Setzen Sie die **Stop time** auf 100 m.

- Bewegen Sie ihren Mauszeiger auf Vo und klicken Sie mit dem Spannungsprüfer darauf.

- Sie sollten über dem Kondensator ein Rechtecksignal mit einer Periodendauer von 10 ms sehen.

- Klicken Sie mit der rechten Maustaste in das Diagramm und wählen Sie **View** → **FFT**. Klicken Sie um die Ausgangsspannung V(vo) auszuwählen. Sie sollten ein Diagramm mit der FFT und der y-Achse in dB sehen. Beachten Sie, dass die x-Achse in logarithmischer Darstellung ist.

- Klicken Sie mit der rechten Maustaste auf die y-Achse und wählen Sie **Linear** anstelle von Bode aus und klicken Sie dann auf **OK**.

- Abbildung 4.31 zeigt die FFT der Ausgangsspannung (es ist nur ein Teil des Diagramms dargestellt). Beachten Sie, das der höchste Ausschlag bei 100 Hz liegt, was die Grundfrequenz der Signalquelle ist.

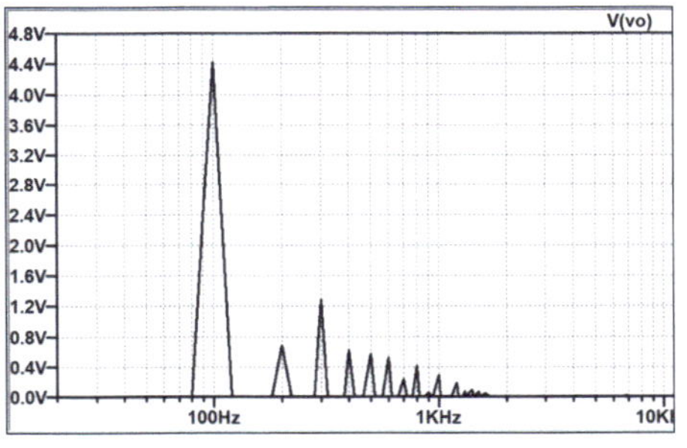

Abbildung 4.31: FFT der Ausgangsspannung Vo

4.11 Eingangs- & Ausgangsimpedanz und Verstärkung

In diesem Abschnitt werden wir die Eingangs- und Ausgangsimpedanz sowie die Verstärkung einer Schaltung bestehend aus einem Widerstand, einer Spule und einem Kondensator berechnen. Abbildung 4.32 zeigt die Schaltung. Dabei interessiert uns die Frequenz 100 Hz.

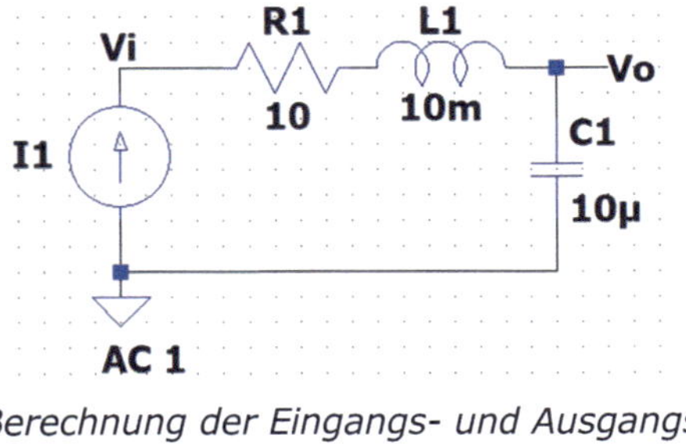

Abbildung 4.32: Berechnung der Eingangs- und Ausgangsimpedanz sowie die Verstärkung der Schaltung bei einer Frequenz am Eingang von 100 Hz

Eingangsimpedanz
Schaltplaneingabe

- Positionieren Sie die passiven Bauelemente und geben Sie ihnen die Werte wie in Abbildung 4.32.

- Wählen Sie **eine** Stromquelle (Klicken Sie auf **Component** → **current**).

- Die Eingangsimpedanz ist durch Zin = Vin : Iin definiert. Wenn wir den Eingangsstrom mit 1 A festlegen und die Ausgangsspannung über unterschiedliche Frequenzen darstellen, dann wird die y-Achse die Eingangsimpedanz über die Frequenz darstellen. Wir können dann die Eingangsimpedanz bei 100 Hz ablesen. Auf der linken y-Achse wird der Realteil der Impedanz aufgetragen sein, während die rechte y-Achse der Phase entspricht.

- Klicken Sie mit der rechten Maustaste auf die Stromquelle und stellen Sie 1 A ein:

  Functions: (none)
  AC Amplitude: 1

Simulation

- Klicken Sie auf **Run/Pause** und wählen Sie **AC Analysis**. Geben Sie die Werte wie in Abbildung 4.33 gezeigt ein. Hier soll der Frequenzdurchlauf bei 50 Hz beginnen und bis 1 kHz laufen:

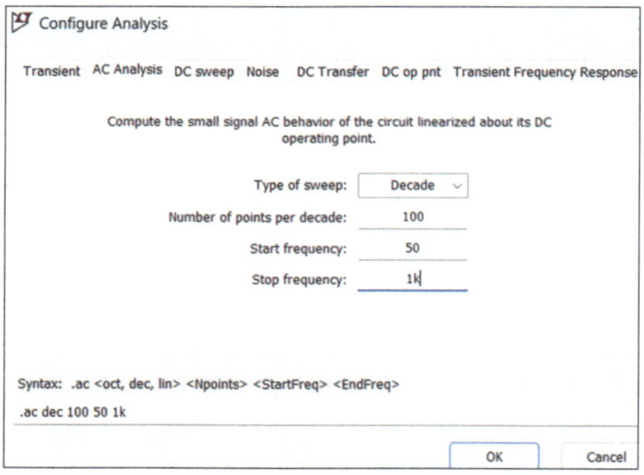

Abbildung 4.33: Konfiguration für die Simulation

- Klicken Sie nun mit dem Spannungsprüfer auf Vi um die Eingangsspannung zu zeichnen. Klicken Sie auf die y-Achse und ändern Sie die Skalierung von **dB** auf **Logarithmic**. Klicken Sie ebenfalls auf die x-Achse und ändern die Achsenaufteilung (**ticks**) auf 50 (Abbildung 4.34, es wird nur ein Teil des Diagramms gezeigt).

- Die Eingangsimpedanz kann nun im Diagramm abgelesen werden. Zeichnen Sie bei 100 Hz eine vertikale Linie nach oben. Die durchgezogene Linie ist der Realteil der Eingangsimpedanz und die gestrichelte Linie der Phasenwinkel. In diesem Diagramm ist Zin = 155 Ω und der Phasenwinkel liegt bei -86°.

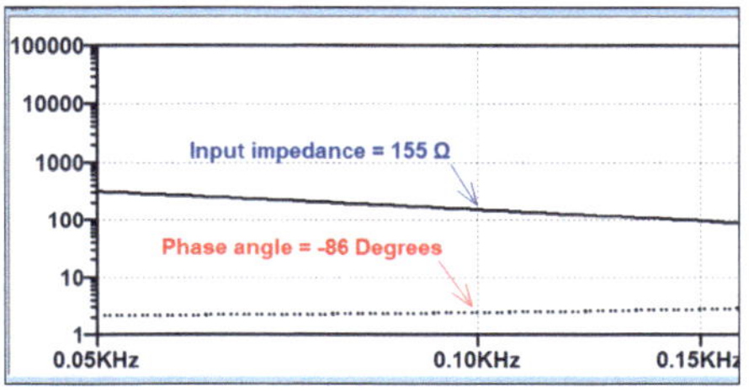

Abbildung 4.34: Eingangsimpedanz und Phasenverschiebung bei 100 Hz

Ausgangsimpedanz

Die Ausgangsimpedanz erhalten wir auf gleiche Weise wie die Eingangsimpedanz. Wir schließen die Eingangsseite kurz und setzen eine 1 A Stromquelle an den Ausgang. Die Ausgangsimpedanz ist durch Zo = Vo : Io definiert.

Schaltplaneingabe

- Setzen Sie eine Stromquelle an den Ausgang der Schaltung wie in Abbildung 4.35 dargestellt. Klicken Sie mit der rechten Maustaste darauf und stellen Sie wie zuvor ihre Amplitude auf 1 A ein.

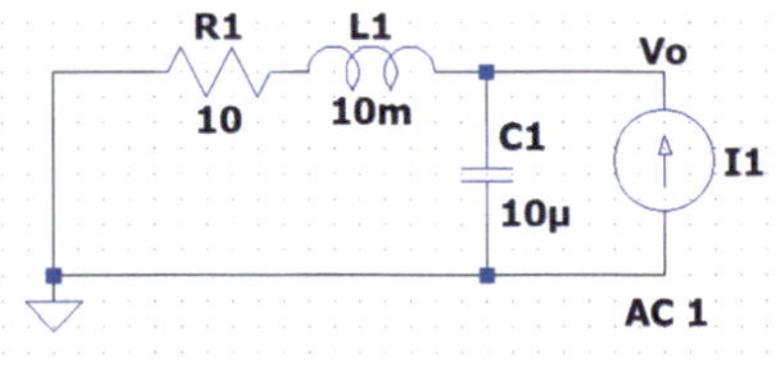

Abbildung 4.35: Messung der Ausgangsimpedanz

Simulation

- Stellen Sie die **AC Analysis** wie zuvor dar, stellen Sie die y-Achse auf **Logarithmic** um und die x-Achseneinteilung auf 50.

- Abbildung 4.36 zeigt die Kurve (es ist nur ein Teil des Diagramms gezeigt). Die Ausgangsimpedanz kann jetzt einfach im Diagramm abgelesen werden. Zeichnen Sie eine senkrechte Linie bei 100 Hz. Die durchgezogene Kurve ist der Realteil der Eingangsimpedanz und die gestrichelte Linie der Phasenwinkel. In diesem Diagramm liegt Zo = 12,2 Ω und die Phase bei 28°.

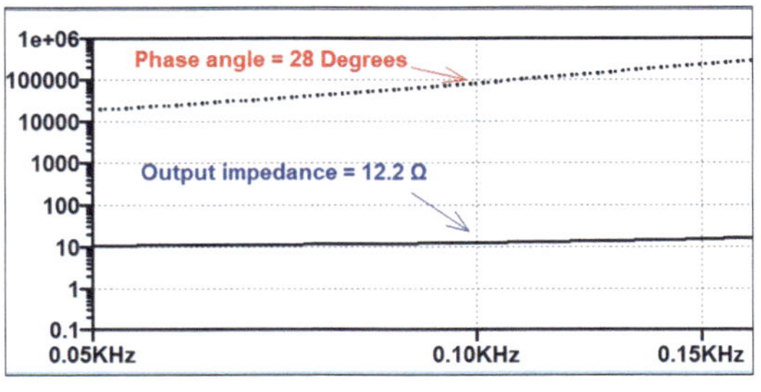

Abbildung 4.36: Ausgangsimpedanz und Phasenverschiebung bei 100 Hz

Verstärkung

Wir werden die Verstärkung berechnen, indem wir die Eingangsspannung auf 1 V stellen und lesen dann die Ausgangsspannung aus dem Diagramm ab. Die Abbildung 4.37 zeigt die Schaltung.

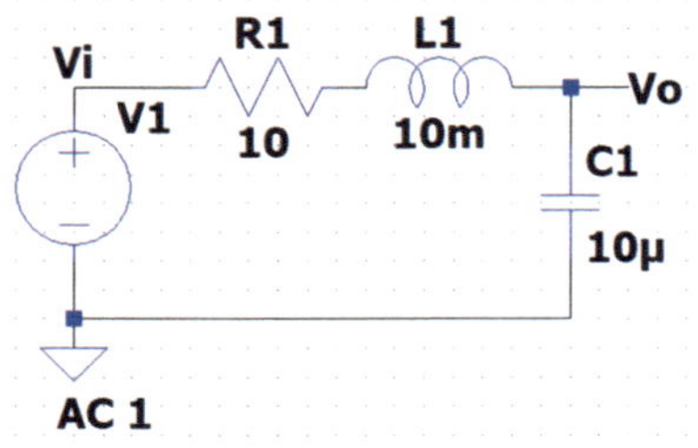

Abbildung 4.37: Schaltung zur Amplitudenmessung

Schaltplaneingabe

- Zeichnen Sie die Schaltung wie in Abbildung 4.37, wobei Sie die Stromquelle gegen eine Spannungsquelle ersetzen.

- Mit einem Rechtsklick auf die Spannungsquelle geben Sie folgende Werte ein:

Functions:	(none)
AC Amplitude:	1

- Klicken Sie **Run/Pause** und wählen Sie **AC Analysis** aus. Geben Sie die Werte wie in Abbildung 4.33 ein. Hier läuft die Frequenz wieder von 50 Hz bis 1 kHz durch.

- Nun klicken Sie mit dem Spannungsprüfer auf Vo um die Ausgangsspannung darzustellen. Klicken Sie auf die y-Achse und ändern Sie diese von **dB** auf **Logarithmic**. Ebenso klicken Sie auf die x-Achse und ändern die Achseneinteilung **ticks** auf 50.

- Abbildung 4.38 zeigt einen Teil des Diagramms. Dies ist die Übertragungsfunktion von 50 Hz bis 1 kHz. Die Verstärkung bei 100 Hz kann aus dem Diagramm abgelesen werden. Zeichnen Sie bei 100 Hz eine senkrechte Linie. Die durchgezogene Linie ist der Realteil der Verstärkung und die gestrichelte Linie ist die Phase. In diesem Diagramm liegt die Verstärkung bei 1,02 und die Phase bei -2,2°.

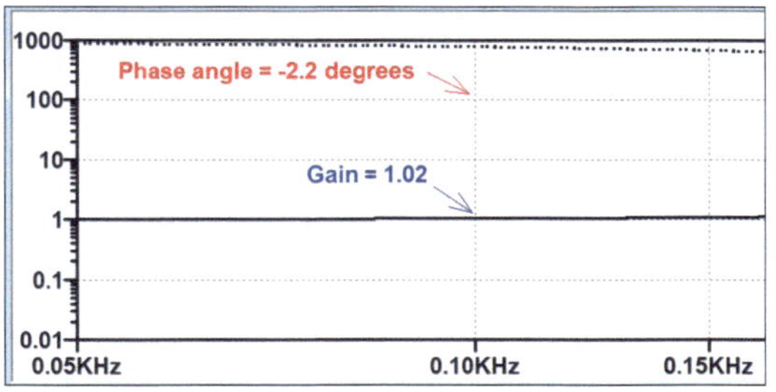

Abbildung 4.38: Berechnung der Amplitude bei 100 Hz

Die Theorie
Eingangsimpedanz
Die Eingangsimpedanz Zin ist gegeben durch:

$$Z_{in} = R + j(\omega L - \frac{1}{\omega C})$$

wobei ω = 2πf und f = 100 Hz.

Der Betrag (Amplitude) der Eingangsimpedanz ist:

$$Z_{in} = \sqrt{R^2 + (\omega L - \frac{1}{\omega C})^2}$$

ωL = 200π · 10 · 10-3 H = 6,283 Ω,
1 : (ωC) = 1 : (200π · 10 · 10-3 H = 159,154 Ω.

Wenn wir dies in die obere Gleichung einsetzen, erhalten wir 153,2 Ω. Der mit LTspice berechnete Wert beträgt 155 Ω.

Der Phasenwinkel ist gegeben durch:

$$\phi = \frac{\tan^{-1}(\omega L - \frac{1}{\omega C})}{R}$$

was -86,2° ergibt. Der mit LTspice berechnete Wert liegt bei -86°.

Ausgangsimpedanz

Die Ausgangsimpedanz ist gegeben durch:

Z_o = R + jωL parallel mit -j : ωC,
R + jωL = 10 + j6,283 Ω und -j : ωC = -j159,154 Ω,

ergibt durch Einsetzen in die Gleichung

$$Z_o = \frac{(10+j6{,}283)\cdot -j\,159{,}154}{10+j6{,}283-j\,159{,}154}\Omega = \frac{-j\,1590{,}54+999{,}964}{10-j\,152{,}87}\Omega$$

Der Betrag (Amplitude) der Ausgangsimpedanz ist

$$Z_o = \frac{\sqrt{999.964^2+1590.54^2}}{100+152.87^2}$$

was 12,26 Ω ergibt. Der mit LTspice berechnete Wert liegt bei 12,2 Ω.

Die Phase ergibt sich mit:

$$\phi = \arctan^{-1}\frac{1590{,}54}{(999{,}964)} - \arctan^{-1}\frac{152{,}87}{(10)}$$

womit wir -57,86° + 86,26° = 28,4° erhalten. Der Wert berechnete mit LTspice ist 28°.

Verstärkung
Die Verstärkung ist das Verhältnis der Ausgangsspannung bezogen auf die Eingangsspannung und ergibt sich aus:

$$G = \frac{-j\frac{1}{\omega C}}{R+j(\omega L-\frac{1}{\omega C})} = \frac{-j\,159{,}154}{10+j(6{,}283-159{,}154)}$$

und hat den Wert

$$G = \frac{159{,}154}{\sqrt{100+152{,}87^2}} = 1{,}04$$

Der berechnete Wert aus LTspice liegt bei 1,02.

Der Phasenwinkel beträgt

$$\phi = -90° - \tan^{-1}(\frac{-159{,}154}{6{,}283}) = -90° + 87{,}73°$$

Das ergibt -2,27°. Der Wert durch LTspice berechnet beträgt -2,2°.

Beweis
Wir können eine Zeitanalyse machen und die Eingangs- und Ausgangsspannung darstellen und prüfen, dass die Verstärkung bei 100 Hz praktisch bei 1 liegt.

- Wir verwenden die selbe Schaltung wie in Abbildung 4.37.
- Klicken Sie mit der rechten Maustaste und löschen Sie den Wert der Amplitude bei S**mall Signal AC Analysis**. Wählen Sie **SINE** aus und geben Sie 5 für die Amplitude und 100 für die Frequenz ein.
- Klicken Sie auf **Run/Pause** und legen Sie die **Stop time** mit 100m fest.
- Bewegen Sie den Mauszeiger über Vi und klicken Sie mit dem Spannungsprüfer
- Klicken Sie mit der rechten Maustaste auf das Diagramm und wählen Sie **Add Plot Pane Below**. Klicken Sie auf Vo um die Ausgangsspannung darzustellen.

Abbildung 4.39 zeigt die Kurven für die Eingangs- und die Ausgangsspannung. Offensichtlich sind die beiden identisch, d.h. die Verstärkung liegt praktisch bei

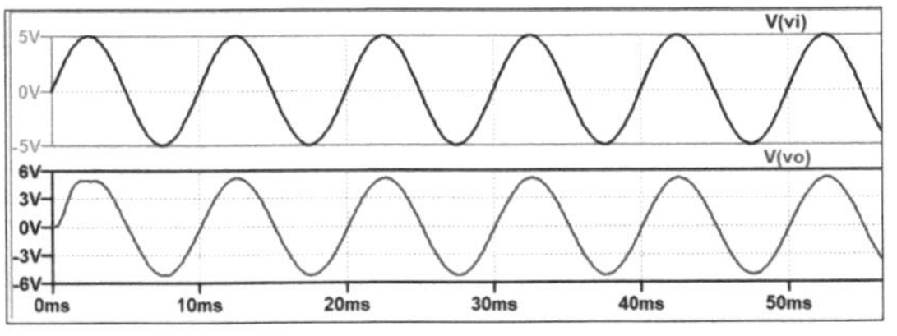

Abbildung 4.39: Eingangs- und Ausgangsspannung

Kapitel 5 • Schaltungen mit Dioden

5.1 Übersicht

Im letzten Kapitel haben wir Wechselspannungsschaltungen mit LTspice analysiert. Das Thema dieses Kapitels sind Diodenschaltungen. Dioden werden sowohl in der Kommunikationstechnik als auch in der Leistungselektronik verwendet um mit Gleichrichterschaltungen Wechselspannungen in Gleichspannungen umzuwandeln. Dabei werden am häufigsten zwei Arten von Gleichrichtern verwendet: Einweggleichrichter und Brückengleichrichter. In diesem Kapitel werden wir beide Arten mit LTspice analysieren.

5.2 Einweggleichrichter

Einweggleichrichter werden verwendet um eine Wechselspannung in eine Gleichspannung umzuwandeln. Dabei wird nur eine Diode verwendet um lediglich eine Halbwelle der Wechselspannung zum Ausgang durchzulassen, während die andere Halbwelle gesperrt wird. In diesem Abschnitt werden wir einen Einweggleichrichter analysieren.

Die Schaltung

Abbildung 5.1 zeigt einen Einweggleichrichter.

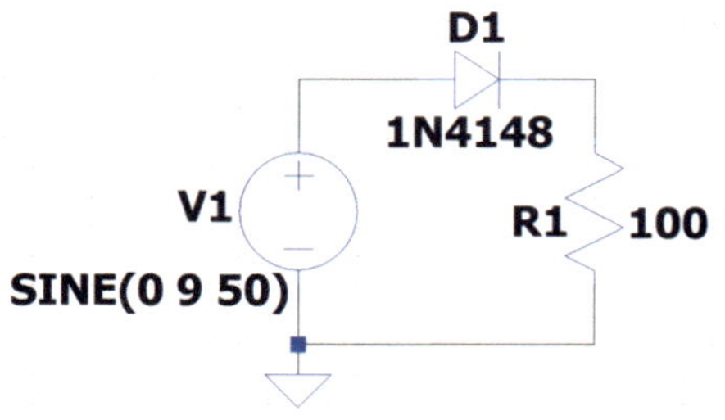

Abbildung 5.1: Halbwellengleichrichter

Die Aufbauschritte sind:

- Zeichnen Sie die Schaltung wie in Abbildung 5.1 dargestellt. Klicken Sie auf das Dioden Symbol und platzieren Sie die Diode.
- Wählen Sie einen 100 Ω Widerstand. Ändern Sie den Diodentyp zu 1N4148.
- Klicken Sie mit der rechten Maustaste auf die Spannungsquelle und wählen Sie **Advanced**. Stellen Sie für die Spannungsquelle **SINE** mit einer Amplitude von 9 V und einer Frequenz von 50 Hz ein (Abbildung 5.2).
- Setzen Sie den Massepunkt.

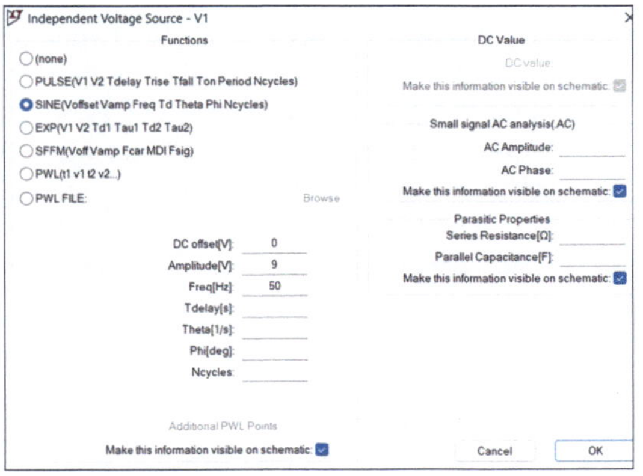

Abbildung 5.2: Einstellung der Spannungsquelle

Simulation

- Klicken Sie auf **Run/Pause** und wählen Sie **Transient** und setzen Sie die **Stop time** auf 200m.

- Sie sollten nun einen leeres Diagramm sehen. Gehen Sie mit dem Mauszeiger an die Leitung am Ausgang und klicken Sie mit dem Spannungsprüfer. Sie sollten nun die Spannung über dem Widerstand sehen.

- Klicken Sie mit der rechten Maustaste auf das Diagramm und wählen Sie **Add Plot Pane Above**, so dass wir die Eingangsspannung darüber anzeigen. Bewegen Sie den Mauszeiger zum Eingang und klicken Sie mit dem Spannungsprüfer. Sie sollten oben nun die Eingangsspannung sehen.

- Geben Sie den Diagrammen eine Beschriftung. Abbildung 5.3 zeigt die Eingangs- und Ausgangsspannungen (es ist nur ein Teil der Kurven gezeigt). Beachten Sie dass nur die positive Halbwelle der Eingangsspannung durch die Diode gelassen wird. Sie sollen ebenfalls einen Spannungsfall von etwa 0,7 V über der Diode erkennen, was der Vorwärtsspannung einer Siliziumdiode entspricht.

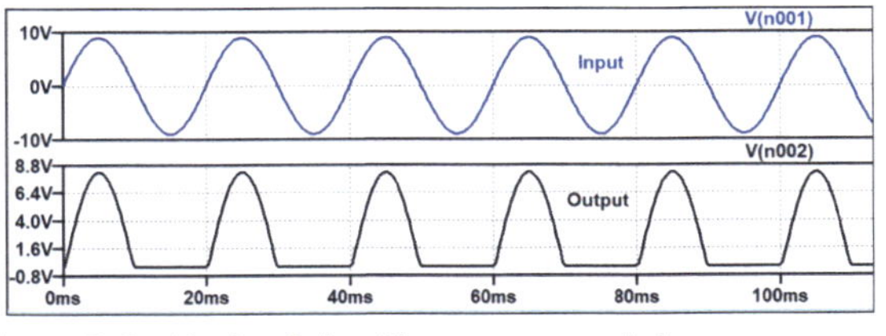

Abbildung 5.3: Verlauf der Eingangs- und Ausgangsspannung

Glättung

Gewöhnlich werden große Kondensatoren am Ausgang von Gleichrichterschaltungen verwendet um die Spannung zu glätten (oder filtern), so dass diese nahezu konstant wird. Der benötigte Kondensator kann wie folgt berechnet werden.

Die Frequenz am Ausgang des Gleichrichter beträgt 50 Hz (Periodendauer 20 ms) und der Laststrom liegt bei etwa 9 V : 100 Ω = 90 mA. Nehmen wir an, dass wir einen Rippel (Spitze-Spitze) der Spannung von etwa 1 V erzielen möchten. Die Periodendauer der Sinuswelle (20 ms) entspricht der Entladezeit des Kondensators. Demnach, mit C = I · t : U oder C = 0,09 A ·0,02 s : 1 V, ergibt das einen Wert für den Kondensator von 1800 µF. Platzieren wir einen Elektrolytkondensator parallel zur Last (Abbildung 5.4), erhalten wir die beiden Kurven für die Eingangs- und Ausgangsspannung wie in Abbildung 5.5 dargestellt.

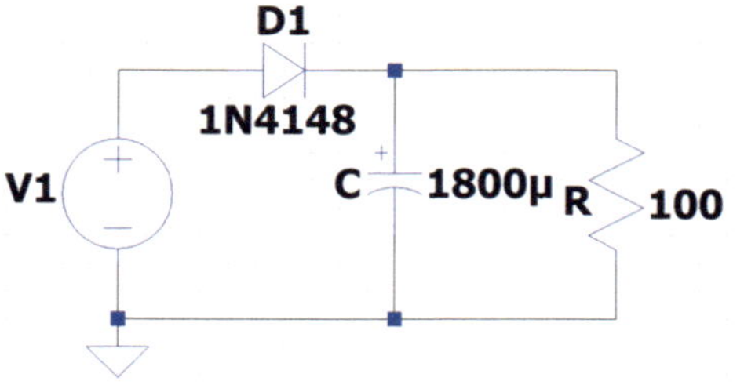

Abbildung 5.4: Schaltung mit einem Glättungskondensator

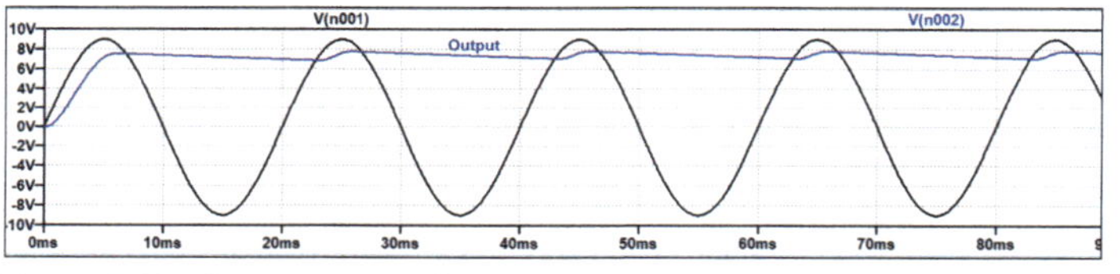

Abbildung 5.5: Eingangs- und Ausgangsspannung mit dem Kondensator

Wir sehen den Rippel besser, wenn wir in das Diagramm hineinzoomen. Klicken Sie auf den oberen Teil des Diagramms und bewegen Sie den Mauszeiger nach rechts unten um ein Rechteck um einen Teil des Diagramms zu ziehen. Eine größere Ansicht der Kurve wird angezeigt, wenn wir die Maustaste loslassen (Abbildung 5.6). Bei genauerem Hinsehen erkennen wir, dass der untere Wert des Rippels bei 6,95 V liegt und der obere Wert bei 7,96 V. Das heißt, dass Spitze-Spitze-Wert des Rippels bei etwa 1 V liegt wie in der Theorie vorhergesagt.

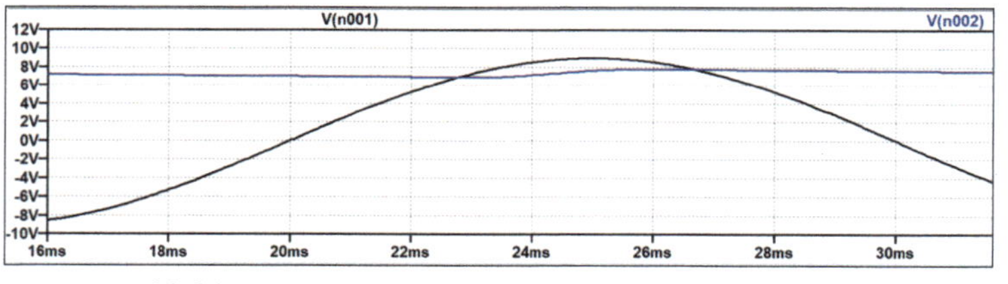

Abbildung 5.6: Vergrößerter Diagrammausschnitt

5.3 Brückengleichrichter

Ein Brückengleichrichter wandelt beide Halbwellen einer Wechselspannung in eine Gleichspannung um. Während der Einweggleichrichter lediglich eine Diode benötigt, benötigt der Brückengleichrichter vier Dioden (ein Mittelpunktgleichrichter würde nur zwei benötigen). Der Wirkungsgrad des Brückengleichrichters liegt bei 81,2% und ist damit doppelt so hoch wie beim Einweggleichrichter (40,6%). Ein Brückengleichrichter funktioniert mit einem kleineren Glättungskondensator, wobei man dabei die gleichen Ergebnisse erhält. Die Frequenz am Ausgang des Brückengleichrichters ist doppelt so hoch wie die seiner Eingangsspannung (d.h. er kann als Frequenzverdoppler verwendet werden). In einem Einweggleichrichter wird die Ausgangsspannung durch die Vorwärtsspannung einer Diode (etwa 0,7 V) verringert, während beim Brückengleichrichter die Ausgangsspannung um die Vorwärtsspannung von zwei Dioden verringert wird (etwa 1,4 V).

In diesem Abschnitt werden wir einen Brückengleichrichter analysieren.

Die Schaltung

Abbildung 5.7 zeigt die Schaltung eines Brückengleichrichters.

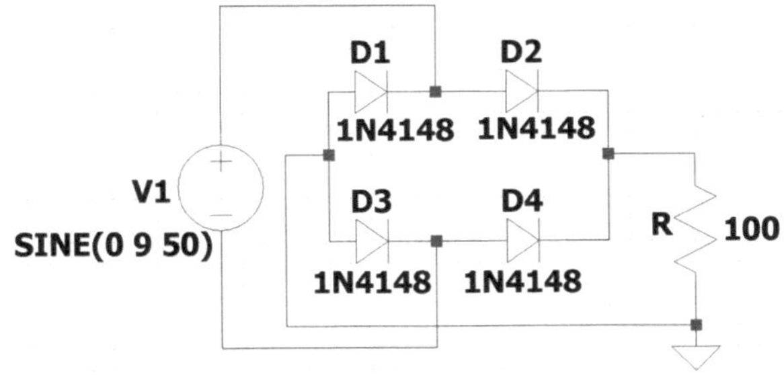

Abbildung 5.7: Schaltung eines Vierweggleichrichters

- Zeichnen Sie die Schaltung wie in Abbildung 5.7 dargestellt. Wählen Sie 1N4148 für die Dioden aus, legen Sie den Lastwiderstand mit 100 Ω fest und stellen Sie die Spannungsquelle auf SINE mit einer Amplitude von 9 V und einer Frequenz von 50 Hz.

- Fügen Sie die Masse hinzu.

Simulation

- Klicken Sie auf **Run/Pause** und wählen Sie **Transient** und setzen Sie di**e Stop time** auf 100m.

- Sie sollten ein leeres Diagramm sehen. Gehen Sie mit dem Mauszeiger an den Ausgang und klicken Sie mit dem Spannungsprüfer. Sie sollten die Spannung über dem Widerstand sehen wie in Abbildung 5.8.

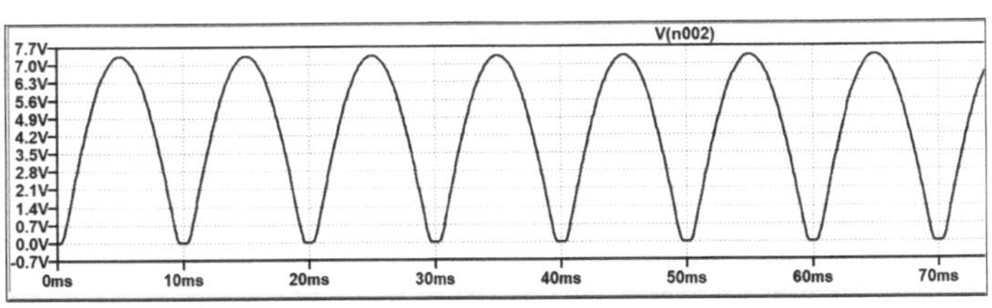

Abbildung 5.8: Eingangs- und Ausgangsspannung

Glättung
Mit der Berechnung für den Einweggleichrichter lässt sich der benötigte Kondensator für einen Rippel von 1 V Spitze-Spitze wie folgt ausrechnen:

Die Frequenz am Ausgang des Brückengleichrichters beträgt 100 Hz (Periodendauer = 10 ms). Wieder liegt der Laststrom bei 90 mA. Damit ergibt sich für C = I · t : U oder C = 0,09 A · 0,01 s = 900 µF, was die Hälfte des Kondensatorwerts ist, der für einen Einweggleichrichter benötigt wird. Die Abbildung 5.9 zeigt die Eingangs- und Ausgangsspannung mit einem 900 µF Glättungskondensator parallel zum Lastwiderstand.

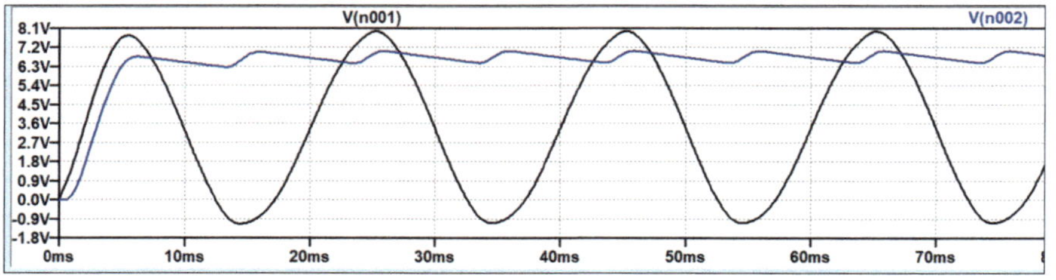

Abbildung 5.9: Eingangs- und Ausgangsspannung mit dem Glättungskondensator

5.4 Brückengleichrichter mit einem Transformator

In vielen Gleichrichteranwendungen wird ein Transformator verwendet um die Wechselspannung zu reduzieren, bevor sie in eine Gleichspannung umgewandelt wird. In diesem Beispiel nehmen wir an, dass die Eingangsspannung bei 24 V mit 50 Hz liegt und wir diese auf 12 V verringern möchten, bevor wir sie gleichrichten.

Die Schaltung
Abbildung 5.10 zeigt die Schaltung. Die Eingangsspannung muss um einen Faktor 2 verringert werden, d.h. Np : Ns = 2 (siehe Abschnitt 4.8). Das bedeutet, dass das Verhältnis der Primärinduktivität zur Sekundärinduktivität bei 4 liegen muss: Lp : Ls = 4. Wir nehmen an, dass die Primärspule einen Wert von 16 mH besitzt und die Sekundärspule eine Induktivität von 4 mH.

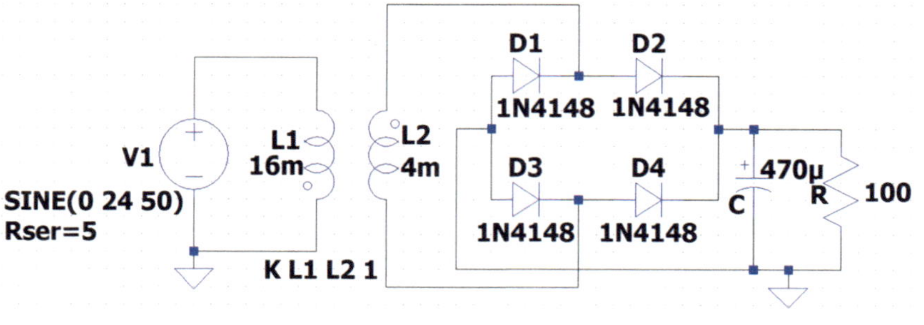

Abbildung 5.10: Vierweggleichrichter mit Transformator

- Zeichnen Sie die Schaltung wie in Abbildung 5.10.

- Fügen Sie vier Dioden und einen 100 Ω Lastwiderstand hinzu. Fügen Sie ebenfalls einen 450 µF Glättungskondensator parallel zum Lastwiderstand hinzu.

- Legen Sie Lp und Ls jeweils mit 16 mH und 4 mH fest und setzen Sie den Koppelfaktor auf 1, indem Sie auf **SPICE Directive** klicken und Folgendes eingeben: K L1 L2 1.

- Klicken Sie mit der rechten Maustaste auf **Advanced**. Stellen Sie Folgendes ein: **SINE**, **Amplitude** 24 V, **Frequency** 50, **Series resistance** 5 Ω (Abbildung 5.11).

- Fügen Sie die Masse hinzu.

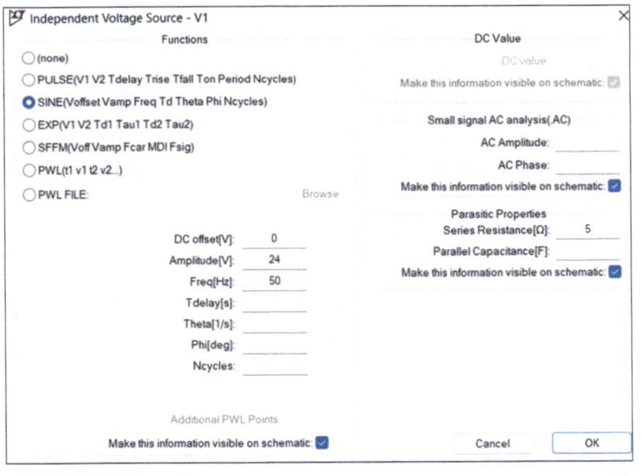

Abbildung 5.11: Einstellungen der Spannungsquelle

Simulation

- Klicken Sie auf **Run/Pause** und wählen Sie **Transient** und wählen Sie für **Stop time** 100m.

- Klicken Sie **OK**. Sie sollten ein leeres Diagramm sehen.

- Klicken Sie mit dem Spannungsprüfer sowohl auf den Ausgang als auch auf den Eingang. Abbildung 5.12 zeigt die Eingangs und Ausgangsspannung (es ist nur ein Teil des Diagramms abgebildet).

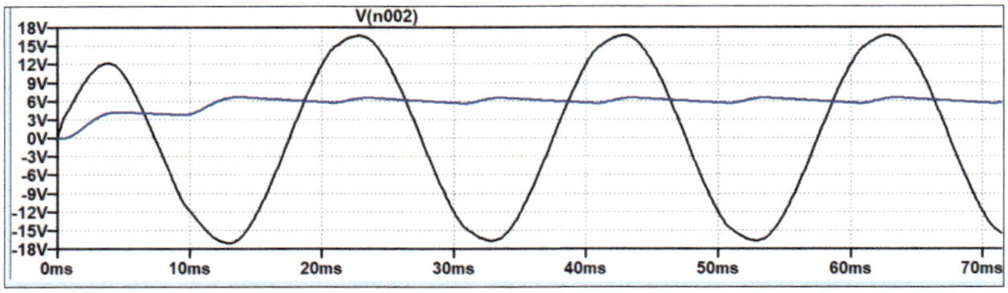

Abbildung 5.12: Eingangs- und Ausgangsspannung der Schaltung in Abbildung 5.10

5.5 Spannungsregler mit Z-Diode

In diesem Abschnitt werden wir einen Spannungsregler basierend auf einer Z-Diode entwickeln und analysieren. Die Z-Diode ähnelt einer üblichen PN-Diode, außer dass die Durchbruchspannung einen festgelegten Wert besitzt. In Vorwärtsrichtung verhält sich die Z-Diode wie eine gewöhnliche Diode und wird leitfähig, wenn die Vorwärtsspannung 0,7 V erreicht. Allerdings, im Gegensatz zu normalen Dioden, die den Strom sperren, wenn sie in Sperrrichtung betrieben werden, beginnt die Z-Diode in Sperrrichtung zu leiten, sobald die Sperrspannung einen vordefinierten Wert erreicht. Die Durchbruchspannung einer Z-Diode wird bei der Herstellung auf einen bestimmten Wert festgelegt. Die Spannung über der Diode bleibt über einen größeren Bereich bei diesem vordefinierten Wert, weswegen sie häufig für Spannungsregler verwendet werden um eine konstante Spannungsquelle aus einer variablen Spannungsquelle zu erhalten.

Abbildung 5.13 zeigt eine typische Schaltung mit einer Z-Diode. Der Serienwiderstand begrenzt den Strom durch die Z-Diode. In diesem Beispiel wird eine 9 V Spannungsquelle (z.B. eine Batterie) verwendet. Um die Spannung auf 6,1 V herunterzubringen, wird eine 6,1 V, 200 mW Z-Diode verwendet. Dabei wird angenommen, dass die Last einen Widerstand von 270 Ω besitzt.

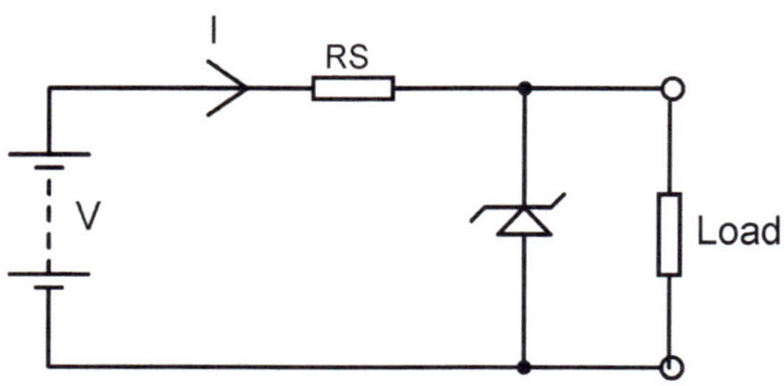

Abbildung 5.13: Spannungsregler mit Z-Diode

Entwurf

Der Strom durch die Last beträgt 6,1 V : 270 Ω = 23 mA.

Die Spannung über dem Widerstand RS beträgt 9 V - 6,1 V = 2,9 V.

Obwohl ein Viertel des Laststroms (4 mA) durch die Z-Diode fließt, liegt der Gesamtstrom durch RS bei 27 mA.

Der Wert für RS berechnet sich mit RS = 2,9 V : 27 mA = 107 Ω. Wir werden einen Widerstand mit einem Standardwert von 82 Ω verwenden und lassen einen etwas höheren Strom zu.

Mit einem 82 Ω Widerstand beträgt der Gesamtstrom durch RS 2,9 V : 82 Ω = 35 mA. Der Strom durch die Z-Diode ist dann 35 mA - 23 mA = 12 mA.

Die Verlustleistung in RS liegt bei 2,9 V · 35 mA = 101 mW. Wir können einen 125 mW Widerstand verwenden.

Gleichermaßen ist die Verlustleistung der Z-Diode 6,1 V · 12 mA = 73 mW, was gut im Bereich des Bemessungswerts von 200 mW liegt.

Die Schaltung
Abbildung 5.14 zeigt die Schaltung.

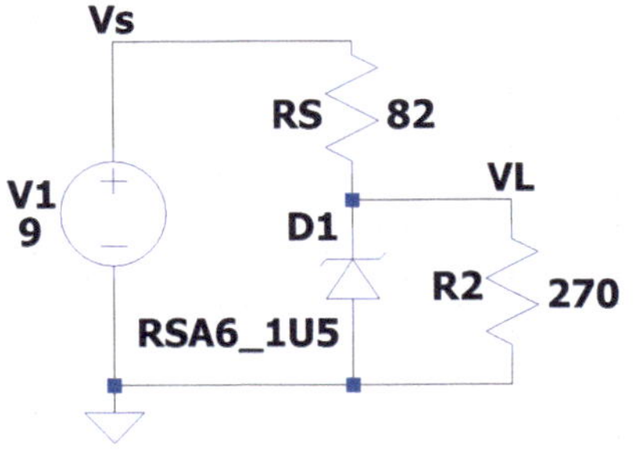

Abbildung 5.14: Schaltung aus Abbildung 5.13 mit LTspice gezeichnet

- Zeichnen Sie die Schaltung und legen Sie RS mit 82 Ω und den Lastwiderstand mit 270 Ω fest.
- Klicken Sie auf Component und wählen Sie zener. Nehmen Sie für die Z-Diode den Typ RSA6_1U5. Diese Z-Diode besitzt eine Durchbruchspannung zwischen 6,1 V und 6,7 V und eine Bemessungsleistung von 200 mW.
- Fügen Sie eine 9 V Spannungsquelle hinzu.
- Fügen Sie die Masse hinzu.

Simulation

- Klicken Sie auf **Run/Pause** und wählen Sie **DC op pnt**. Eine Tabelle mit den Spannungen und Strömen wird wie in Abbildung 5.15 gezeigt dargestellt.
- Beachten Sie, dass die Spannung der Z-Diode bei 6,66 V liegt und der Strom durch RS 28,5 mA und der Strom durch die Last 24,6 mA beträgt. Demnach ist der Strom durch die Z-Diode 28,5 mA - 24,6 mA = 3,9 mA.

```
* D:\ELEKTOR-LTSPICE\PROGRAMS\Draft5.asc
       --- Operating Point ---

V(vs):          9               voltage
V(vl):          6.66161         voltage
I(D1):          -0.00384438     device_current
I(Rs):          0.028517        device_current
I(R2):          0.0246726       device_current
I(V1):          -0.028517       device_current
```

Abbildung 5.15: Spannungen und Ströme der Schaltung aus Abbildung 5.14

5.6 Klemmdiode

Eine Klemmdiode, auch als Begrenzungsdiode bekannt, wird verwendet um die Eingangsspannung auf einen bestimmten Wert zu begrenzen. Sie verhindert, dass die Spannung einen vorbestimmten Wert übersteigt, sie „klemmt" die Spannung. In dieser Übung werden wir eine Klemmschaltung simulieren, welche die positiven Halbwellen einer Eingangsspannung begrenzt.

Die Schaltung

Abbildung 5.16 zeigt die Schaltung, welche aus einer Wechselspannungsquelle, einem Kondensator und einer Diode besteht.

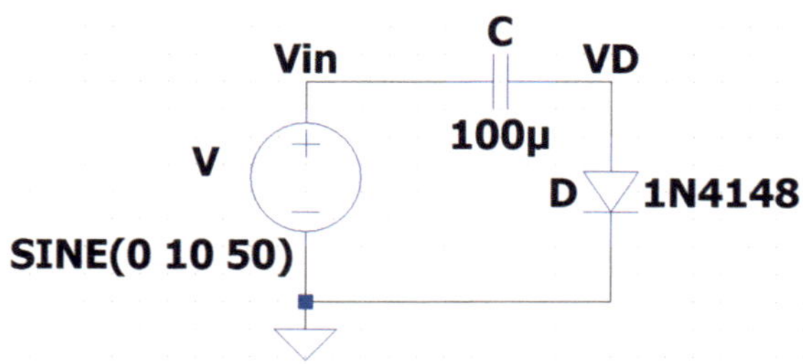

Abbildung 5.16: Die Schaltung

- Zeichnen Sie die Schaltung wie in Abbildung 5.16.
- Setzen Sie den Kondensatorwert auf 100 µF und den Diodentyp auf 1N4148 fest.
- Wählen Sie für die Spannungsquelle **SINE**, 10 V und 50 Hz.

Simulation

- Klicken Sie **Run/Pause**. Wählen Sie **Transient** uns setzen Sie die **Stop time** auf 200m
- Bewegen Sie den Mauszeiger über VD und klicken Sie, wenn der Spannungsprüfer erscheint. Die Ausgangsspannung wird dargestellt. Entsprechend gehen Sie mit dem Mauszeiger auf Vin und klicken, wenn der Spannungsprüfer dargestellt wird. Die Eingangsspannung wird im selben Diagramm dargestellt.

- Abbildung 5.17 zeigt die Kurven für die Eingangs- und die Ausgangsspannung (es ist nur ein Ausschnitt dargestellt). Beachten Sie wie die Ausgangsspannung geklemmt ist, so dass sie immer negativ wird.

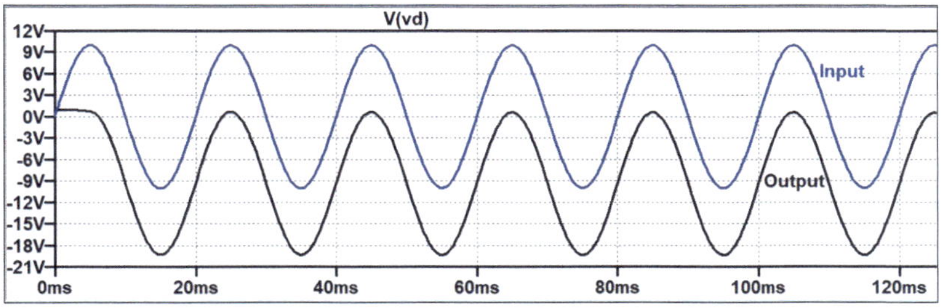

Abbildung 5.17: Eingangs- und Ausgangsspannung der Klemmdiode

5.7 Spannungsvervielfacher

Spannungsvervielfacherschaltungen (z.B. Spannungsverdoppler, -dreifacher, ...) erhöhen die Spannung einer Wechselspannung am Eingang um einen Faktor zwei, drei oder mehr. Am Ausgang eines Spannungsvervielfachers haben wir eine Gleichspannung. Spannungsvervielfacher können sehr hohe Gleichspannungen aus einer relativ geringen Wechselspannung erzeugen.

Verdoppler: Bei einem Spannungsverdoppler ist die Ausgangsspannung doppelt so hoch wie die Eingangsspannung. Die Schaltung wie sie in Abbildung 5.18 dargestellt ist besteht aus zwei Dioden, zwei Kondensatoren und eine Wechselspannungsquelle (die obere und die untere Schaltung in Abbildung 5.18 sind identisch).

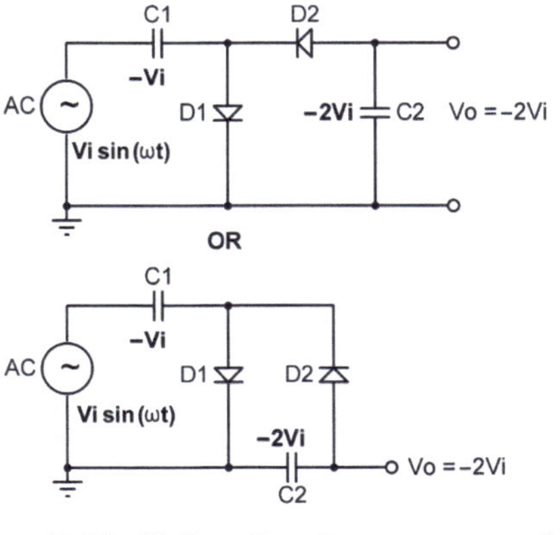

Abbildung 5.18: Halbwellen-Spannungsverdoppler

Während der positiven Halbwelle ist die Diode D1 leitend und der Strom fließt in den Kondensator C1 und lädt diesen auf den Maximalwert der Eingangsspannung abzüglich der Diodenspannung auf. In den Kondensator C2 fließt kein Strom, da die Diode D2 sperrt. Am Ende der positiven Halbwelle ist der Kondensator C1 geladen und C2 ungeladen.

Während der negativen Halbwelle liegt die Diode D1 in Sperrrichtung. Die Diode D2 wird leitend und der Kondensator C1 entlädt sich über diese in C2. Die Spannung an der Anode von D2 entspricht der Spannung von C1, der die maximale Eingangsspannung gespeichert hatte. Am Ende ist C2 auf das Doppelte der maximalen Eingangsspannung aufgeladen. Wenn eine Last am Ausgang der Schaltung angeschlossen wird, dann wird die in C2 gespeicherte, doppelte Ladung (doppelte Eingangsspannung) durch die Last entladen.

Wir können die Esingangsspannung kann um einen Faktor vier, acht usw. erhöhen, indem wir diese Spannungsverdopplerschaltung kaskadieren. Ein Nachteil dieser Schaltung ist, dass der Ausgangsstrom sehr begrenzt ist und in der Größenordnung von einigen Milliampere liegt.

Wenn man die Dioden und Kondensatoren in Abbildung 5.18 umdreht, kehrt sich auch die Ausgangsspannung um. Die Schaltung in Abbildung 5.18 erzeugt eine negative Spannung.

Abbildung 5.19 zeigt einen Spannungsverdreifacher (·3). Ein Spannungsvervierfacher (·4) ist in Abbildung 5.20 dargestellt.

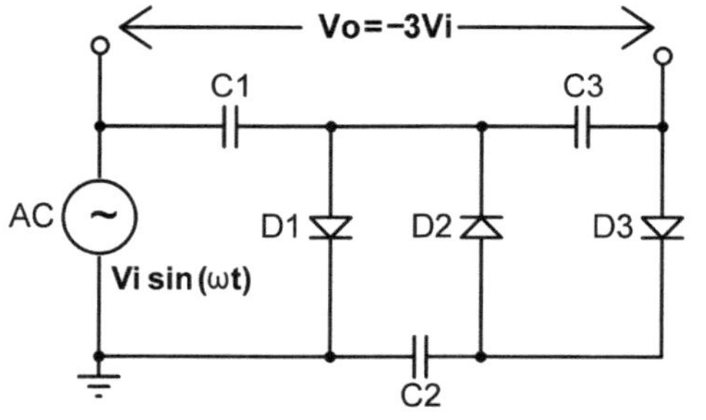

Abbildung 5.19: Spannungsverdreifacher

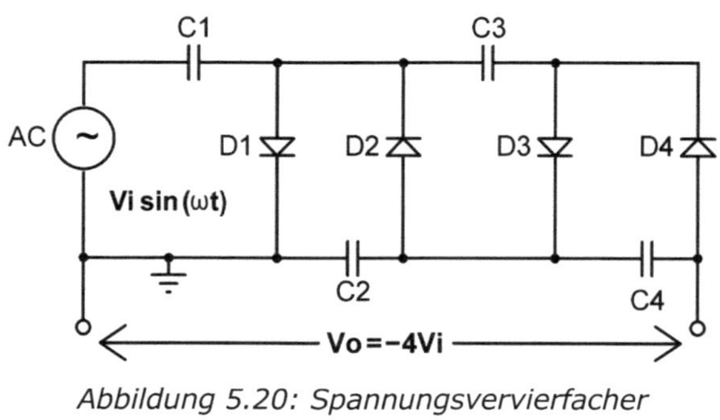

Abbildung 5.20: Spannungsvervierfacher

Die Größe der verwendeten Kondensatoren in Vervielfacherschaltungen ist direkt proportional zu den Frequenzen des Eingangssignals. Bei 50 Hz Anwendungen werden für gewöhnlich 1 µF bis 200 µF verwendet, während bei Anwendungen mit höheren Frequenzen (z.B. 10 kHz oder höher) 20 nF bis 60 nF verwendet werden. Die Bemessungsspannung der Kondensatoren wird durch die Art der Vervielfacherschaltung bestimmt. In Spannungsverdopplern wie in Abbildung 5.18 muss C1 der maximalen Eingangsspannung standhalten, während C2 das doppelte der maximalen Eingangsspannung standhalten muss. Im Allgemeinen ist die Daumenregel, dass man Kondensatoren mit einem Bemessungswert, der mindestens dem Doppelten der maximalen Eingangsspannung entspricht, auswählt.

Im nächsten Beispiel werden wir eine Spannungsvervierfacherschaltung entwerfen und die Eingangs- und Ausgangsspannung darstellen.

Die Schaltung

Abbildung 5.21 zeigt die Schaltung. Diese besteht aus einer Wechselspannung, vier Dioden und vier Kondensatoren.

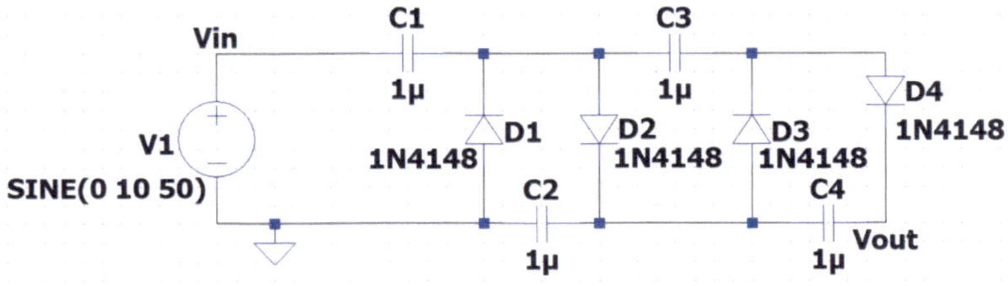

Abbildung 5.21: Spannungsvervierfacher aus Abbildung 5.23 mit LTspice gezeichnet

- Zeichnen Sie die Schaltung wie in Abbildung 5.21.
- Konfigurieren Sie die Spannungsquelle mit **SINE**, 20 V und 50 Hz.
- Setzen Sie die Kondensatorwerte jeweils auf 1 µF und die Diodentypen als 1N4148.

Simulation

- Klicken Sie **Run/Pause** und wählen Sie **Transient**.
- Legen Sie die **Stop time** mit 600m fest. Sie sollten ein leeres Diagramm sehen.
- Verwenden Sie den Spannungsprüfer am Ausgang und am Eingang. Sie sollten die Eingangs- und Ausgangsspannung sehen wie sie in Abbildung 5.22 angezeigt wird. Beachten Sie dass die Ausgangsspannung etwa viermal der Eingangsspannung abzüglich viermal 0,7 V Diodenspannung beträgt.

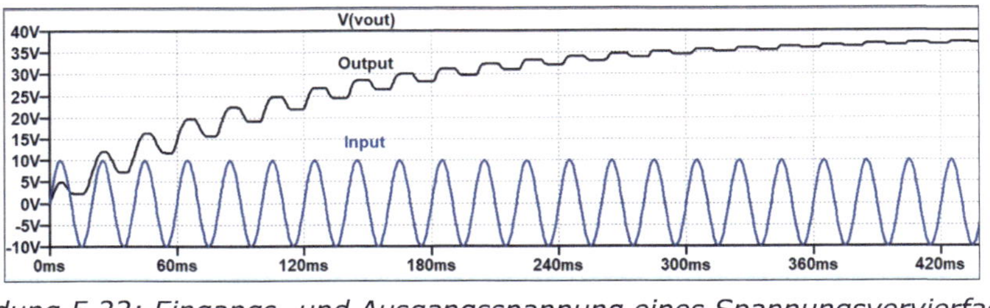

Abbildung 5.22: Eingangs- und Ausgangsspannung eines Spannungsvervierfachers

5.8 UI-Kennlinie einer Diode

In diesem Abschnitt werden wir die UI-Kennlinie einer Diode zeichnen. Abbildung 5.23 zeigt die Schaltung. Eine Spannungsquelle mit einem Spannungsdurchlauf wird für die Ansteuerung der Diode verwendet.

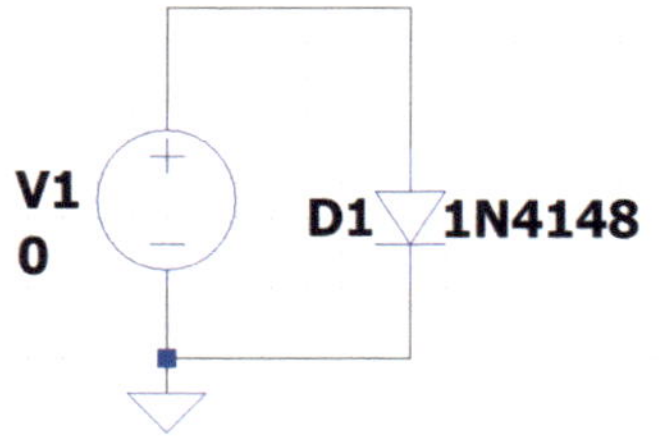

Abbildung 5.23: Eine Schaltung zur Bestimmung einer Diodenkennlinie

Schaltplaneingabe

- Zeichnen Sie die Schaltung wie in Abbildung 5.23. Wählen Sie als Diodentyp eine 1N4148. Setzen Sie die Spannung der Versorgung auf 0 V, damit LTspice einen Initialwert hat.

Simulation

- Klicken **Sie Run/Pause** und wählen Sie **DC sweep**.

- Geben Sie unter **Name of 1st source to sweep** V1 ein, wählen sie für **Type of sweep** Linear aus, bei **Start value** geben sie 0.4 und bei **Stop value** 1.2 sowie bei **Increment** 0.01 ein (Abbildung 5.24). Dadurch wird die Spannung über der Diode von 0,4 V bis 1,2 V in 0,01 V-Schritten verändert.

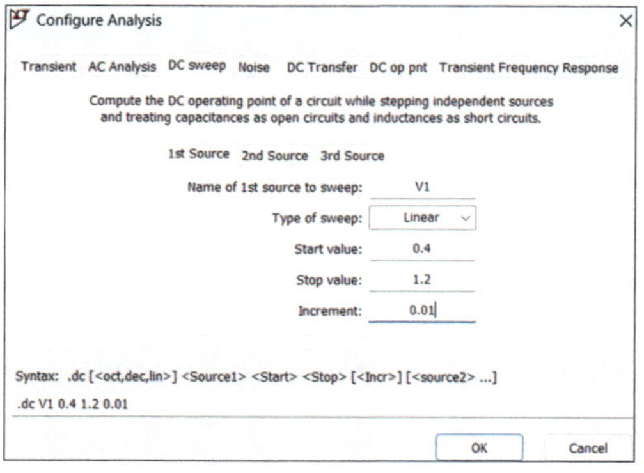

Abbildung 5.24: Einstellung der Parameter für den DC-Durchlauf

- Setzen Sie den Mauszeiger auf die Diode und klicken Sie, wenn die Stromzange erscheint.

- Abbildung 5.25 zeigt die UI-Kennlinie der Diode. Beachten Sie, dass die Diode leitend wird, wenn die Vorwärtsspannung bei etwa 0,7 V liegt. Zusätzlich ist es wichtig zu wissen, dass der maximale Dauerstrom in Flussrichtung der 1N4148 Diode bei etwa

300 mA liegt (bis zu 500 mA für periodische Ströme), was natürlich nicht in der Simulation gezeigt wird.

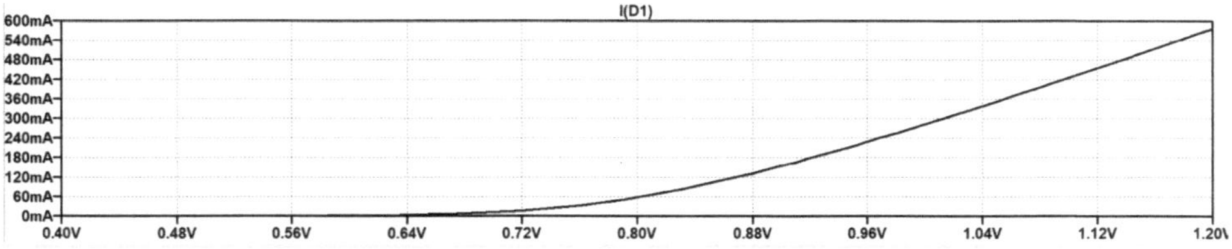

Abbildung 5.25: Die Diodenkennlinie für das Diodenmodell einer 1N4148 in LTspice

Kapitel 6 • Entwurf, Simulation und Analyse mit Transistoren

6.1 Übersicht

Im vorherigen Kapitel haben wir gelernt wie wir Standardschaltungen mit Dioden und Z-Dioden simulieren. In diesem Kapitel werden wir Transistorschaltungen simulieren. Wir werden Schaltungen sowohl mit Bipolar- (BJT) als auch mit Feldeffekttransistoren (JFET und MOSFET) simulieren.

6.2 Bipolartransistor (BJT) Ausgangskennlinienfeld

Das Übungsziel liegt darin, eine Ausgangskennlinie eines Transistors mit Hilfe von LTspice zu zeichnen.

Die Schaltung

Abbildung 6.1 zeigt die Schaltung, die in dieser Übung verwendet wird. Verbinden Sie die Basis eines Transistors vom Typ 2N2222 mit einer Stromquelle (I1) und seinen Kollektor mit einer Spannungsquelle (V1). Setzen Sie die Werte für den Strom und die Spannung auf 0, so dass LTspice die Schaltung annimmt (der Wert ist unwichtig, doch es muss einer vorhanden sein).

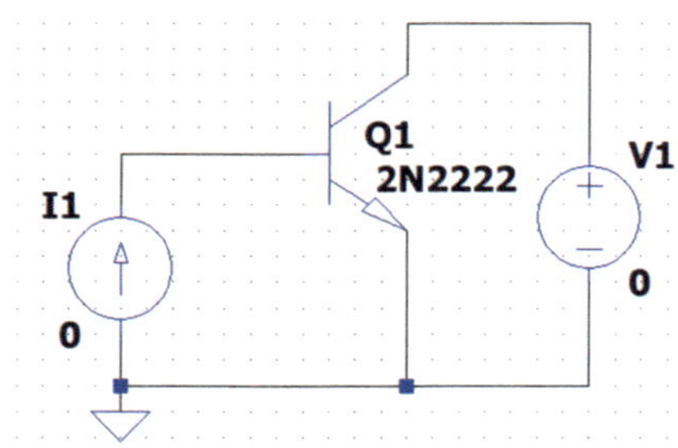

Abbildung 6.1: Schaltung zum Zeichnen der Ausgangskennlinien eines Transistors

Simulation

- Klicken Sie **Run/Pause** und wählen Sie **DC sweep**.

- Wählen Sie **1st Source**. Dann geben Sie V1 0 2 0.1 ein. Dies teilt dem Simulator mit, die Gleichspannung von 0 V bis 2 V in 0,1 V-Schritten zu durchlaufen.

- Wählen Sie **2nd Source**. Dann geben Sie I1 20u 200u 20u ein. Dies teilt dem Simulator mit, den Strom von 20 µA bis 200 µA in 20 µA-Schritten zu durchlaufen.

- Klicken Sie **OK**. Sie sollten ein leeres Diagramm sehen. Bewegen Sie den Mauszeiger über die Spannungsquelle um die Stromzange erscheinen zu lassen und klicken Sie. Die Ausgangskennlinienfeld des Transistors wird dargestellt. Weil die Stromrichtung von LTspice festgelegt ist, wird der Strom negativ dargestellt. Klicken Sie mit der rechten Maustaste auf den Diagrammtitel I(V1) und setzen Sie im **Expression Editor** ein Minuszeichen vor **I(V1)** wie in Abbildung 6.2 gezeigt.

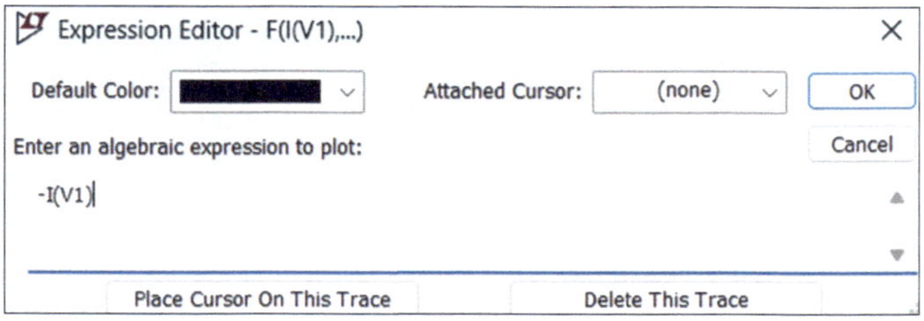

Abbildung 6.2: Umdrehen des Stromflusses

- Abbildung 6.3 zeigt die UI-Kennlinien für die gewählte Kollektor-Emitter-Spannung und den Bereich des Basisstroms (ein Teil des Diagramms ist dargestellt). Die untere Kennlinie stellt den Basisstrom von 20 µA dar, die nächste darüber 40 µA, und so weiter.

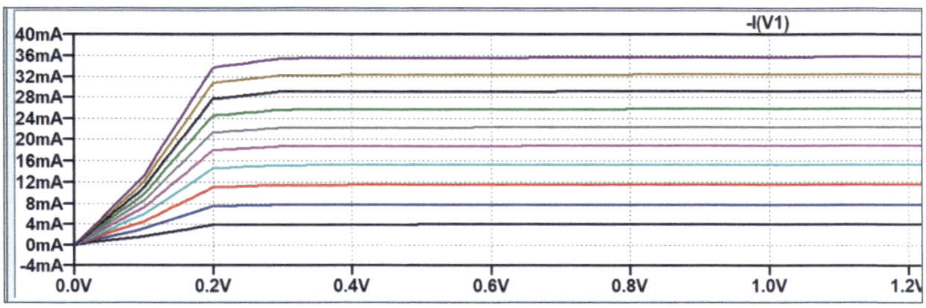

Abbildung 6.3: Ausgangskennlinien des Transistors

6.3 Verstärker in Emitterschaltung – Analyse

Diese Übung zeigt wie eine Emitterschaltung eines Transistorverstärkers mit LTspice analysiert werden kann.

Abbildung 6.4 zeigt die Schaltung des Verstärkers für die Analyse.

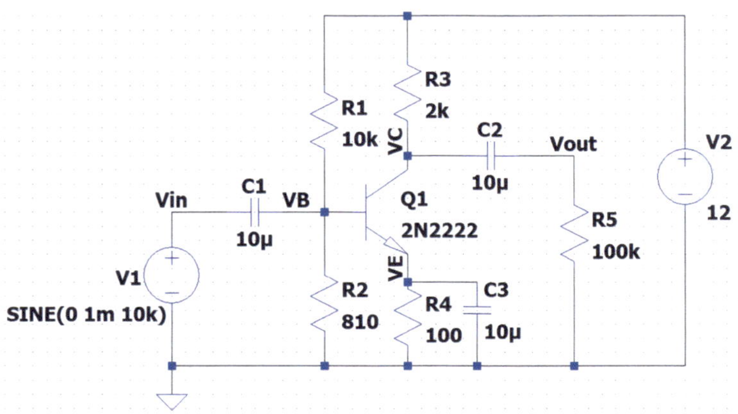

Abbildung 6.4: Transistorverstärker in Emitterschaltung

Schaltplaneingabe

- Zeichnen Sie die Schaltung und geben Sie die Bauteilwerte ein.
- Setzen Sie die Eingangsspannung auf 1 mV und 10 kHz.
- Setzen Sie die Spannungsquelle auf 12 V DC.

Simulation

- Klicken Sie auf **Run/Pause** und wählen Sie **Transient**. Legen Sie die **Stop time** mit 1m fest.
- Abbildung 6.5 zeigt die Kurven am Eingang (oben) und am Ausgang. Beachten Sie, dass die Ausgangsspannung um 180° gegenüber dem Eingang gedreht ist. Ebenso wie der Wertebereich der Eingangsspannung 2 mV überstreicht, während dieser für Ausgangsspannung bei etwa 300 mV liegt. Demnach ist die Verstärkung des Verstärkers 300 mV : 2 mV = 150, bzw. 20 · lg(150) = 43 dB.

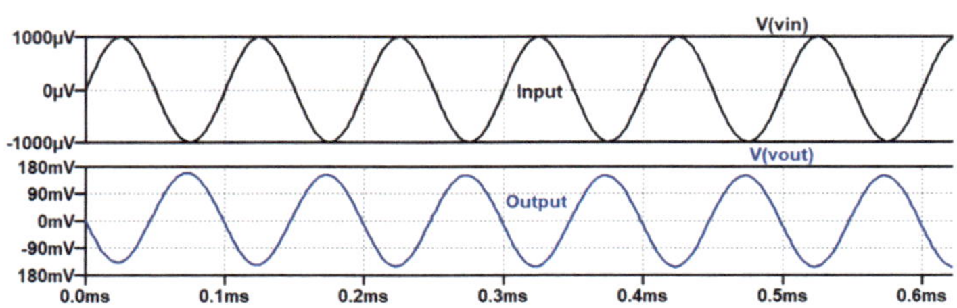

Abbildung 6.5: Eingangs- und Ausgangsspannung des Verstärkers

Gleichspannungen

Wir müssen die Simulation erneut starten um die Gleichspannungen in der Schaltung aufzulisten.

- Löschen Sie die **SPICE Directive** .tran 1m am unteren Ende des Fensters.
- Klicken Sie **Run/Pause** und wählen Sie **DC op pnt**. Eine Tabelle mit den Spannungen und Strömen in der Schaltung wird angezeigt (Abbildung 6.6).

--- Operating Point ---

V(vb):	0.891523	voltage
V(vin):	8.91514e-06	voltage
V(vc):	7.67194	voltage
V(ve):	0.217423	voltage
V(n001):	12	voltage
V(vout):	7.67194e-12	voltage
Ic(Q1):	0.00216403	device_current
Ib(Q1):	1.02016e-05	device_current
Ie(Q1):	-0.00217423	device_current
I(C1):	8.91514e-18	device_current
I(C2):	7.67194e-17	device_current
I(C3):	2.17423e-18	device_current
I(R1):	0.00111085	device_current
I(R2):	0.00110065	device_current
I(R3):	0.00216403	device_current
I(R4):	0.00217423	device_current
I(R5):	7.67194e-17	device_current
I(V2):	-0.00327488	device_current

Abbildung 6.6: Ströme und Spannungen der Schaltung in Abbildung 6.4

- Aus Abbildung 6.6 können wir die interessanteren Spannungen und Ströme zusammenfassen:

- VB = 0,891 V
  VC = 7,672 V
  VE = 0,217 V
  IC = 2,164 mA
  IE = 2,174 mA
  IR1 = 1,110 mA
  IR2 = 1,110 mA
  IR1 = 2,174 mA

Die Theorie
Unter der Annahme, dass die Ströme durch die den Basisspannungsteiler R1 und R2 viel größer sind als der Basisstrom des Transistors, können wir die Spannungen über R1 und R2 folgendermaßen ermitteln:

UR2 = 12 V · R2 : (R1 + R2) = 0,899 V (LTspice hat 0,891 V ausgerechnet)
R1 = 12 V - 0,899 V = 11,1 V

Unter Vernachlässigung des Basisstroms sind die Ströme durch R1 und R2:

IR1 = 11,1 V : R1 = 1,11 mA (LTspice hat 1,11 mA ausgerechnet)
IR2 = 0,899 V : R2 = 1,1 mA (LTspice hat 1,11 mA ausgerechnet)

Mit der Annahme eines Spannungsabfalls von 0,67 V über die Basis-Emitter-Strecke liegt die Spannung über R5 an VE bei:

UE = UR2 - 0,67 V = 0,229 V (LTspice hat 0,217 V ausgerechnet)

Der Emitterstrom beträgt:

IE = UE : R4 = 2,29 mA (LTspice hat 2,17 mA ausgerechnet)

Und wieder vernachlässigen wir den Basisstrom:

Der Kollektorstrom IC liegt auch bei 2,29 mA (LTspice hat 2,16 mA ausgerechnet)

Die Spannung über dem Kollektorwiderstand beträgt:

UR3 = IC · R3 = 4,58 V.

Die Kollektor-Emitter-Spannung liegt bei:

UCE = 12 V - UR3 - UE = 12 V - 4,58 V - 0,229 V = 7,191 V
(LTspice hat 7,672 V ausgerechnet)

Die Ersatzlast liegt bei:

RL = R3 · R5 : (R3 + R5) = 1960 Ω
Spannungsverstärkung[2] = RL · IC : 25 mV = 179 (LTspice hat 150 ausgerechnet)

Beachten Sie, dass die Spannungsverstärkung genauer wird, wenn der Entkoppelkondensator C3 den Emitterwiderstand kurzschließt. Für niedrige Frequenzen sollte ein größerer Kondensator verwendet werden. Ebenso ist die Gleichung für die Verstärkung nur bei Raumtemperatur genau.

6.4 Verstärker in Emitterschaltung – Entwurf

Das Lernziel in diesem Beispiel liegt darin wie man einen einstufigen Verstärker in Emitterschaltung mit Hilfe von LTspice entwirft und anschließend simuliert.

Anforderungen

Stellen Sie sich vor, Sie wurden gefragt, einen Verstärker in Emitterschaltung mit folgenden Anforderungen zu entwerfen:

Spannungsverstärkung:	50
Eingangsspannung:	1 mV
Frequenz:	10 kHz
Last:	10 kΩ
Betriebsspannung:	9 V

Nehmen Sie an, dass der Transistor ein β von mindestens 100 hat.

Entwurf

Lassen Sie uns den Kollektorwiderstand R3 mit 1 kΩ festlegen. Die gesamte Wechsellast liegt dann bei:

Rp = 1 kΩ · 10kΩ : (1 kΩ + 10 kΩ) = 909 Ω   Verstärkung = Rp · IC : 25 mV

Der erforderliche Kollektorstrom ergibt:

IC = 25 mV · Verstärkung : Rp = 25 mV 50 : 909 Ω = 1,37 mA

Der Spannungsabfall über dem Kollektorwiderstand liegt bei:

UR3 = 1,37 mA · 1000 Ω= 1,37 V

2 Die Spannungsverstärkung einer Emitterschaltung ist gegeben durch S · RL, wobei S = IC : UT die Steilheit des Transistors ist. Weiterhin ist UT = k · T : q, mit der Bolzmannkonstante k, der Temperatur T (in Kelvin) und der Elementarladung q. Bei Raumtemperatur (16°C) beträgt UT = 25 mV.

Mit einer Reserve von 4 V für UCE beträgt die Spannung über dem Emitterwiderstand:

URE = 9 V - 4 V - 1,37 V = 3,63 V

Mit der Annahme, dass IC = IE ist, ist der Wert des Emitterwiderstands:

RE = URE : IE = 3,63 V : 1,37 V = 2,64 kΩ

Die Basisspannung liegt bei:

UB = IE : β = 1,37 mA : 100 = 0,0137 mA

Wählt man den Strom durch R1 und R2 mindestens zehnmal so groß wie den Basisstrom:

IR1 = IR2 = 0,5 mA

Das ergibt:

R2 = UB : 0,5 mA = 8,56 kΩ

und

R1 = (9 V - 4,28 V) : 0,5 mA = 9,44 kΩ.

Die Schaltung
Abbildung 2.19 zeigt den Schaltplan der Schaltung, die auf obigen Berechnungen beruht.

- Zeichnen Sie die Schaltung und geben Sie für alle Bauteile die Werte ein.
- Konfigurieren Sie die Spannungsquelle am Eingang als SINE, 1 mV mit 10 kHz

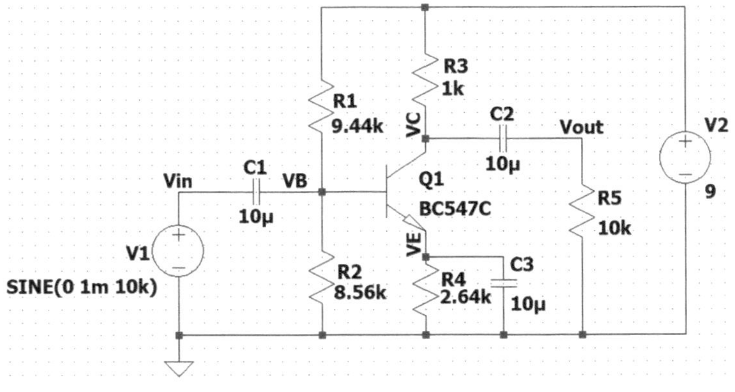

Abbildung 6.7: Konfiguration der Schaltung für die Simulation

Simulation

- Klicken Sie **Run/Pause** und wählen Sie **Transient**.
- Setzen Sie die **Stop time** auf 1m und klicken Sie **OK**.
- Sie sollten ein leeres Diagramm sehen.
- Klicken Sie mit dem Spannungsprüfer auf die Eingangsspannung. Die Eingangsspannung sollte dargestellt werden.
- Klicken Sie mit der rechten Maustaste auf das Diagramm und wählen Sie **Add Plot Pane Below**.
- Klicken Sie mit dem Spannungsprüfer auf den Ausgang. Die Ausgangsspannung sollte dargestellt werden.
- Abbildung 6.8 zeigt die Kurven für die Eingangs- und die Ausgangsspannung. Der Spitze-Spitze-Wert der Eingangsspannung liegt bei 2000 µV. Der Spitze-Spitze-Wert der Ausgangsspannung beträgt 96060 µV. Demnach liegt die Spannungsverstärkung bei 96060 µV : 2000 µV = 48,03. Das ist nahe am geforderten Wert von 50.

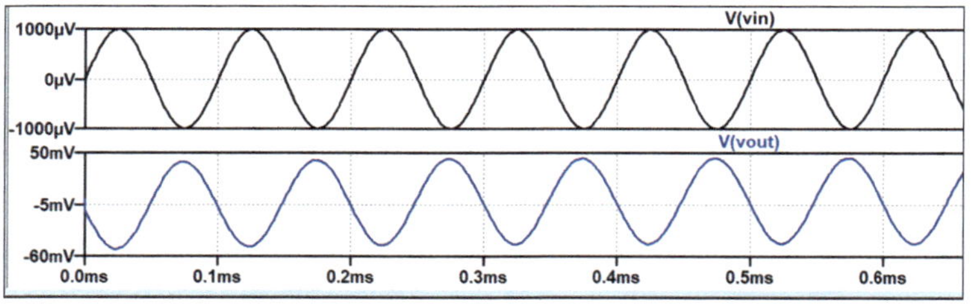

Abbildung 6.8: Eingangs- und Ausgangsspannung

6.5 Audioleistungsverstärker

Audioleistungsverstärker werden als Ausgangsstufe von Leistungsverstärkern, beispielsweise HiFi-Verstärker, verwendet. Dabei ist es wichtig zu erkennen, dass ein Leistungsverstärker Leistung verstärkt, nicht Spannung wie Kleinsignalverstärker es tun. Ein Leistungsverstärker wird üblicherweise entwickelt um maximale Ausgangsleistung zu liefern. Der Ausgang wird für gewöhnlich an Lautsprecher angeschlossen, welche die hohe Leistung vertragen.

Spannungsverstärker bekommen für gewöhnlich wenige mV als Eingangsspannung, die Kollektorströme liegen im mA-Bereich, die Lastimpedanz liegt in der Gegend von einigen kΩ und die Transistoren besitzen üblicherweise hohe β-Werte (im Bereich von mehreren Hundert, oder noch mehr). Im Gegensatz dazu arbeiten Leistungsverstärker mit Eingangsspannungen von einigen Volt, die Kollektorströme sind groß und die Transistoren benötigen Kühlkörper um sie herunterzukühlen. Die β-Werte von Leistungstransistoren sind eher klein (z.B. 4 bis 30).

Abbildung 6.9 zeigt mit einem Mikrofon am Eingang und einem Lautsprecher am Ausgang eine typische Anwendung für einen Audioleistungsverstärker.

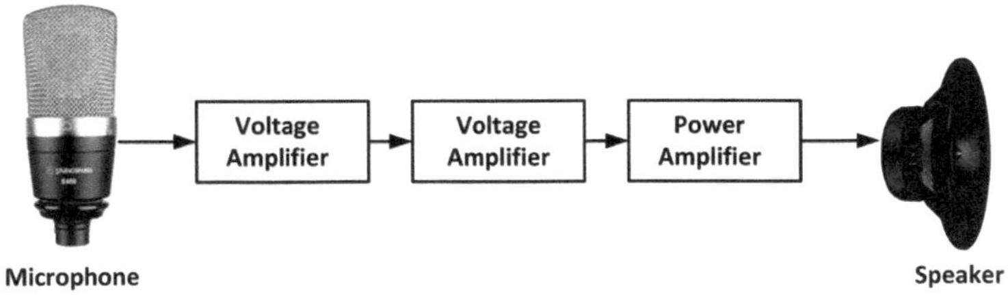

Abbildung 6.9: Schematischer Aufbau eines Audioverstärkers

Audioleistungsverstärker werden in Abhängigkeit ihres Schaltungsaufbaus in verschiedene Klassen eingeteilt, z.B. A Verstärker, B Verstärker, AB Verstärker, C Verstärker usw. Es folgt eine kleine Übersicht:

Klasse A: Bei diesem Verstärker liegt der Arbeitspunkt in etwa bei der halben Betriebsspannung wie das bei Spannungsverstärkern üblich ist. Der Transistor leitet die ganze Zeit. Der wesentliche Vorteil eines Klasse A Verstärkers ist seine geringe Verzerrung. Diesen Aufbau verwendet man häufig in High-End Audioverstärkern. Allerdings leidet darunter der Wirkungsgrad der Schaltung. Theoretisch liegt der Wirkungsgrad bei einem Klasse A Leistungsverstärker mit Transformator am Ausgang bei etwa 50%.

Klasse B: Zwei komplementäre Transistoren werden mit ihrem Arbeitspunkt an der Grenze zum Sperrbereich betrieben. Ein Transistor verstärkt die positive Halbwelle, während der andere nur die negative Halbwelle verstärkt. Durch die Lage im Sperrbereich liegt der Ruhestrom bei null, wenn kein Eingangssignal anliegt und dadurch entsteht auf diese Weise keine Verlustleistung. Klasse B hat einen besseren Wirkungsgrad, als Klasse A, allerdings leidet er an Verzerrungen, besonders beim Nulldurchgang des Signals.

Klasse AB: Der Aufbau ist ähnlich zur Klasse B, doch ist die Verzerrung durch eine kleine Vorspannung über dem Sperrbereich verringert. Klasse AB Verstärker ist der häufigste Aufbau für Audioleistungsverstärker. Der Wirkungsgrad ist etwas niedriger als der von Klasse B, doch besitzt er eine bessere Linearität.

Ausgangsleistung

Wenn eine Last RL an den Ausgang des Verstärkers angeschlossen wird, kann die Ausgangsleistung mit PO = URMS : RL ausgerechnet werden, wobei URMS der RMS-Wert der Spannung über der Last ist.

Folgendes Beispiel: Nehmen wir an, dass die Last an einem Verstärker 100 Ω beträgt und die Spitze-Spitze-Spannung an dieser Last liegt bei 20 V. Dann beträgt die Spitzenspannung 20 V : 2 = 10 V. Die RMS-Spannung ist URMS = UP : √2 = 7,07 V. Die Ausgangsleistung beträgt dann $(7{,}07\ V)^2 : 100\ \Omega = 0{,}5\ W$.

6.5.1 Simulation eines Klasse A Audioleistungsverstärkers

In diesem Abschnitt werden wir die Funktionsweise einer Schaltung eines typischen Klasse A Audioleistungsverstärkers analysieren.

Die Schaltung

Abbildung 6.10 zeigt die Schaltung eines typischen Klasse A Audioleistungsverstärkers mit einem Transformator an seinem Ausgang.

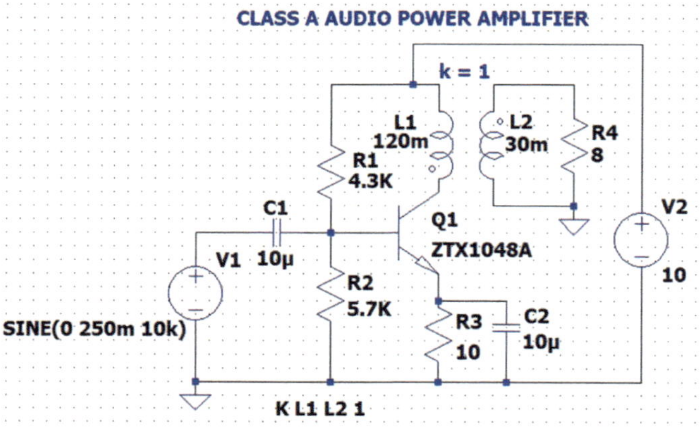

Abbildung 6.10: A-Verstärker für Audio mit Ausgangstransformator

Die Schritte sind:

- Zeichnen Sie die Schaltung wie in Abbildung 6.10.
- Bauen Sie einen Transformator, indem Sie zwei gekoppelte Spulen verwenden. In diesem Beispiel haben jeweils die Primärspule 120 mH und die Sekundärspule 30 mH. Setzen Sie den Innenwiderstand der Spulen auf 2 Ω bei der Primärspule und auf 1 Ω bei der Sekundärspule. Verwenden Sie auch die **SPICE Directive** um den Koppelfaktor auf 1 zu setzen.
- Verwenden Sie für die Versorgung der Schaltung eine 10 V Gleichspannungsquelle.
- Für die Eingangsspannungsquelle verwenden Sie **SINE**, mit einem Spitzenwert von 250 mV und einer Frequenz von 10 kHz.
- In diesem Beispiel wird ein Leistungstransistor vom Typ ZTX1048A verwendet.

Simulation

- Klicken Sie **Run/Pause** und wählen Sie **Transient**. Setzen Sie die **Stop time** auf 1m.

- Setzen Sie den Spannungsprüfer auf die Eingangsspannung. Mit einem Rechtsklick wählen Sie **Add Plot Pane Below**. Klicken Sie mit dem Spannungsprüfer auf den Ausgang.

- Abbildung 6.11 zeigt die Eingangs- und Ausgangsspannung. Der Maximalwert der Ausgangsspannung liegt bei 2,5 V und der maximale Ausgangsstrom beträgt 320 mA (gehen Sie mit der Stromzange auf den Widerstand am Ausgang). Da die Eingangsspannung 250 mV beträgt, liegt die Spannungsverstärkung der Schaltung bei 2500 mV : 250 mV = 10. Die Ausgangsleistung wird folgendermaßen berechnet:

  Die RMS-Spannung U_{RMS} = 2,5 V : √2 = 1,77 V.
  Die Ausgangsleistung = $(1{,}77\ V)^2$: 8 Ω = 390 mW.

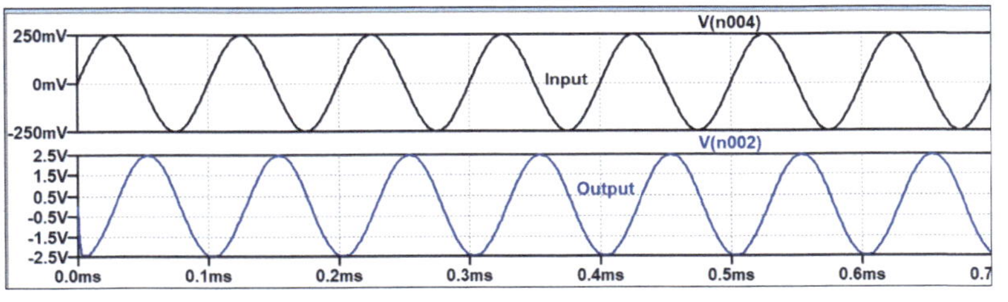

Abbildung 6.11: Eingangs- und Ausgangsspannung des A-Verstärkers

6.5.2 Klasse AB Audioleistungsverstärkers

Der AB-Verstärker besitzt eine Push-Pull-Endstufe, was vermutlich die häufigste Aufbauart von Audioequipment ist. Die Ausgangsleistung und der Wirkungsgrad sind hoch, während die Verzerrung gering ist.

Die Schaltung

Abbildung 6.12 zeigt die Schaltung. Der Verstärker besitzt zwei Leistungstransistoren am Ausgang, die von einem kleineren Transistor angesteuert werden.

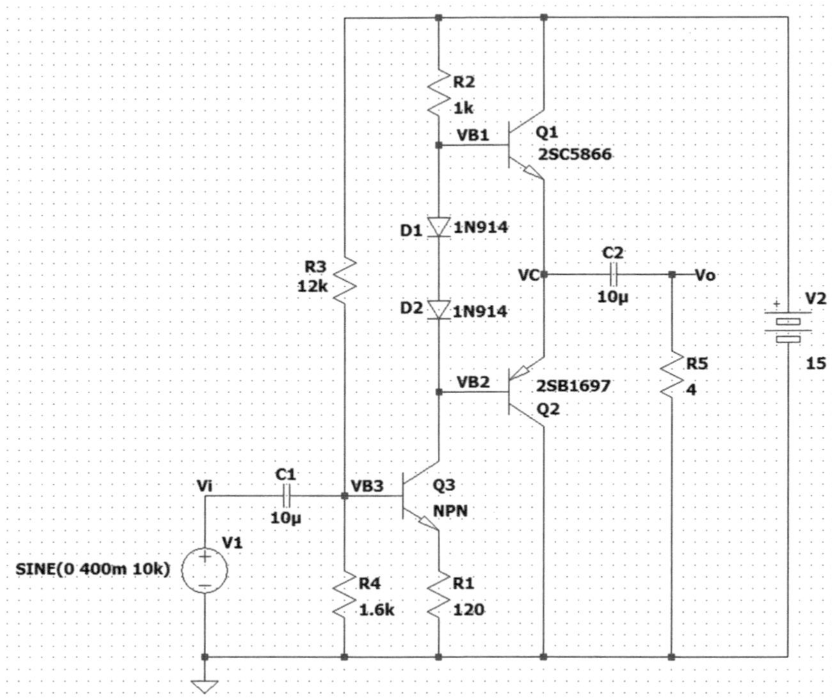

Abbildung 6.12: AB-Verstärker mit Komplimentärendstufe

- Klicken Sie auf **Component** → **npn** und wählen Sie den Typ 2SC5866. Ebenso platzieren Sie einen pnp Transistor vom Typ 2SB1679.

- Positionieren Sie die Widerstände, die Kondensatoren, die Dioden und eine 15 V Gleichspannungsquelle wie in Abbildung 6.12.

- Fügen Sie die Quelle für die Eingangsspannung hinzu. Wählen Sie **SINE** mit einer Amplitude von 400m und einer Frequenz von 10k.

Simulation

- Für die Analyse des Verstärkers benötigen wir sowohl die DC- als auch die AC-Analyse. Die DC-Analyse wird die Gleichspannungen und -ströme anzeigen. Die AC-Analyse wird uns den zeitlichen Verlauf des Verstärkers darstellen.

- Klicken Sie **Run/Pause** und wählen Sie **DC op pnt** um die Gleichspannungen und -ströme der Schaltung anzuzeigen. Die Werte sind in die Schaltung kopiert wie in Abbildung 6.13 dargestellt.

- Löschen Sie **.op** am unteren Rand der Schaltung. Klicken Sie **Run/Pause**, wählen Sie **Transient** und setzen Sie die **Stop time** auf 1m.

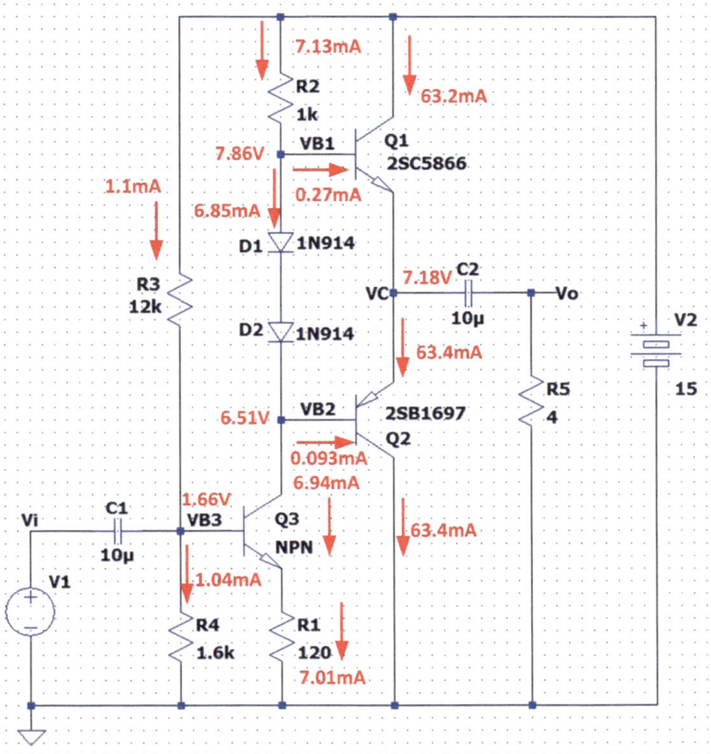

Abbildung 6.13: Gleichspannungen und -ströme im Verstärker

- Klicken Sie mit dem Spannungsprüfer auf Vi um die Eingangsspannung zu zeichnen. Klicken Sie mit der rechten Maustaste auf das Diagramm und wählen Sie **Add Plot Pane Below**. Klicken Sie auf Vo und zeichnen Sie die Ausgangsspannung. Abbildung 6.14 zeigt die Eingangs- und die Ausgangsspannung des Verstärkers (d.h. im zeitlichen Verlauf).

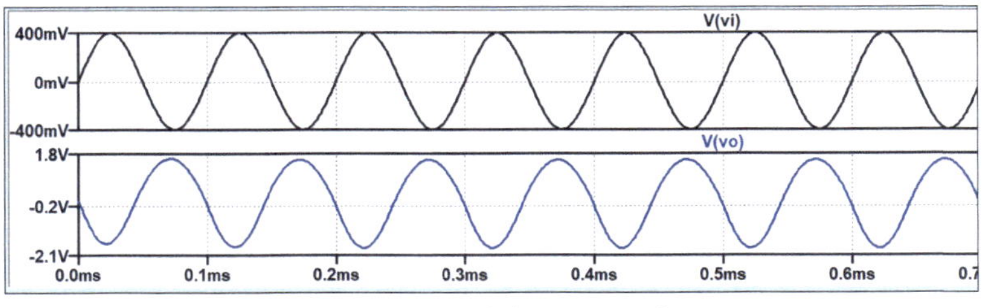

Abbildung 6.14: Zeitverlauf der Verstärkerspannungenr

Ausgangsleistung

Das Maximalwert der Ausgangsspannung ist 1,6 V, was 1,6 V : 1,41 = 1,13 VRMS entspricht. Die Ausgangsleistung ist demnach $P_O = U_{RMS}^2 : 4\ \Omega = 320$ mW.

6.6 Der Bipolartransistor im Schalterbetrieb

In diesem Beispiel werden wir eine einfache Schaltung eines Transistorschalters mit einem Bipolartransistor entwerfen und dann die Kurve der Ausgangsspannung darstellen.

Die Schaltung

Abbildung 6.15 zeigt die Schaltung. Sie besteht aus einem NPN-Transistor mit einem Basisvorwiderstand und einem Lastwiderstand am Kollektor.

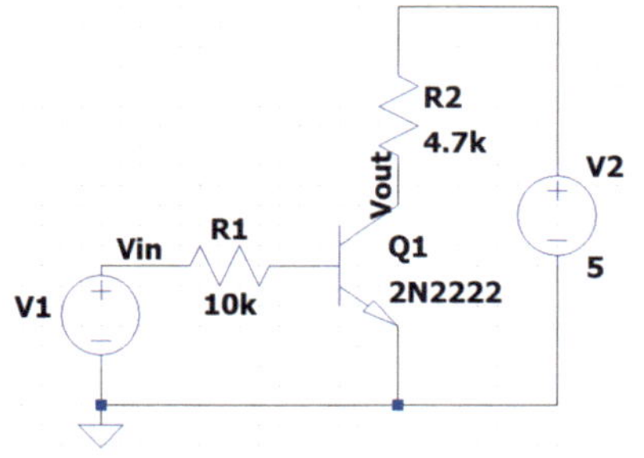

Abbildung 6.15: Transistor als Schalter

- Zeichnen Sie die Schaltung wie in Abbildung 6.15, indem Sie einen 10 kΩ Basisvorwiderstand und einen 4,7 kΩ Lastwiderstand am Kollektor vorsehen.

- Stellen Sie an der Eingangsspannung eine Rechteckspannung mit einer **Amplitude** von 5 V und 50 Hz ein. Klicken Sie dazu auf die Spannungsquelle und wählen Sie **Advanced**. Dann wählen Sie **Pulse** und geben bei **Vinitial(V)** 5 ein, bei **Ton** 10m und bei Tperiod 20m. Das setzt die Amplitude der Spannung auf 5 V, die Periodendauer auf 20 ms (50 Hz) und die Pulsdauer auf 10 ms (50%, Abbildung 6.16).

Simulation

- Klicken Sie auf **Run/Pause** und wählen Sie **Transient** und geben Sie bei **Stop time** 50m ein.

- Klicken Sie mit dem Spannungsprüfer auf den Eingang und mit der Stromzange auf den Ausgang, indem Sie mit dem Mauszeiger auf den Lastwiderstand gehen. Die Abbildung 6.17 zeigt die Eingangsspannung und den Ausgangsstrom.

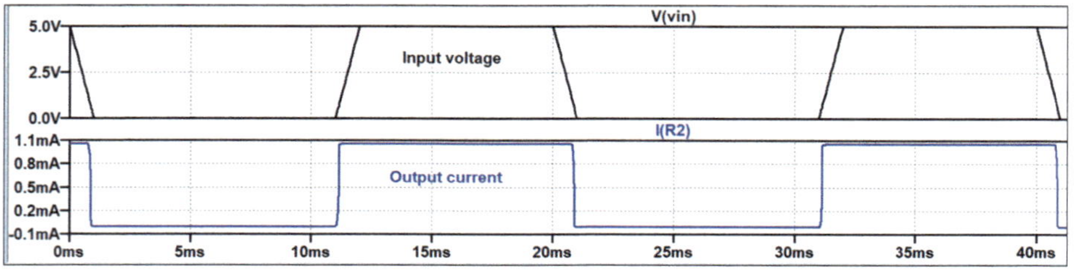

Abbildung 6.17: Eingangs- und Ausgangsstrom des Transistorschalters

- Abbildung 6.18 zeigt einen vergrößerten Ausschnitt der Eingangsspannung und des Ausgangsstroms. Beachten Sie, dass der Ausgangsstrom erst zu fließen beginnt, wenn die Eingangsspannung bei etwa 0,65 V liegt.

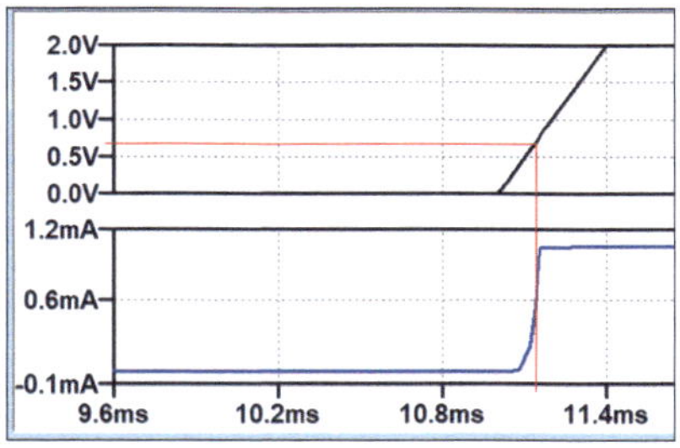

Abbildung 6.18 Eingangsspannung und Ausgangsstrom vergrößert

Die Theorie

Wenn ein Bipolartransistor als Schaltverstärker verwendet wird, bewegt sich der Kollektorstrom zwischen dem Durchlassbereich und dem Sperrbereich. Wenn der Transistor AN ist, geht er in den Sättigungsbetrieb. Entsprechend, wenn er AUS ist, dann ist er im Sperrbetrieb. Um den Transistor als Schalter zu verwenden, müssen wir sicherstellen, dass der Basisstrom groß genug ist, d.h. $I_B \geq I_C : \beta$.

In Abbildung 6.15 beträgt der Basisstrom I_B = (5 V - 0,7 V) : 10 kΩ = 0,43 mA. Der Kollektorstrom kann nicht größer sein als 5 V : 4,7 kΩ = 1,06 mA. Theoretisch liegt der Basisstrom bei $I_B = I_C : \beta$, was 1,06 mA : 100 = 0,01 mA ergibt. Im vorliegenden Fall ist also $I_C \geq I_C : \beta$ und der Transistor arbeitet als Schalter.

6.7 JFET-Verstärker in Sourceschaltung

In dieser Übung zeigen wir wie man einen JFET-Verstärker in Sourceschaltung simuliert und analysiert.

Der JFET

Der JFET ist ein dreibeiniges Bauteil wie der Bipolartransistor, allerdings handelt es sich dabei um ein unipolares Bauteil. Der JFET wird durch ein elektrisches Feld gesteuert und ist demnach ein spannungsgesteuertes Bauteil, während der BJT ein stromgesteuertes Bauteil ist.

Es gibt zwei Arten von JFET: **N-Kanal** und **P-Kanal**. In einem N-Kanal-Bauteil sind die Elektronen am Stromfluss durch den leitenden Kanal beteiligt. Im P-Kanal sind es die Löcher. Ein JFET hat drei Anschlüsse: Gate (G), Drain (D) und Source (S).

Im Normalbetrieb ist der Gateanschluss eines JFET immer negativ vorgespannt, was bedeutet, dass die Gatespannung kleiner als null ist (UG < 0 V). Für ein P-Kanal-Typ ist das Gate mit einer positiven Spannung vorgespannt, was bedeutet, dass die Gatespannung größer als null ist (UG > 0 V).

Die Sourceschaltung kann als Verstärker verwendet werden. Eine Beispielsimulation wird in diesem Abschnitt gezeigt.

Schaltplaneingabe
Die Schaltung ist in Abbildung 6.19 gezeigt.

- Klicken Sie auf **Component** → **njf** und wählen Sie 2N2819. Dies ist ein N-Kanal JFET.
- Fügen Sie alle Bauteile wie in Abbildung 6.19 dargestellt, hinzu.
- Konfigurieren Sie die Eingangsspannung als SINE mit 10 mV Amplitude und einer Frequenz von 10 kHz.

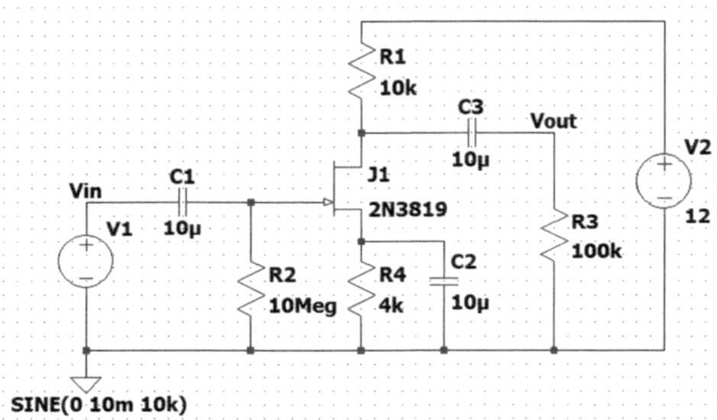

Abbildung 6.19: JFET-Transistorverstärker in Sourceschaltung

Simulation
Die Schritte sind:

- Klicken Sie auf **Run/Pause** und wählen Sie **Advanced**. Wählen Sie **Transient** und setzen Sie die **Stop time** auf 1m. Klicken Sie **OK**.
- Gehen Sie mit dem Spannungsprüfer auf Vin. Sie sollten die Eingangsspannung dargestellt bekommen. Klicken Sie auf das Diagramm und wählen Sie **Add Plot Pane Below**. Fügen Sie mit dem Spannungsprüfer Vout hinzu. Sie sollten die Ausgangsspannung unter der Eingangsspannung dargestellt bekommen (Abbildung 6.20). Die Eingangs- und Ausgangsspannung sind um 180° phasenverschoben.
- Die Eingangs- und Ausgangsspannung besitzen jeweils einen Maximalwert von 10 mV und 165 mV. Demnach ist die Spannungsverstärkung -165 mV : 10 mV = - 16,5 (negativ, weil die Signale um 180° phasenverschoben sind).

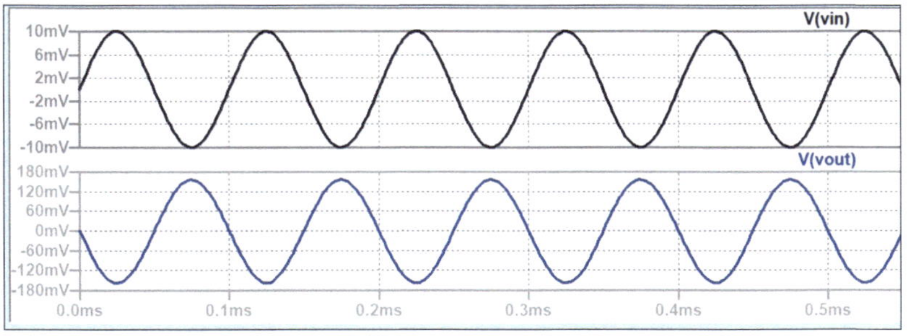

Abbildung 6.20: Eingangs- und Ausgangsspannung der JFET-Sourceschaltung

Die Theorie

Im Datenblatt des Herstellers finden wir einen Wert I_{DSS} = 10 mA für den 2N3819 JFET ohne Vorspannung am Gate und einen Wert $U_{GS(OFF)}$ = 3 V.

Die DC-Analyse zeigt uns, dass der Drainstrom (IR1) bei 0,6 mA liegt.

Die Spannungsverstärkung eines JFETs in Sourceschaltung wird berechnet:

$$A_V = -S \cdot R_L.$$

Wobei S die Steilheit ist und R_L die Ersatzlast am Drain ist. In unserer Schaltung ist R1 parallel zu R3 und die Ersatzlast beträgt 100 kΩ · 10 kΩ : (100 kΩ + 10 kΩ) = 9,09 kΩ.

S ist gegeben durch:

$$S=\frac{2}{|U_{th}|}\sqrt{I_D \cdot I_{DSS}}\,,$$

wobei ID der Drainstrom im Arbeitspunkt ist und Uth die Schwellspannung UGS(OFF).

Mit

$$g_m=g_{m0}\sqrt{\frac{I_D}{I_{DSS}}}$$

und

$$g_{m0}=\frac{2I_{DSS}}{U_{GS(OFF)}}$$

wird

$$S=6{,}66\frac{mA}{V}\sqrt{\frac{I_D}{I_{DSS}}}=6{,}66\frac{mA}{V}\sqrt{\frac{0{,}6\,mA}{10\,mA}}=1{,}63\,mA\,.$$

Die Spannungsverstärkung ist dann gegeben mit

$$A_V = -S \cdot R_L = -1{,}63\ mA/V \cdot 9{,}09\ k\Omega = -14{,}8.$$

Die Verstärkung wurde von LTspice mit -16,5 ausgerechnet, was annähernd dem theoretischen Wert entspricht, unter der Annahme, dass die Transistorparameter eine hohe Streuung besitzen.

6.8 MOSFET Ausgangskennlinienfeld

In diesem Beispiel werden wir das Ausgangskennlinienfeld eines N-Kanal MOSFETs darstellen. Abbildung 6.21 zeigt die Schaltung.

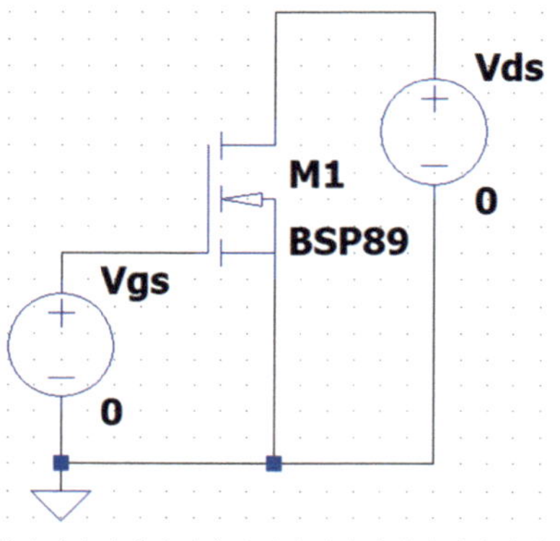

Abbildung 6.21: Schaltung zur Darstellung der Ausgangskennlinie eines MOSFETs

Schaltplaneingabe

- Klicken Sie auf **Component** → **nmos** und wählen Sie den MOSFET Transistor vom Typ BSP89.

- Zeichnen Sie die Schaltung wie in Abbildung 6.21. Fügen Sie zwei Gleichspannungsquellen ein. Beschriften Sie die am Gate des Transistors mit **Vgs** und die andere mit **Vds**.

- Mit einem Rechtsklick auf die Spannungsquellen setzen Sie beide auf 0 V, so dass LTspice glücklich ist.

Simulation

- Klicken Sie auf **Run/Pause** und wählen Sie **DC sweep**.

- Wählen Sie 1st Source und geben Sie Folgendes ein:

Name of 1st Source to sweep:	Vgs
Type of sweep:	Linear
Start value:	0
Stop value:	20
Increment:	0,1

Das befiehlt LTspice Vgs von 0 V bis 20 V in 0,1 V Schritten zu durchlaufen.

- Wählen Sie 2nd Source und geben Sie Folgendes ein:

Name of 2nd Source to sweep:	Vds
Type of sweep:	Linear
Start value:	1
Stop value:	5
Increment:	1

Das sagt LTspice Vds von 1 V bis 5 V in 1 V Schritten zu durchlaufen.

- Positionieren Sie die Stromzange auf Vds. Sie sollten das Ausgangskennlinienfeld sehen. Auf Grund der vorgegebenen Stromrichtung von LTspice, müssen Sie das Diagramm umdrehen. Klicken Sie mit der rechten Maustaste auf den Diagrammtitel I(Vds) und fügen Sie im **Expression Editor** ein Minuszeichen vor I(Vds) ein. Beschriften Sie die x- und y-Achsen und die Spannung Vds wie in Abbildung 6.22 dargestellt (es ist nur ein Teil des Diagramms abgebildet).

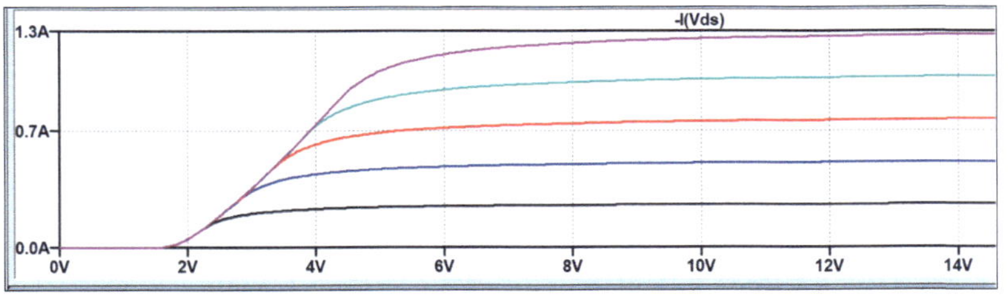

Abbildung 6.22 I-U Kennlinien des MOSFET

Kapitel 7 • Thyristoren, Diacs und Triacs – Import eines SPICE-Modells

7.1 Übersicht

In diesem Kapitel werden wir mit Leistungsbauelementen wie Diacs und Triacs arbeiten. LTspice besitzt keine SPICE-Modelle für Diacs und Triacs. In diesem Kapitel werden Sie lernen wie man verfügbare Modelle von den Internetseiten der Hersteller für diese Bauteile verwendet.

7.2 Thyristoren, Diacs und Triacs

Thyristor: Ein Thyristor ist ein Halbleiterbauteil mit drei Anschlüssen und wird in Anwendungen für die Leistungssteuerung verwendet. Anders als die Diode, die nur einen PN-Übergang besitzt oder ein Transistor, der zwei PN-Übergänge besitzt (N-P-N oder P-N-P), besitzt ein Thyristor drei PN-Übergänge (P-N-P-N). Die Anschlüsse werden Anode, Kathode und Gate bezeichnet. Der Thyristor kann den Strom nur in eine Richtung leiten. Wenn das Gatesignal eingeschaltet (bzw. der Thyristor gezündet) wird, verhält sich dieser wie eine Gleichrichterdiode und leitet den Strom in Vorwärtsrichtung von der Anode zur Kathode. Solange der Thyristor im EIN-Zustand ist und Strom leitet, kann er nur wieder AUSgeschaltet werden, indem man entweder die Spannungsquelle entfernt (z.B. mit einem Schalter) oder den Strom soweit reduziert, dass er unter dem **minimalen Haltestrom** (IH) liegt. Da der Thyristor ausschaltet, wenn man den Anodenstrom reduziert, wird er bei einer Wechselspannung in den Nulldurchgängen auch ausschalten. Er wird solange AUS bleiben, bis er wieder am Gate eingeschaltet wird.

Diac: Ein Diac (Ein Kunstwort aus „**Di**ode für **AC**“) ist eine Diode, die den Strom in beide Richtungen leitet, allerdings erst, wenn ihre Durchbruchspannung erreicht ist. Mit dem Erreichen der Durchbruchspannung steigt der Strom rapide an und die Spannungsabfall sinkt. Wie ein Thyristor verweilt der Diac im Leitzustand, bis der Strom durch ihn unter den Haltestrom fällt. Wenn dies geschieht, kehrt der Diac zu seinem Sperrzustand zurück. Diacs werden zusammen mit Triacs in der Leistungselektronik verwendet um die Phasenlage der Spannung über eine Last zu steuern.

Triac: Ein Triac (Ein Kunstwort aus „**Tri**ode für **AC**“) ist eine Art bidirektionaler Thyristor, der eine Wechselspannung steuern kann. Ein Triac hat wie ein Thyristor drei Anschlüsse namens HT1 (bzw. MT1 oder Anode 1, A1), HT2 (bzw. MT2 oder Anode 2, A1) und das Gate, welches als Steuereingang dient.

Der Triac kann auf vier verschiedene Arten leitend sein. Er kann Strom unabhängig von der Polarität der Spannung an den Anschlüssen A1 und A2 leiten. Ebenso kann er sowohl durch positive als auch negative Gateströme gezündet werden, unabhängig von der Polarität des Stroms durch A2. Die Steuerarten sind:

- **Quadrant I:** A2 ist positiv in Bezug auf A1; der Gatestrom ist positiv
- **Quadrant II:** A2 ist positiv in Bezug auf A1; der Gatestrom ist negativ

- **Quadrant III:** A2 ist negativ in Bezug auf A1; der Gatestrom ist positiv
- **Quadrant IV:** A2 ist negativ in Bezug auf A1; der Gatestrom ist negativ

Die Steuerempfindlichkeit eines Triacs ist am größten, wenn die Ströme durch A2 und das Gate in die selbe Richtung fließen. Auf Grund des unterschiedlichen inneren Aufbaus der beiden Triachälften, können durch eine Asymmetrie Probleme auftreten. Diesen kann begegnet werden, indem man ein Diac in Serie mit dem Gate verwendet. Der Diac hilft dabei, das Schaltverhalten für beide Halbwellen anzugleichen und zu präzisieren. Mit dem Diac zünden die beiden Hälften des Triacs an der gleichen Stelle der Sinuskurve.

7.2.1 Triac-Diac Phasenanschnittsteuerung

In diesem Beispiel werden wir die Funktionsweise eines Diacs und eines Triacs bei der Steuerung einer Wechselspannung an einer Last simulieren.

Die Schaltung

Abbildung 7.1 zeigt die Schaltung. Eine Wechselspannungsquelle wird in einer Diac-Triac-Schaltung verwendet um die Spannung über der Last (oder den Strom durch die Last) zu steuern.

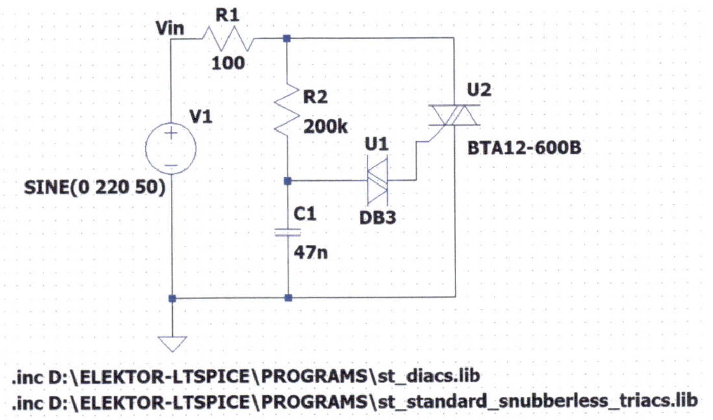

Abbildung 7.1: Diac-Triac–Phasenanschnittsteuerung

- Zeichnen Sie die Schaltung wie in Abbildung 7.1.
- Geben Sie die Werte der beiden Widerstände ein. R1 ist der Lastwiderstand mit 100 Ω; R2 steuert die Phase der Wechselspannung über der Last. Durch Verändern des Werts von R2 können wir die Spannung (oder den Strom), der an die Last gegeben wird, variieren. Der Kondensator C1 lädt sich über R2 auf und zündet den Diac, wenn dessen Durchbruchspannung erreicht ist. Das führt dazu, dass der Triac leitfähig wird. Dies geschieht sowohl bei einer positiven als auch bei einer negativen Halbwelle der Wechselspannung am Eingang.

- Konfigurieren Sie die Spannungsquelle mit SINE und einer Amplitude von 220 V und einer Frequenz von 50 Hz.

- Platzieren Sie den Diac und den Triac indem Sie auf **Component** und dann auf **Misc** klicken.

Die Modelle für den Diac und den Triac
Wenn Sie auf den Diac oder den Triac rechtsklicken, werden Sie feststellen, dass für diese Bauteile keine SPICE-Modelle hinterlegt sind. In diesem Abschnitt werden Sie lernen wie man ein SPICE-Modell von einer Herstellerseite (oder sonst woher) einbindet. Die Schritte sind:

- Viele Bauteilhersteller bieten auf ihren Internetseiten SPICE-Modelle von Ihren Bauteilen an. In diesem Beispiel werden wir die Modelle eines Diacs und eines Triacs von STMicroelectronics verwenden. Es ist gleichgültig, welche wir für diese Übung verwenden.

- Gehen Sie auf folgende Internetseite:

  www.st.com/en/thyristors-scr-and-ac-switches.html#cad-resources

- Sie werden die Seite auf Abbildung 7.2 sehen (es ist nur ein Ausschnitt der Seite dargestellt).

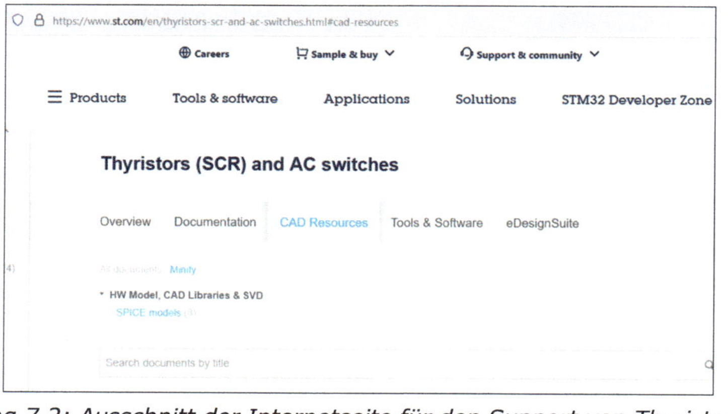

Abbildung 7.2: Ausschnitt der Internetseite für den Support von Thyristoren und ähnlichen Produkten von STMicroelectronics (als das Buch geschrieben wurde)

- Scrollen Sie auf der Seite nach unten und klicken Sie auf die folgenden Links um die Modelle für den Diac und den Triac herunterzuladen (Sie müssen vielleicht auf **View All** klicken um alle verfügbaren Teile zu sehen):

  Diacs Pspice model (.lib) and symbols (.olb)
  Standard and Snubberless™ Triacs Pspice model (.lib) and symbols (.olb)

- Die beiden .zip-Dateien werden auf Ihren Computer geladen.

  diacs_pspice.zip
  standard_snubberless_triacs_pspice.zip

- Entpacken Sie diese Dateien und kopieren Sie die folgenden .lib-Dateien in Ihren Arbeitsordner (oder einen anderen Ordner, den Sie möchten).

  st_diacs.lib[3]
  st_standard_snubberless_triacs.lib

- Wir haben jetzt die Bibliotheken der Diac- und Triac-Modelle von STMicroelectronics. Als nächstes müssen wir einen Diac und einen Triac aus der Bibliothek auswählen und diese mit unserem leeren Modell in unserer Schaltung verknüpfen.

- Öffnen Sie die Datei **st_diacs.lib** mit einem Texteditor (z.B. Notebook). Scrollen Sie runter oder suchen Sie nach dem Diac-Modell **DB3**. Kopieren Sie den Namen des Modells (z.B. DB3) und schließen Sie die Datei. Gehen Sie in Ihre Schaltung, klicken mit der rechten Maustaste auf das Diac-Symbol und fügen den Name des Modells in das Feld *Value* ein (Abbildung 7.3). Sie sehen, dass der Name des Modells **DB3** neben Ihrem Diac in der Schaltung erscheint.

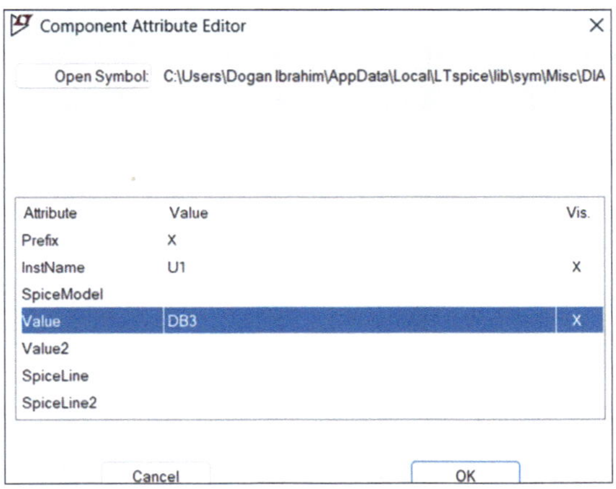

Abbildung 7.3: Einstellungen für das DB3-Modell des Diac-Symbols

- Nun zum Triac: Öffnen Sie die **Datei st_standard_snubberless_triacs.lib** und scrollen Sie runter oder suchen Sie nach **BTA12-600B**, was der Name des Modells ist, den wir verwenden möchten. Kopieren Sie den Modellnamen (BTA12-600B) und schließen Sie die Datei. Gehen Sie in Ihren Schaltplan, klicken Sie mit der rechten Maustaste auf das Triac-Symbol und fügen Sie den

3 In der SPICE-Bibliothek st_diacs.lib für den Diac von STMicroelectronics ist in Zeile 79 ein Fehler, die geschweifte Klammer sitzt falsch:
R_R1 N02098 TRG 1.462*{Tr} muss in
R_R1 N02098 TRG {1.462*Tr} geändert werden.

Modellnamen in das Feld neben dem Attribut Value (Abbildung 7.4) ein. Sie sehen nun den Modellnamen BTA12-600B in Ihrem Schaltplan neben dem Triac-Symbol.

- Klicken Sie auf **SPICE Directive** und geben Sie die folgenden Textzeilen ein um die Modelle in Ihre Simulation einzubinden. Die angegebenen Textzeilen gelten für den Fall, dass die Modellbibliotheken im Ordner **D:\ELEKTOR-Ltspice\PROGRAMS** gespeichert sind. Tauschen Sie den Ordnernamen gegen den Ordnernamen aus, in dem Sie die Dateien gespeichert haben:

```
.inc D:\ELEKTOR-Ltspice\PROGRAMS\st_diacs.lib
.inc D:\ELEKTOR-Ltspice\PROGRAMS\st_standard_snummberless_triacs.lib
```

- Sie sollten die Zeilen mit den eingegebenen Direktiven in Ihrem Schaltplan sehen. Positionieren Sie diese unter Ihre Schaltung.

- Wir sind nun startklar für unsere Simulation.

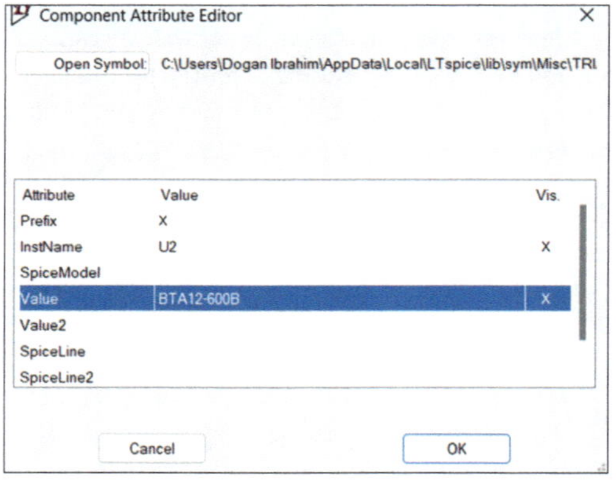

Abbildung 7.4: Eingabe für das BTA12-600B-Modell des Triacs

Simulation:

- Klicken Sie **Run/Pause** und wählen Sie **Transient**. Setzen Sie die **Stop time** auf 100m.

- Gehen Sie mit dem Spannungsprüfer auf Vin um die Kurve für die Eingangsspannung zu zeichnen.

- Gehen Sie mit der Stromzange auf den Lastwiderstand um den Strom durch die Last anzuzeigen. Beachten Sie, dass der Strom negativ ist. Klicken Sie mit der rechten Maustaste auf den Diagrammtitel I(R1) und setzen Sie im Expression Editor ein Minuszeichen vor I(R1). Sie sollten nun den Laststrom korrekt dargestellt sehen.

- Abbildung 7.5 zeigt die Eingangsspannung und den Laststrom im selben Diagramm.

- Wenn Sie den Wert von R1 ändern, dann verschieben Sie mit der Eingangsspannung den Triggerpunkt und damit auch den Strom durch die Last.

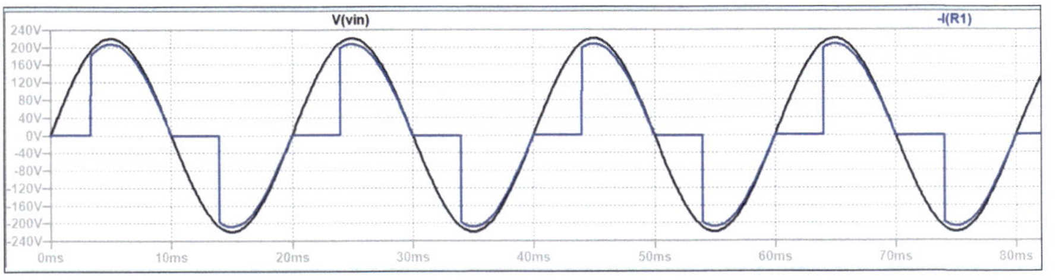

Abbildung 7.5: Eingangsspannung und Laststrom

7.3 Einfügen eines Potentiometers – Verwendung eines Potentiometermodells

In Abbildung 7.1 verändert sich mit dem Wert des Widerstands R2 die Spannung an der Last. In der Realität wird allerdings ein Potentiometer verwendet um die Lastspannung zu verändern. In diesem Abschnitt werden wir ein Potentiometermodell in unsere Triacschaltung einfügen.

Das Potentiometermodell

Das Potentiometermodell in diesem Abschnitt wurde im Internet von **ElectroBrandon** veröffentlicht. Die Schritte um ein Potentiometermodell in unsere Bauteilliste einzufügen sind Folgende:

- Starten Sie LTspice und erstellen Sie einen neuen Schaltplan. Klicken Sie auf Component und merken Sie sich den Namen des Hauptverzeichnis am oberen Rand des Auswahlfensters mit den Bauteilen. Unter der Annahme, dass Sie LTspice standardmäßig auf Laufwerk C: installiert haben, sollte die Zeile etwa so aussehen:

  C:\Users\Benutzername\AppData\Local\LTspice\lib\sym

  Möglicherweise müssen Sie das Anzeigen von versteckten Dateien in Ihrem Explorerfenster aktivieren.

- Gehen Sie auf die folgende Seite um die vollständige Beschreibung zu sehen:

  https://www.electroninjection.com/?s=potentio/

- Klicken Sie auf den folgenden Link um zu dem Repository auf GitHub zu gelangen:

  https://github.com/brandondrury/LTspice-Libraries

- Öffnen Sie den Ordner **Pot** und kopieren Sie die Datei **pot.asy** nach **C:\Users\Benutzername\AppData\Local\LTspice\lib\sim**.

- Kopieren Sie auch die Datei pot.sub nach C:\Users\Benutzername\AppData\Local\LTspice\lib\sub

- Sie können nun das Potentiometermodell in Ihren Simulationen verwenden, indem Sie auf die Menüoption Component klicken. Fügen Sie die **SPICE Directive .inc pot.sub** in Ihren Schaltplan ein.

- Wenn Sie an den Modelldetails interessiert sind, können Sie sich den Inhalt der Dateien **pot.asy** und **pot.sub** ansehen.

Beachten Sie, dass das Potentiometer einen Schleifer mit einer Skalierung von 0 bis 1 hat, wobei 1 = 100% und 0,5 = 50% entspricht. Sie können den Wert nicht auf 0 Ω setzen. Das bedeutet, dass die Grenzen des Potentiometers bei 0.001 und 0.999 liegen.

Die Schaltung

Abbildung 7.6 zeigt die Schaltung, in der R2 durch das Potentiometer ersetzt wurde. Alles andere ist wie in Abbildung 7.2 geblieben.

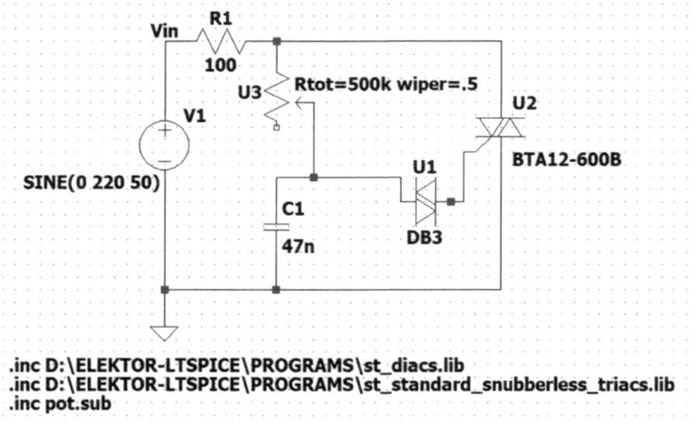

Abbildung 7.6: Mit einem Potentiometer erweiterte Schaltung aus Abbildung 7.1

- Klicken Sie auf **Component** und klicken Sie dann auf **pot** um das Potentiometer einzufügen. Setzen Sie Wert des Potentiometers auf 500 kΩ und den Wert für den Schleifer auf 0.5, so dass der eigentliche Widerstand bei 250 kΩ liegt (Abbildung 7.7).

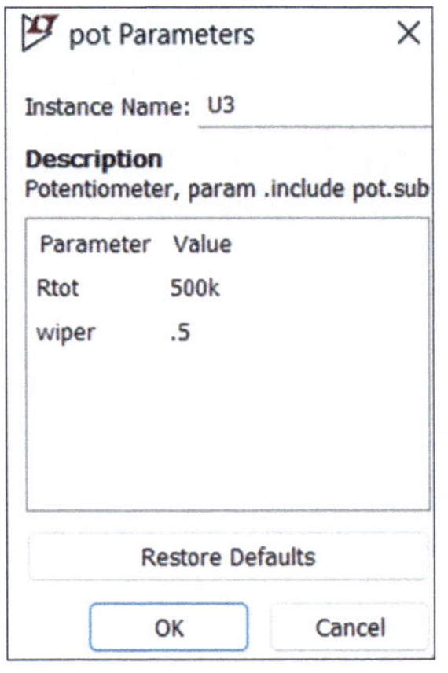

Abbildung 7.7: Einstellungen für das Potentiometer

Simulation

- Klicken Sie Run/Pause und wählen Sie Transient. Setzen Sie die Stop time auf 100m.
- Setzen Sie den Spannungsprüfer auf den Eingang Vin um die Kurve der Eingangsspannung darzustellen.
- Setzen Sie die Stromzange auf den Lastwiderstand um den Strom durch die Last darzustellen. Beachten Sie, dass der Laststrom negativ ist. Drehen Sie den Widerstand R1 mit Move (M) und zweimal Rotate (Strg+R) um und starten Sie die Simulation erneut. Sie sollten nun den Laststrom richtig dargestellt sehen.
- Abbildung 7.8 zeigt die Eingangsspannung und den Laststrom im selben Diagramm mit dem Potentiometerschleifer auf 0,5. Nun erhöhen Sie den Wert des Schleifers auf 0,7. Das neue Diagramm ist in Abbildung 7.9 dargestellt.

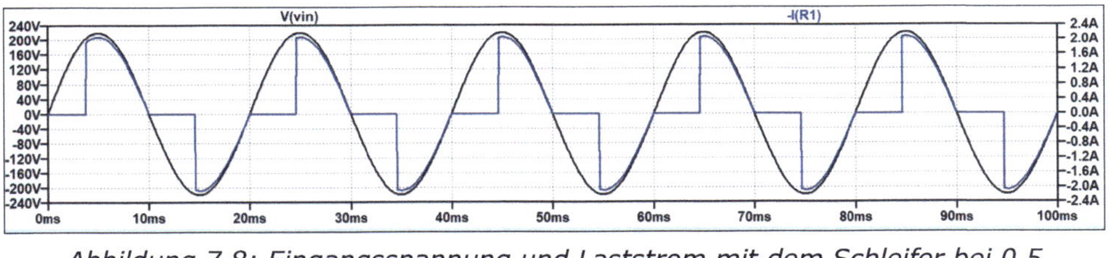

Abbildung 7.8: Eingangsspannung und Laststrom mit dem Schleifer bei 0,5

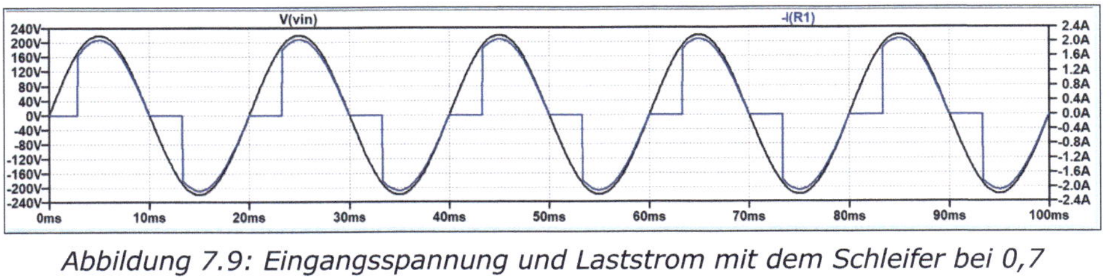

Abbildung 7.9: Eingangsspannung und Laststrom mit dem Schleifer bei 0,7

Kapitel 8 • Oszillatoren

8.1 Übersicht

Ein Oszillator ist eine elektronische Schaltung oder Bauteil, das ohne externe Ansteuerung periodische Signale oder Spannungen erzeugt. Typische Signalformen sind Sinus, Rechteck, Dreieck, Sägezahn usw. Oszillatoren werden häufig in elektronischen Systemen verwendet. In diesem Kapitel werden wir sowohl transistor- als auch operationsverstärkerbasierte Oszillatoren entwerfen und simulieren. Zusätzlich werden wir zeigen wie man den bekannten 555 Timerbaustein verwendet und simuliert.

In seiner einfachsten Struktur besitzt ein Oszillator einen Verstärker und ein Rückkoppelnetzwerk (Abbildung 8.1). Zwei Bedingungen müssen in Abbildung 8.1 erfüllt sein, damit die Schaltung zu schwingen beginnt:

- Die Schleifenverstärkung ($K \cdot V$) muss etwas größer als eins sein.
- Die gesamte Phasenverschiebung über den gesamten Rückkopplungskreis muss 0° bzw. $n \cdot 360°$ betragen.

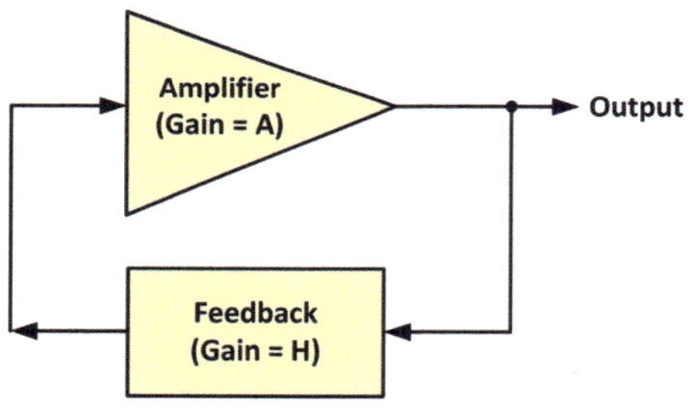

Abbildung 8.1: Prinzipschaltung eines Oszillators

8.2 Sinusförmiger Oszillator mit Transistor

Zur Erzeugung von Sinusschwingungen gibt es viele Arten von Oszillatoren auf Transistorbasis. Wir sehen uns hier den Entwurf und die Simulation von zwei bekannten Oszillatoren an: Den Colpitts-Oszillator und den Hartley-Oszillator.

8.2.1 Colpitts-Oszillator

Dies ist ein sehr bekannter Oszillator, der hauptsächlich in Hochfrequenz-Funkanwendungen verwendet wird. Der Colpitts-Oszillator verwendet einen kapazitiven Spannungsteiler in seinem Rückkopplungszweig. Abbildung 8.2 zeigt die Schaltung eines Colpitts-Oszillator mit einem Bipolartransistor.

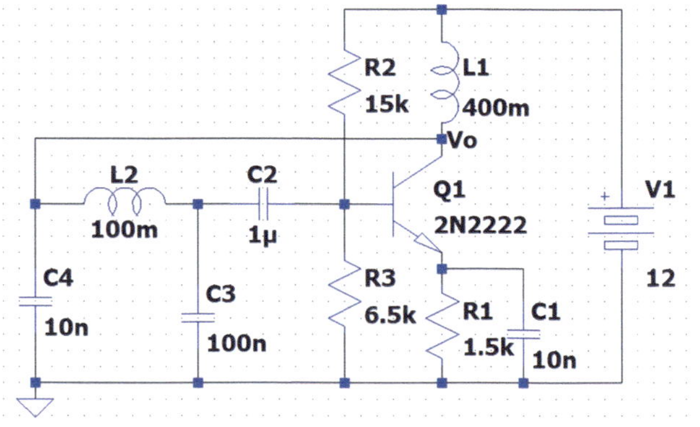

Abbildung 8.2: Colpitts-Oszillator

Entwurf

Die Frequenz wird mit der Dreipunktschaltung, bestehend aus den beiden Kondensatoren C3 und C4 und der Spule L, eingestellt. Die Oszillatorfrequenz ergibt sich aus:

$$f=\frac{1}{2\pi\sqrt{LC_T}},$$

wobei *f* die Frequenz in Hz, L die Induktivität in H und CT der kombinierte Wert aus C1 und C2 in Farad, d.h.

$$C_T=\frac{C1\cdot C2}{C1+C2}$$

ist. Der Grad der Rückkopplung ergibt sich aus den Werten von C1 und C2 und ist gegeben mit

$$Rückkoppelfaktor K=\frac{C1}{C2}$$

Lassen Sie uns den Colpitts-Oszillator aus Abbildung 8.2 simulieren. Aus der Theorie erwarten wir für die Frequenz

$$f=\frac{1}{2\pi\sqrt{100\cdot10^{-3}H\cdot9{,}09\cdot10^{-9}F}}=5{,}276\,Hz$$

was 189 µs entspricht.

$$K=\frac{10\,nF}{100\,nF}=0{,}1$$

Schaltplaneingabe

- Zeichnen Sie die Schaltung wie in Abbildung 8.2.
- Verwenden Sie einen NPN Transistor vom Typ 2N2222.
- Verwenden Sie eine 12 V Batterie um die Schaltung zu versorgen.

Simulation

- Klicken Sie **Run/Pause**, wählen Sie **Transient** und geben Sie bei **Stop time** 10m ein.
- Klicken Sie mit dem Spannungsprüfer auf Vo.
- Die Ausgangsspannung wird wie in Abbildung 8.3 dargestellt. In dieser Abbildung wurde die x-Achse so geändert, dass sie bei 5 ms beginnt, weil die Ausgangsspannung bis zu dieser Zeit bei 0 V lag.
- Positionieren Sie den Mauszeiger auf einem Maximum der Kurve. Während Sie die Maustaste gedrückt halten, bewegen Sie den Zeiger zum nächsten Maximum. Sie sollten die Frequenz am unteren Bildrand mit 5,3 kHz angezeigt bekommen.

8.2.2 Hartley-Oszillator

Der Hartley-Oszillator ist ein weiterer bekannter Oszillator für hohe Frequenzen. Die Oszillatorfrequenz wird durch zwei Spulen und einen Kondensator eingestellt.

Die Theorie

Die Frequenz ist gegeben durch:

$$f=\frac{1}{2\pi\sqrt{C\,L_T}},$$

wobei f die Oszillatorfrequenz in Hz, C die Kapazität in F und LT die kombinierte Induktivität in H ist. LT ist gegeben durch:

$$L_T = L1 + L2.$$

Wenn die beiden Induktivitäten durch eine Gegeninduktivität gekoppelt werden, muss der Term 2M zu LT hinzugefügt werden.

Der Rückkoppelfaktor K ist beim Hartley-Oszillator gegeben durch:

$$K=\frac{L1}{L2}.$$

Für die Anschwingbedingung gilt | K · V | ≥ 1, wobei V die Verstärkung ist. Lassen Sie uns für dieses Beispiel die Oszillatorfrequenz mit 102 kHz, den Kondensator mit C = 2 nF und die Spule L1 = 1 mH festlegen. Aus der Gleichung für die Frequenz ergibt sich für L2 = 200 µH.

Die Schaltung

Abbildung 8.4 zeigt die Schaltung eines Hartley-Oszillators.

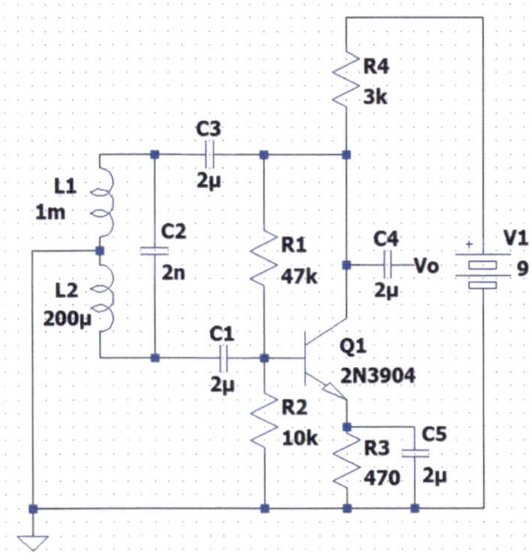

Abbildung 8.4: Hartley-Oszillator

Simulation

- Klicken Sie auf **Run/Pause** und wählen Sie **Transient** und geben Sie für die **Stop time** 500u ein.

- Klicken Sie mit dem Spannungsprüfer auf Vo um die Ausgangsspannung darzustellen, die in Abbildung 8.5 gezeigt ist

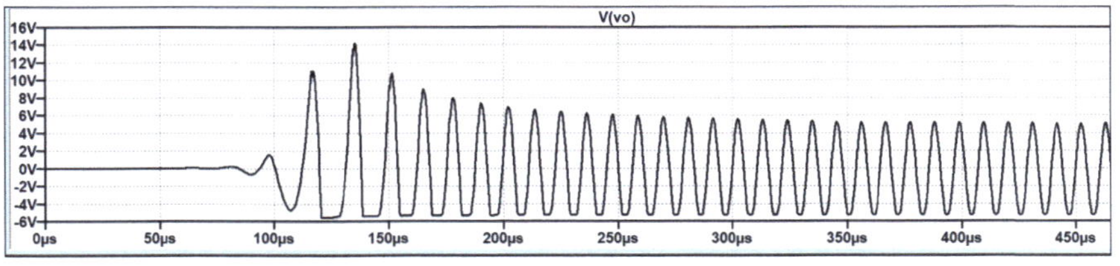

Abbildung 8.5: Ausgangsspannung des Hartley-Oszillators

8.3 Sinusförmige Oszillatoren mit Operationsverstärkern

In diesem Abschnitt werden wir uns den Entwurf und die Simulation einiger häufig verwendeten Operationsverstärkerschaltungen ansehen, die für Sinusgeneratoren verwendet werden:

- Phasenschieberoszillator
- Wien-Brücken-Oszillator
- Colpitts-Oszillator
- Hartley-Oszillator

8.3.1 Phasenschieberoszillator

Abbildung 8.6 zeigt die Schaltung dieses Oszillators. Dieser Oszillator ist leicht zu entwerfen und besteht nur aus Widerständen und Kondensatoren. Jedes RC-Netzwerk in der Schaltung bringt eine Phasendrehung von 60° mit sich. Mit drei dieser Netzwerke ergibt die gesamte Phasenverschiebung 180°. Zusätzlich bringt der Operationsverstärker eine weitere Phasenverschiebung von 180° mit ,wodurch sich insgesamt mit der Rückkopplung eine Phasenverschiebung von 360° (oder 0°) ergibt, womit die erste Schwingbedingung erfüllt ist. Die Kreisverstärkung wird so gewählt, dass die Gesamtverstärkung 1 ergibt, womit die zweite Schwingbedingung erfüllt ist.

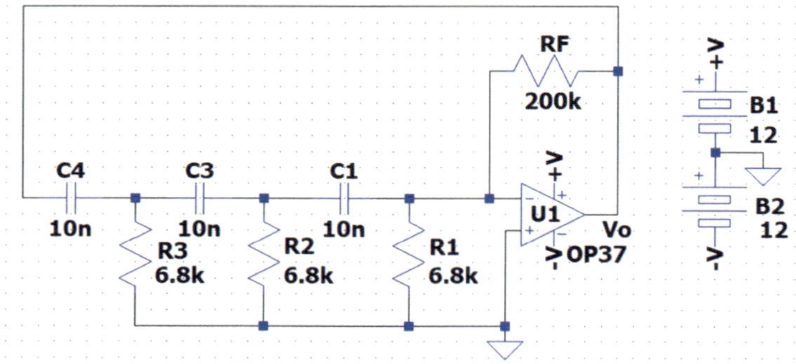

Abbildung 8.6: Phasenschieberoszillator

Entwurf

Wir nehmen an, dass die Widerstände und die Kondensatoren die gleichen Werte besitzen, d.h R1 = R2 = R3 =R und C1 = C2 = C3 = C. Die Spannungsverstärkung des Verstärkers muss größer oder gleich 29[4] sein, d.h.

$$V=\frac{RF}{R}\geq 29$$

Die Oszillatorfrequenz ist gegeben durch:

$$f=\frac{1}{2\pi RC\sqrt{6}}$$

In diesem Beispiel ist die vorgegebene Frequenz 1 kHz. Wählen wir C = 10 nF, dann finden wir für den benötigten Wert von R:

4 Siehe z.B. https://de.wikipedia.org/wiki/Oszillatorschaltung

$$R = \frac{1}{2\pi f C \sqrt{6}} = \frac{1}{2\pi \cdot 1 \cdot 10^3 Hz \cdot 10 \cdot 10^{-9} F \sqrt{6}},$$

was R = 6497 Ω ergibt. Wir werden R = 6800 Ω (6,8 kΩ) wählen, da dies der nächste Standardwert ist.

Die Anforderung, dass die Verstärkung mindestens 29 betragen muss, ergibt RF = 29 · 6800 Ω = 197,2 kΩ. Wir werden 200 kΩ verwenden.

Schaltplaneingabe

- Zeichnen Sie die Schaltung wie in Abbildung 8.6 und geben Sie die Werte für die Widerstände und Kondensatoren ein.
- Wählen Sie das Operationsverstärkermodell **OP37**.
- Die Batterien (Spannungsversorgung) können über Label mit dem IC verbunden werden. Das ermöglicht, dass diese irgendwo auf der Seite platziert werden können um den Schaltplan besser lesen zu können.

Simulation

- Klicken Sie **Run/Pause** und wählen Sie **Transient**. Setzen Sie die **Stop time** auf 60m.
- Es kann eine Weile dauern, bis die Ausgangsspannung angezeigt wird. Abbildung 8.7 zeigt die Ausgangsspannung des Oszillators. Beachten Sie, dass die Schwingung sich erst nach etwa 45 ms aufbaut. Der Anfang der x-Achse wurde auf 40 ms gesetzt.

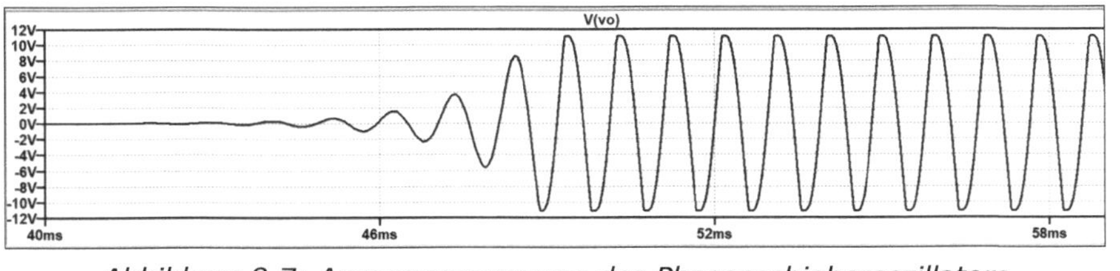

Abbildung 8.7: Ausgangsspannung des Phasenschieberoszillators

- Klicken Sie auf ein Maximum in der Kurve, halten Sie Maustaste gedrückt und bewegen Sie den Mauszeiger auf das nächste Maximum. Sie sollten die Frequenz am unteren Bildrand mit 1,008 kHz angezeigt bekommen, was sehr nah an der Frequenz von 1 kHz im Entwurf liegt.

Begrenzung der Ausgangsspannung

In Oszillatorschaltungen kann es notwendig sein, die Amplitude der Ausgangsspannung zu regeln, da sie in die Begrenzung fahren und beschnitten werden kann. In der Praxis werden verschiedene Techniken eingesetzt um die Amplitude zu regeln wie automatische

Verstärkungsregelung (Automatic Gain Control, AGC), Dioden oder nichtlineare Widerstände wie z.B. Glühlampen usw. Hier wird ein Beispiel gezeigt, welches die Amplitude der Ausgangsspannung am Oszillator begrenzt. Abbildung 8.8 zeigt die Schaltung, in der die Spitzenspannung am Ausgang auf 5 V begrenzt wird.

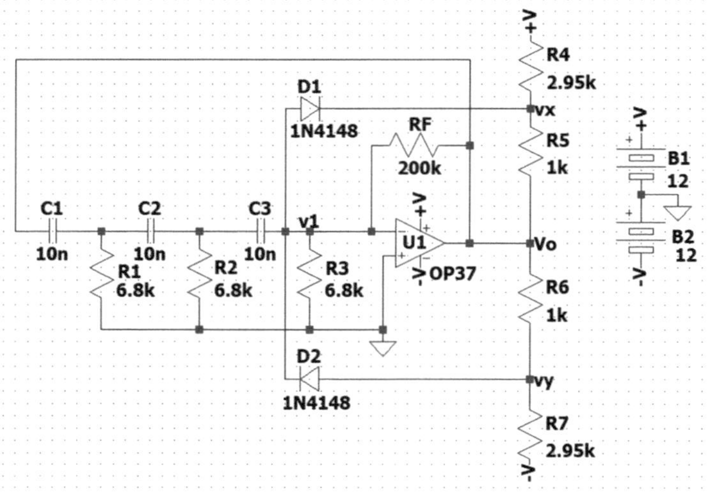

Abbildung 8.8: Begrenzung der Ausgangsspannung auf 5 V

Zusammen mit den Widerständen R4, R5, R6 und R7 werden zwei Dioden verwendet.

An der Stelle vy beträgt die Spannung vy = 0,7 V + v1, wobei die 0,7 V von der Vorwärtsspannung der Diode stammen und v1 die Spannung der virtuellen Masse des Operationsverstärkers ist. Die Spannung an vy ist die Summe der Spannungen aufgrund von Vo und der negativen Versorgungsspannung -V. Wir können also schreiben:

$$0{,}7\,V + V_1 = \frac{V_{o(max)} \cdot R7 - V \cdot R6}{R6 + R7}.$$

Die maximal erlaubte Spannung am Ausgang beträgt 5 V und die virtuelle Masse liegt bei 0 V. Demnach kann die Gleichung umgeschrieben werden:

$$0{,}7\,V = \frac{5V \cdot R7 - 12V \cdot R6}{R6 + R7}.$$

Mit R6 = 1 kΩ erhalten wir:

$$0{,}7\,V = \frac{5V \cdot R7 - 12V \cdot 1k\Omega}{1k\Omega + R7},$$

woraus wir für R7 = 2,95 kΩ erhalten.

Entsprechend erhalten wir für den oberen Teil der Schaltung:

$$-0{,}7\,V + V_1 = \frac{V_{o(min)} \cdot R4 + V \cdot R5}{R4 + R5}.$$

Die minimal erlaubte Spannung am Ausgang beträgt -5 V und die virtuelle Masse liegt bei 0 V. Mit R5 = 1 kΩ kann die Gleichung oben geschrieben werden als:

$$-0{,}7\,V = \frac{-5\,V \cdot R4 + 12\,V \cdot 1\,k\Omega}{1\,k\Omega + R4},$$

was für R4 = 2,95 kΩ ergibt.

Zusammenfassend ergibt R5 = R6 = 1 kΩ und R4 = R7 = 2,95 kΩ.

Abbildung 8.9 zeigt die Ausgangsspannung, die wie gefordert auf 5 V Spitzenspannung begrenzt ist.

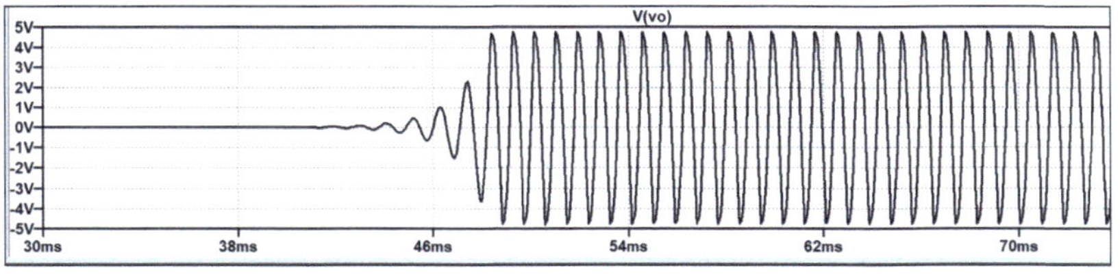

Abbildung 8.9: Ausgangsspannung auf 5 V begrenzt

8.3.2 Wien-Brücken-Oszillator

Der Wien-Brücken-Oszillator besitzt ein zweistufiges RC-Koppelnetzwerk, eine gute Stabilität und eine geringe Verzerrung bei seiner Resonanzfrequenz. Dieser Oszillator wird vielfach bei Audioanwendungen als Oszillator verwendet. Der Rückkoppelzweig besteht aus einer Serien-RC-Schaltung mit einer parallelen RC-Schaltung, was insgesamt eine Phasendrehung von 0° ergibt. Weil der Operationsverstärker nicht-invertierend verwendet wird, verbleibt die gesamte Phasenverschiebung bei 0°.

Abbildung 8.10 zeigt die Schaltung des Oszillators.

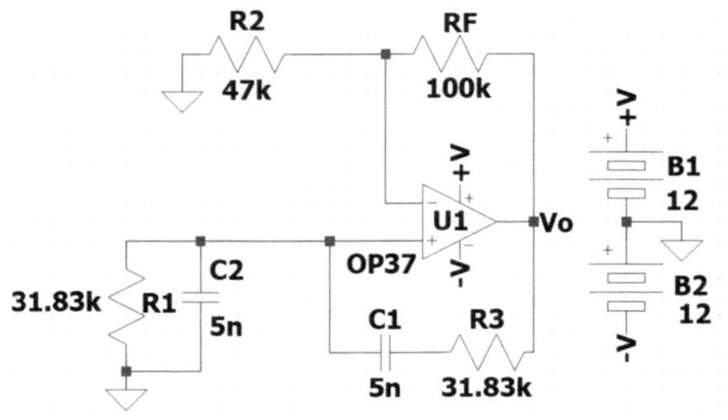

Abbildung 8.10: Wien-Brücken-Oszillator

Design

Die Schwingbedingung[5] lautet, dass die Kreisverstärkung gleich oder etwas höher als 3 sein muss, wobei die Spannungsverstärkung durch den nicht-invertierenden Teil des Operationsverstärkers gegeben ist, d.h.

$$V=1+\frac{RF}{R2}.$$

Die Schwingfrequenz des Wien-Brücken-Oszillators ist gegeben durch:

$$f=\frac{1}{2\pi RC}.$$

In diesem Beispiel liegt die gewünschte Schwingfrequenz bei 1 kHz. Wir wählen C = 5 nF und finden den benötigten Widerstand von R mit:

$$R=\frac{1}{2\pi f C}=\frac{1}{1\pi\cdot 1\cdot 10^{3} Hz\cdot 5\cdot 10^{-9} F},$$

was R = 31,83 kΩ ergibt.

Um die Bedingung für die Verstärkung zu erfüllen muss

$$1+\frac{RF}{R2}\geq 3$$

oder

$$\frac{RF}{R2}\geq 2$$

sein. Mit RF = 100 kΩ ergibt das R2 ≤ 50 kΩ, d.h. R2 = 47 kΩ.

5 Siehe z.B. https://de.wikipedia.org/wiki/Wien-Robinson-Brücke

Schaltplaneingabe

- Zeichnen Sie die Schaltung wie in Abbildung 8.10.
- Legen Sie die frequenzbestimmenden Widerstände mit 31,83 kΩ und die Kondensatoren mit 5 nF fest.
- Verwenden Sie einen Operationsverstärker vom Typ OP37.

Simulation

- Klicken Sie **Run/Pause** und wählen Sie **Transient**.
- Geben Sie für die **Stop time** 160m ein und setzen Sie einen Haken bei **Start external DC supply voltages** at 0V (Abbildung 8.11).

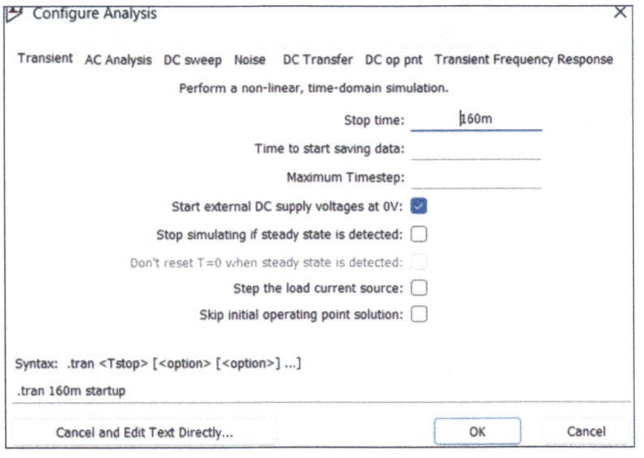

Abbildung 8.11: Einstellung der Simulation

Abbildung 8.12 zeigt die Ausgangsspannung. Klicken Sie mit der rechten Maustaste auf den unteren Teil des Diagramms und legen Sie die linke Grenze mit 125 ms und die rechte Grenze mit 160 ms sowie die Unterteilung mit 5 ms fest (Abbildung 8.13). Positionieren Sie den Mauszeiger zu einem Maximum und drücken Sie die linke Maustaste. Bewegen Sie den Mauszeiger mit gedrückter Maustaste zum nächsten Maximum. Lesen Sie die Frequenz am unteren Rand des Bildes ab, was 1,02 kHz sein sollte.

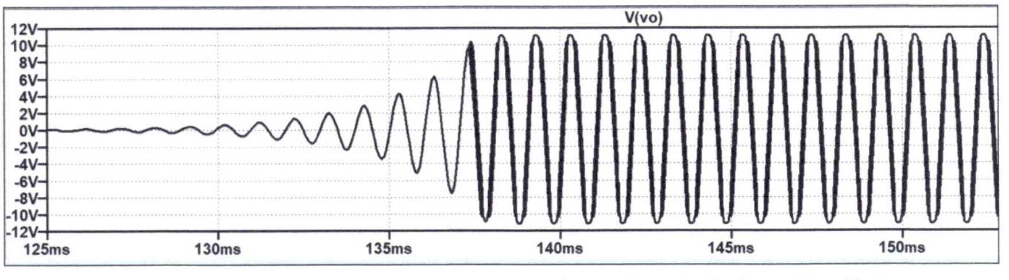

Abbildung 8.12: Ausgangsspannung des Wien-Brücken-Oszillators

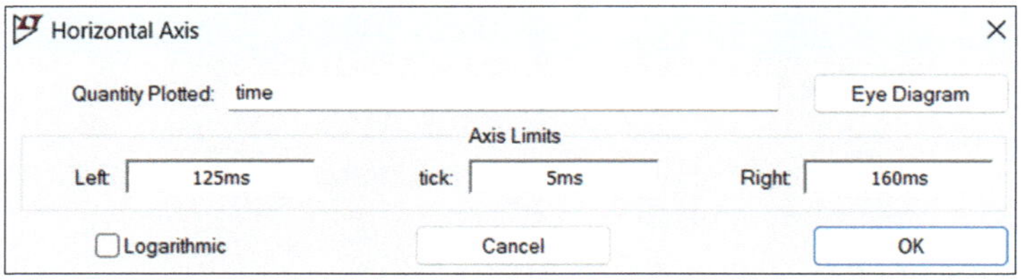

Abbildung 8.12: Ausgangsspannung des Wien-Brücken-Oszillators

8.3.3 Colpitts-Oszillator

Der Colpitts-Oszillator (siehe auch Abschnitt 8.2.1) hat zwei Kondensatoren und eine Spule in seinem Rückkoppelzweig. Der Kondensator und die Spule bilden einen Abstimmkreis, der eine Phasendrehung von 180° erzeugt. Der Operationsverstärker erzeugt eine weitere Phasendrehung von 180°, was in der Summe 360° (oder 0°) ergibt. Abbildung 8.14 zeigt die Schaltung.

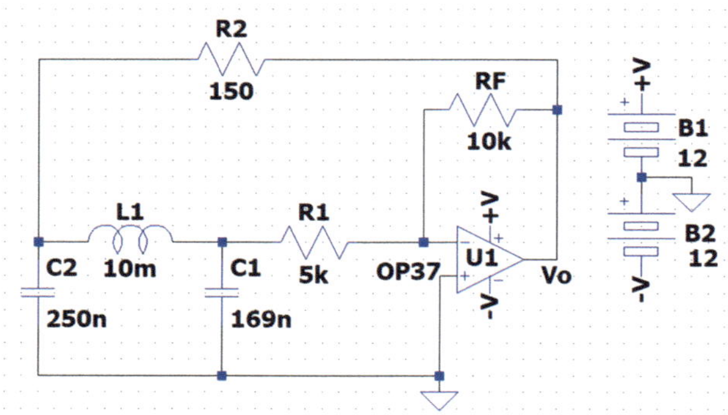

Abbildung 8.14: Colpitts-Oszillator mit Operationsverstärker

Entwurf

Die Frequenz wird durch die beiden Kondensatoren C1 und C2 sowie die Spule L eingestellt. Die Oszillatorfrequenz ist gegeben durch:

$$f = \frac{1}{2\pi\sqrt{LC_T}},$$

wobei f die Frequenz in Hz, L die Induktivität in H und CT der kombinierte Wert aus C1 und C2 in F, d.h.

$$C_T = \frac{C1 \cdot C2}{C1 + C2}$$

ist. Der Rückkoppelfaktor ist abhängig von den Werten C1 und C2. Demnach können wir durch Verändern der Werte dieser Kondensatoren den Grad der Rückkopplung einstellen. Das Verhältnis von C1 zu C2 ist der Rückkoppelfaktor K:

K = C1 : C2

Damit der Oszillator schwingt, muss K · V ≥ 1 sein, wobei V die Verstärkung ist.

Mit anderen Worten: V ≥ C2 : C1.

In diesem Beispiel soll die geforderte Frequenz bei 5 kHz liegen. Wählen wir L = 10 mH, finden wir den benötigten Wert der Kondensatorkombination mit:

$$C_T = \frac{1}{4\pi^2 f^2 L} = \frac{1}{4\pi^2 (5\cdot 10^3 Hz)^2 \cdot 10 \cdot 10^{-3} H},$$

was CT = 101 nF ergibt.

Wählen wir C2 = 250 nF, ergibt C1 = 170 nF, was den Rückkoppelfaktor K = C1 : C2 = 0,68 ergibt.

Da K · V ≥ 1, können wir die Verstärkung mit V ≥ 1 : 0,68 = 1,47 bestimmen:

$$K = \frac{RF}{R1}.$$

Wählen wir R1 = 5 kΩ, ergibt RF = 7,3 kΩ.

Schaltplaneingabe

- Zeichnen Sie die Schaltung wie in Abbildung 8.14 und geben Sie die Bauteilwerte ein.

Simulation

- Klicken Sie **Run/Pause** und wählen Sie **Transient**. Geben Sie als Endzeit 5 ms ein und setzen Sie bei **Skip initial Operating point solution** einen Haken. Abbildung 8.15 zeigt die Ausgangsspannung. Beachten Sie, dass sich der Ausgang nahe der Begrenzung befindet.

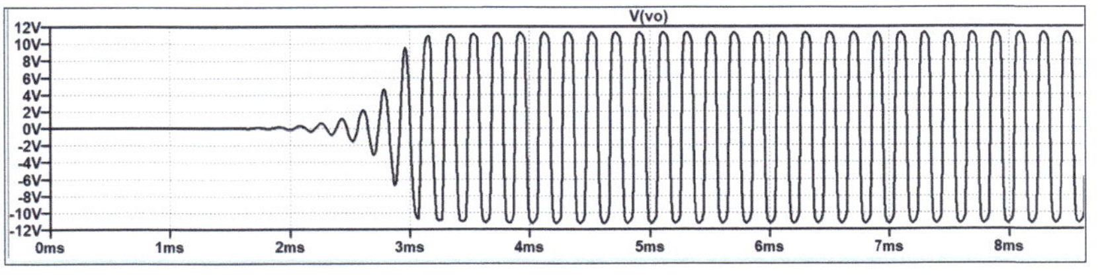

Abbildung 8.15: Ausgangsspannung des Colpitts-Oszillators

8.3.4 Hartley-Oszillator

Der Hartley-Oszillator ist einer der meistverbreiteten Oszillatorschaltungen, besonders für hohe Frequenzen, da er kleine Induktivitäten benötigt. Die Oszillatorfrequenz wird wie in Abschnitt 8.2.2 berechnet:

$$f = \frac{1}{2\pi\sqrt{C L_T}},$$

wobei f die Frequenz der Schwingung in Hz, C die Kapazität in F und LT die kombinierte Induktivität in H ist. LT ist gegeben durch:

$L_T = L1 + L2.$

Der Rückkoppelfaktor K des Hartley-Oszillators ist gegeben durch:

$$K = \frac{L1}{L2}.$$

Die Anschwingbedingung ist $| K \cdot V | \geq 1$, wobei V der Verstärkungsfaktor ist.

Lassen Sie uns in diesem Beispiel die Oszillatorfrequenz mit 1 kHz festlegen und wählen C = 1 µF sowie L1 = 12 mH. Unter Verwendung der beiden obigen Gleichungen berechnen wir L2 = 12 mH. Damit ist K = 1 und V muss mindestens eins betragen.

Schaltplaneingabe

Abbildung 8.16 zeigt die Schaltung.

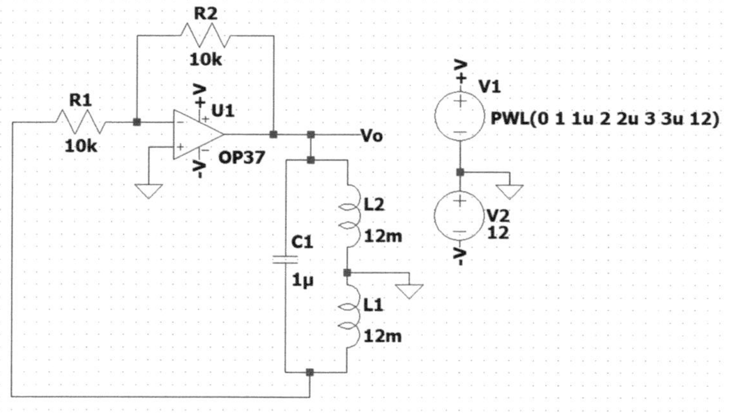

Abbildung 8.16: Hartley-Oszillator mit Operationsverstärker.

- Platzieren Sie wie zuvor einen Operationsverstärker vom Typ **OP37**. Platzieren Sie zwei Spulen und einen Kondensator für den Resonanzkreis (oder die Dreipunktschaltung) des Hartley-Oszillators.
- Legen Sie die Verstärkung des Operationsverstärkers auf 1.

- Platzieren Sie zwei Spannungsquellen. Manchmal ist die Simulation von Oszillatoren auf Grund der idealen Bauteile und Umgebungsbedingungen sowie der fehlenden Nichtlinearitäten schwierig, da sie nicht anschwingen. In diesem Beispiel setzen wir V2 auf 12 V und stellen bei V1 mit der **PWL**-Funktion (Piece Wise Linear) eine Rampe nach 12 V ein. Auf diese Weise fügen wir der Schaltung eine Störung hinzu, die den Oszillator veranlasst zu schwingen. Stellen Sie V1 auf 1 V, nach 1 µs auf 2 V und nach 3 µs auf 12 V (Abbildung 8.17).

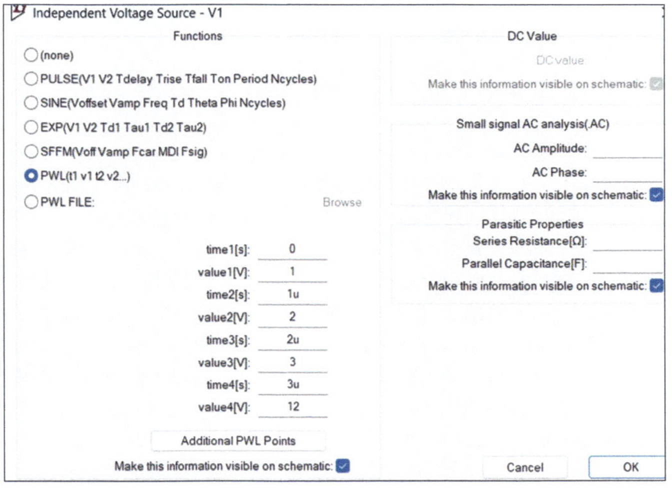

Abbildung 8.17: Einstellung der Spannungsquelle V1

Simulation

- Klicken Sie auf **Run/Pause** und wählen Sie **Transient**, setzen Sie die **Stop time** auf 10m und klicken Sie bei **Start external DC supply voltages** at 0V.

- Klicken Sie mit dem Spannungsprüfer auf Vo. Abbildung 8.18 zeigt die Ausgangsspannung.

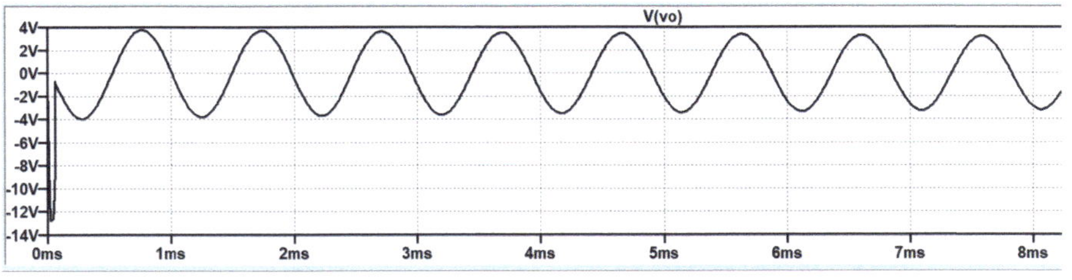

Abbildung 8.18: Ausgangsspannung des Hartley-Oszillators

8.4 Rechteckgenerator mit Operationsverstärker

Abbildung 8.19 zeigt vermutlich die einfachste Form eines Rechteckgenerators mit einem Operationsverstärker.

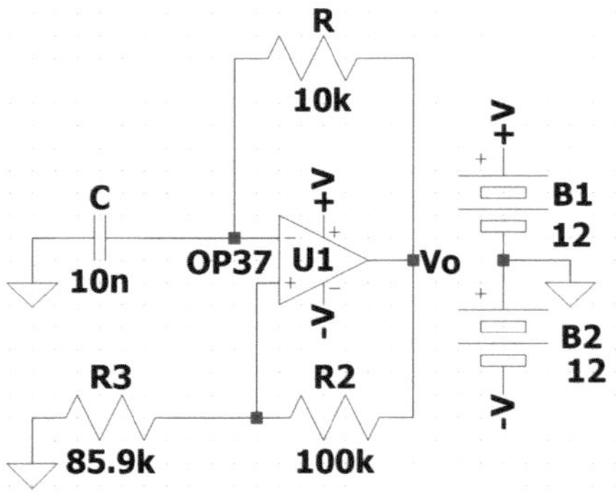

Abbildung 8.19: Einfacher Rechteckgenerator

Die Funktion dieser Schaltung ist einfach zu verstehen. Zu Beginn ist der Kondensator entladen und demnach ist die Spannung im invertierenden Eingang null. Weil der Operationsverstärker nicht ideal ist, wird an seinem Ausgang ein kleiner Offset vorhanden sein. Diese Spannung wird über R2 und R3 an den nicht-invertierenden Eingang gegeben, welche demzufolge nicht bei 0 V liegt. Diese Spannung führt dazu, dass der Operationsverstärker in eine Richtung der Betriebsspannung in die Begrenzung geht. Nun beginnt sich der Kondensator in Richtung der Ausgangsspannung aufzuladen. Wenn die Spannung über ihm größer wird, als die Spannung am nicht-invertierenden Eingang, kippt der Ausgang des Operationsverstärkers in die Richtung der anderen Betriebsspannung und der Kondensator beginnt sich in die andere Richtung aufzuladen usw. Dieser Prozess wiederholt sich endlos. Die Ausgangsspannung ist eine Rechteckspannung mit einer Amplitude, die in etwa der Betriebsspannungen entspricht.

Entwurf

Die Ausgangsfrequenz ist gegeben durch:

$$f = \frac{1}{2RC \cdot \ln\left(\frac{2 \cdot R3}{R2} + 1\right)}.$$

Wenn wir (2 · RC : R2 + 1) = 2,718 (d.h. Eulersche Zahl ´e´) setzen, dann können wir die obige Formel schreiben als (wir erinnern uns: ln(e) = 1):

$$f = \frac{1}{2 \cdot RC},$$

wobei 2 · R3 = 1,718 · R2, d.h. R3 = 0,859 · R2 ist.

In diesem Beispiel haben wir die Frequenz mit 5 kHz und R2 = 100 kΩ gewählt, was R3 = 85,8 kΩ ergibt. Wenn wir R = 10 kΩ verwenden, dann kann C ausgerechnet werden als:

$$C=\frac{1}{2fR}=\frac{1}{2\cdot 5\cdot 10^3 Hz\cdot 10\cdot 10^3\Omega}=10nF$$

Simulation

- Klicken Sie **Run/Pause** und wählen Sie **Transient**. Setzen Sie die **Stop time** auf 5m und wählen **Sie Skip initial operating point solution**.

- Bewegen Sie den Spannungsprüfer an den Ausgang. Die Ausgangsspannung wird wie in Abbildung 8.20 angezeigt. Beachten Sie wie die Spannung zwischen der positiven und der negativen Betriebsspannung hin und her schwingt.

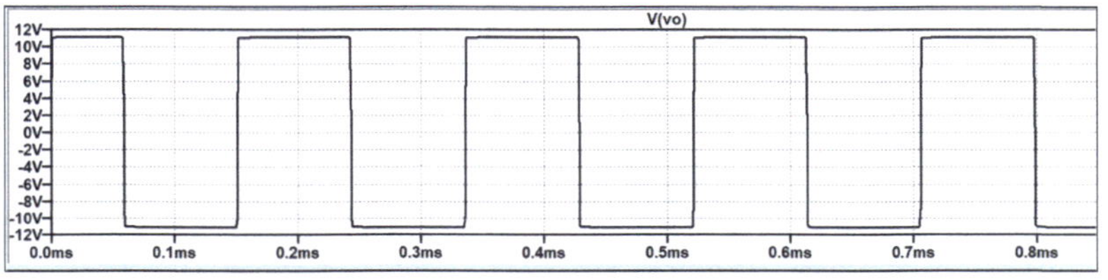

Abbildung 8.20: Ausgangsspannung des Rechteckgenerators

8.5 Der 555 Timerbaustein

8.5.1 Astabiler Multivibrator mit dem 555

Der integrierte Schaltkreis (Integrated Circuit, IC) kann sowohl als astabiler Multivibrator verwendet werden um Rechtecksignale zu generieren als auch als monostabile oder bistabile Kippstufe. In diesem Abschnitt werden wir eine astabile Schaltung entwerfen und simulieren um ein Rechtecksignal zu generieren.

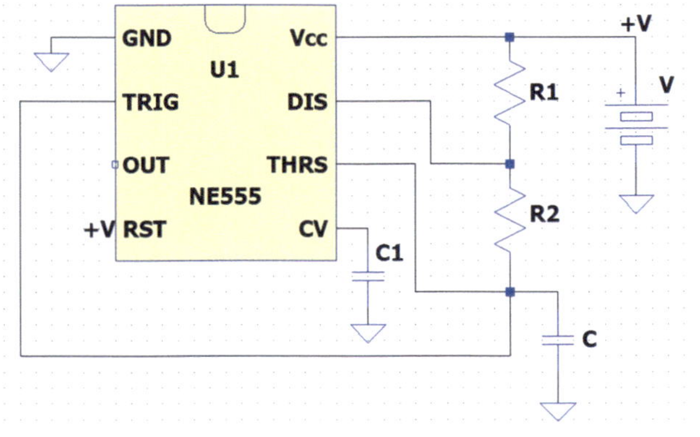

Abbildung 8.21: Der IC 555 als astabiler Multivibrator

Design

Die Einschalt- und Ausschaltzeiten sind gegeben durch:

$T_{on} = 0{,}693 \cdot (R1 + R2) \cdot C,$
$T_{off} = 0{,}693 \cdot R2 \cdot C.$

Die Periodendauer des generierten Rechtecksignals ist:

$$T = T_{on} + T_{off} = 0{,}693 \cdot (R1 + 2 \cdot R2\,) \cdot C.$$

Die Frequenz am Ausgang beträgt:

$$f=\frac{1}{T}=\frac{1{,}44}{(R1+2\cdot R2)\cdot C}.$$

Der Tastgrad ist das Verhältnis der Einschaltzeit zur Periodendauer und kann auch in Prozent angegeben werden:

$$Tastgrad\,g=\frac{T_{on}}{T}\cdot 100\,\%=\frac{R1+R2}{R1+2R2}\cdot 100\,\%.$$

Wenn beide Widerstände gleich sind, dann ist g = 0,66 oder 66% (d.h. 66% Ein und 33% Aus).

8.5.2 Blinkende LED

Dieses Beispiel zeigt wie man den 555 verwenden kann um eine LED mit 1 Hz blinken zu lassen.

Entwurf

Abbildung 8.22 zeigt die Schaltung. Wenn man C = 1 µF und R2 = 680 kΩ wählt, kann man mit den obigen Gleichungen R1 = 80 kΩ ermitteln. Wir werden 82 kΩ verwenden, da dieser Wert in der R-Reihe am nächsten liegt. Mit diesen Werten liegt theoretisch die Frequenz bei 0,998 Hz und der Tastgrad wird mit 52,8% erwartet.

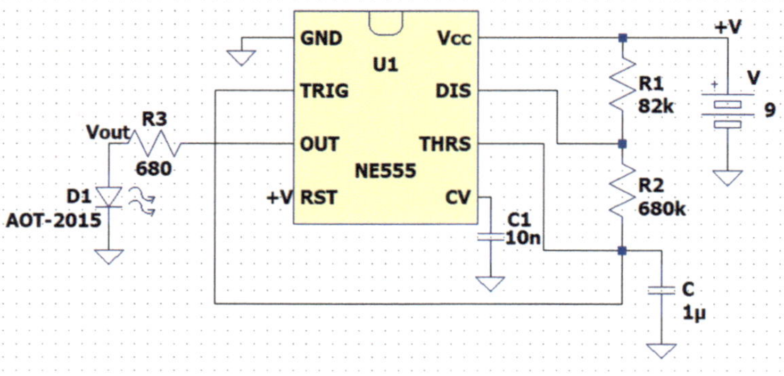

Abbildung 8.22: Die Schaltung für ein 1 Hz LED-Blinklicht

Schaltplaneingabe

- Klicken Sie auf **Component** → **[Misc]** und fügen Sie den **NE555** hinzu.
- Klicken Sie auf **Component** → **[Misc]** und fügen Sie die Batterie hinzu.

- Klicken Sie auf **Component** und fügen Sie eine LED hinzu.

- Geben Sie den Bauteilen die Werte wie in Abbildung 8.22.

Simulation

- Klicken Sie **Run/Pause** und wählen Sie **Transient**. Setzen Sie die **Stop time** auf 5 s.

- Messen Sie mit dem Spannungsprüfer am Ausgang (oder klicken Sie mit der rechten Maustaste im leeren Diagramm und wählen **Add_Traces** und **Vout**) um die Spannung anzuzeigen. Abbildung 8.23 zeigt die Kurve am Ausgang. Die Frequenz kann mit 0,997 Hz gemessen werden, was praktisch der selbe Wert wie in der Theorie ist.

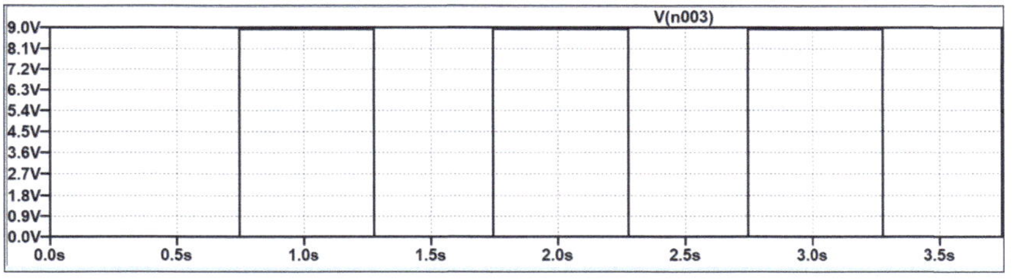

Abbildung 8.23: Ausgangsspannung

Verwendung eines eingebundenen LED-Modells

Die LTspice-Bibliotheken besitzen ein paar LEDs, allerdings nicht die standardmäßigen wie rot, grün oder blau. Manchmal möchte man eine ganz andere LED wählen. Das kann leicht bewerkstelligt werden, indem man das Modell der benötigten LED in den Schaltplan importiert. Es gibt frei verfügbare LTspice-Modelle von verschiedenen LEDs im Internet. Die folgende Seite bietet beispielsweise Modelle von verschiedenen farbigen LEDs an:

https://www.diyaudio.com/community/threads/spice-models-for-led.25884/

Zum Beispiel ist das Modell für eine rote LED:

.MODEL RED D (IS=93.3P RS=42M N=3.73 BV=4 IBV=10U CJO=297P VJ=.75 M=.333 TT=4.32U).

Die folgenden Schritte sind nötig um die LED in unseren Schaltplan einzubinden:

- Klicken Sie auf **SPICE Directive** und kopieren Sie das angegebene Modell in den Schaltplan. Sie können eine kleine Schriftart verwenden (z.B. 0,625). Klicken Sie **OK**.

- Klicken Sie mit der rechten Maustaste auf den Wert der LED und ändern Sie den Wert nach **RED** und klicken Sie **OK**.

Wenn Sie die Simulation jetzt starten, wird die rote LED verwendet.

8.5.3 Metronom

Ein Metronom ist ein Gerät, das von Musikern verwendet wird um ein konstantes Tempo oder eine konstante Geschwindigkeit zu halten. Es macht ununterbrochen regelmäßige Schläge in einem bestimmten Tempo. Die Schläge werden pro Minute gezählt (beats per minute, BPM) und die Anzahl reicht von weniger als 30 (sehr langsam) bis zu mehr als 240 (sehr schnell). Wir können den Wert in Hertz umrechnen, indem wir ihn durch 60 teilen. So entsprechen z.B. 60 BPM einem Schlag pro Sekunde, was dasselbe ist wie 1 Hz. Tabelle 8.1 zeigt einige gebräuchliche Metronomgeschwindigkeiten und deren Bezeichnungen in der Musik.

Name	Geschwindigkeit	Schläge pro Minute	Frequenz (Hz)
Largo	Sehr langsam	40	0,66
Adagio	Eher langsam	60	1,0
Andante	Langsam	90	1,5
Moderato	Mäßig	120	2,0
Allegro	Schnell	150	2,5
Presto	Sehr schnell	180	3,0
Prestissimo	Äußerst schnell	208	3,46

Tabelle 8.1: Tempi für das Metronom und zugehörige Frequenzen

Um die benötigten Frequenzen für unser Metronom zu erhalten, werden wir für die zeitbestimmenden Bauteile, d.h. den Kondensator C1 und den Widerstand R2, feste Werte verwenden und den Widerstand R1 verändern um die Frequenzwerte zwischen 0,66 Hz und 3,46 Hz zu erzeugen. Lassen Sie uns C1 = 4,7 µF und R2 = 39 kΩ wählen. Der benötigte Wert für R1 wird dann berechnet mit:

$$R1 = \frac{1{,}44}{f \cdot 4{,}7 \cdot 10^{-6} F} - 2 \cdot 39 \cdot 10^{3} \Omega$$

Tabelle 8.2 listet die benötigten Werte für R1 um die Schläge in Tabelle 8.1 zu erzeugen.

Frequenz (Hz)	R1 (kΩ)
0,66	386
1,0	228
1,5	126
2,0	75
2,5	44
3,0	24
3,46	11

Tabelle 8.2: R1-Werte für die gewünschten Frequenzen

Abbildung 8.24 zeigt die Schaltung für die Auswahl von Allegro (150 BPM bzw. 2,5 Hz).

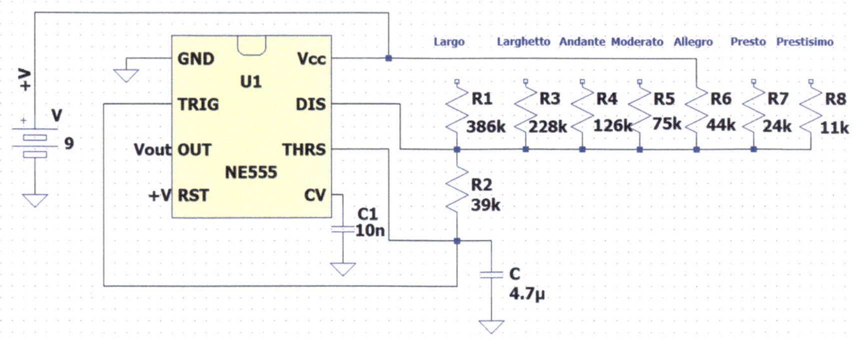

Abbildung 8.24: Schaltung eines Metronoms mit unterschiedlichen Werten für R1

Simulation

- Klicken Sie **Run/Pause** und wählen Sie **Transient**. Setzen Sie die **Stop time** auf 4 s.

- Ein leeres Diagramm wird gezeigt. Klicken Sie mit der rechten Maustaste auf das Diagramm und wählen Sie **Add_Traces** und klicken Sie auf **V(vout)** oder benutzen Sie den Spannungsprüfer um die Ausgangsspannung für die (hart verdrahtete) Geschwindigkeit Allegro.

8.5.4 Parametersweep

Anstatt die Schaltung in Abbildung 8.24 neu zu verdrahten um das Tempo zu verändern, können wir die Schaltung abändern um den Wert von R1 als Parameter zu durchlaufen um die Ausgangsspannungen für jedes Tempo anzuzeigen. Abbildung 8.25 zeigt die modifizierte Schaltung. Nun wird der Widerstand R1 die Werte 386 kΩ, 228 kΩ, 126 kΩ, 75 kΩ, 44 kΩ, 24 kΩ und 11 kΩ annehmen.

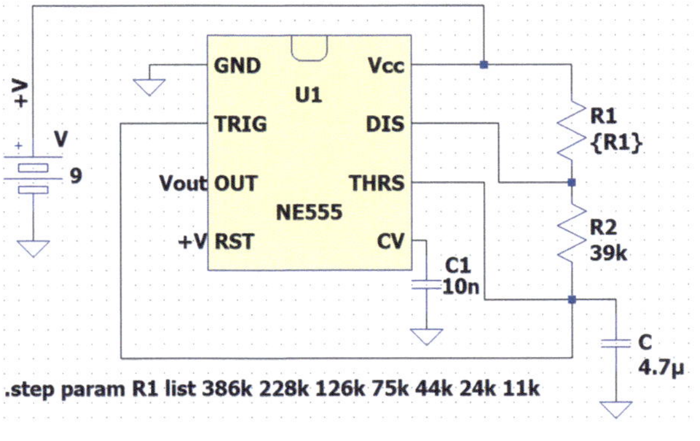

Abbildung 8.25: Verwendung eines Parameterdurchlaufs für R1

Schaltplaneingabe

- Klicken Sie mit der rechten Maustaste auf R1 und geben Sie ihm den Wert **{R1}**, so dass wir den Parameter mit SPICE Directive verändern können.

- Klicken Sie auf **SPICE Directive** und geben Sie den nachfolgenden Befehl ein. Dieser Befehl teilt dem Simulator mit, dass der Wert von R1 wie in der Liste angegeben geändert werden soll.

.step param R1 list 386k 228k 126k 75k 44k 24k 11k

Simulation

- Klicken Sie auf **Run/Pause** und wählen Sie **Transient**. Setzen Sie die **Stop time** auf 4s.

- Klicken Sie mit der rechten Maustaste auf das Diagramm und wählen Sie **Add_ Traces** und klicken Sie auf **V(vout)** um die Ausgangsspannungen anzuzeigen (Abbildung 8.26). Leider werden alle Ausgangsspannungen gleichzeitig angezeigt und es ist schwierig, sie zu unterscheiden.

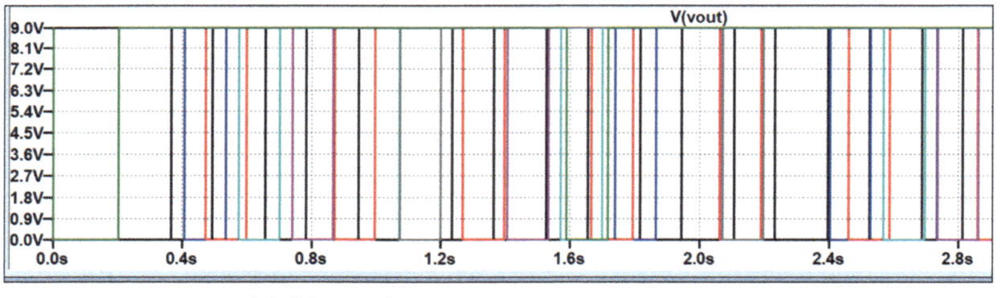

Abbildung 8.26: Ausgangsspannungen

- Glücklicherweise kann man die Kurven leicht voneinander trennen. Klicken Sie mit der rechten Maustaste auf das Diagramm und wählen Sie **View** → **Select Steps**. Sie sollten nun eine Liste der R1-Werte für die jeweiligen Kurven sehen. Wenn Sie also z.B. nur die Kurve für R1 = 75 kΩ anzeigen möchten, lassen Sie diesen Wert markiert wie in Abbildung 8.27 gezeigt. Klicken Sie **OK**. Sie sollten das Diagramm aus Abbildung 8.28 sehen. Sie können mehrere Kurven auswählen, in dem Sie im **Select Steps** Menü Strg+C auf der Tastatur drücken und zur Auswahl auf die Werte klicken. Die ausgewählten Werte sollten markiert sein.

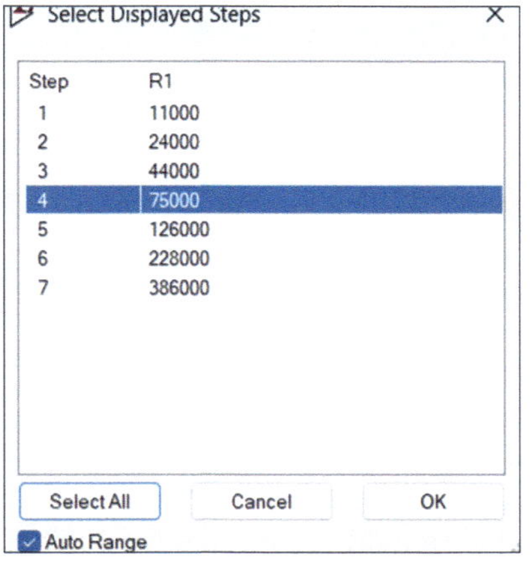

Abbildung 8.27: Auswahl von 75000 für R1 für die Einzeldarstellung des Diagramms für R1 = 75 kΩ

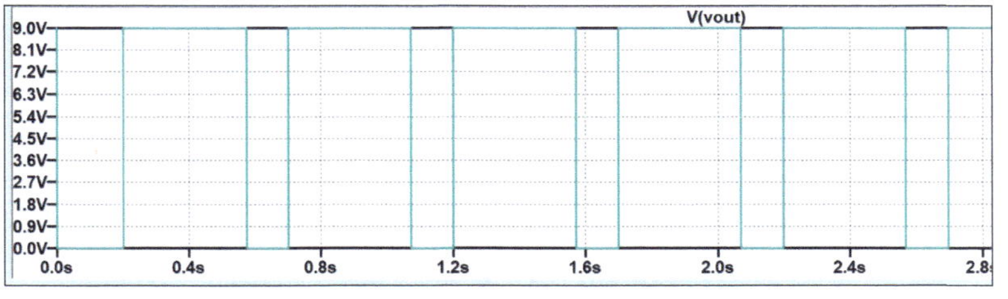

Abbildung 8.28: Ausgangsspannung mit dem Wert von 75 kΩ für R1

Kapitel 9 • Simulation von verschiedenen Analogschaltkreisen

9.1 Übersicht

In diesem Kapitel werden wir verschiedene gebräuchliche Analogschaltkreise wie Spannungsregler, Optokoppler und Operationsverstärker simulieren. Spannungsregler werden in fast allen elektronischen Geräten verwendet. Daher lohnt es sich, einige bekannte Spannungsregler zu simulieren.

9.2 Der LT1086 Spannungsregler

Der LT1086 ist ein bekannter dreibeiniger Spannungsregler. Er ist mit den festen Ausgangsspannungswerten 2,85 V, 3,3 V, 3,6 V, 5 V und 12 V verfügbar. Zudem existiert auch eine Version mit einstellbarer Ausgangsspannung. In diesem Abschnitt werden wir die 5 V Version des LT1086, bezeichnet als LT1086-5 verwenden. Der Ausgangsstrom kann bis zu 1,5 A betragen.

Abbildung 9.1 zeigt die Schaltung. Der Schaltkreis benötigt zwei Kondensatoren (vorzugsweise Tantal), einen am Eingang und einen am Ausgang. Die Eingangsspannung sollte mindestens 8 V betragen.

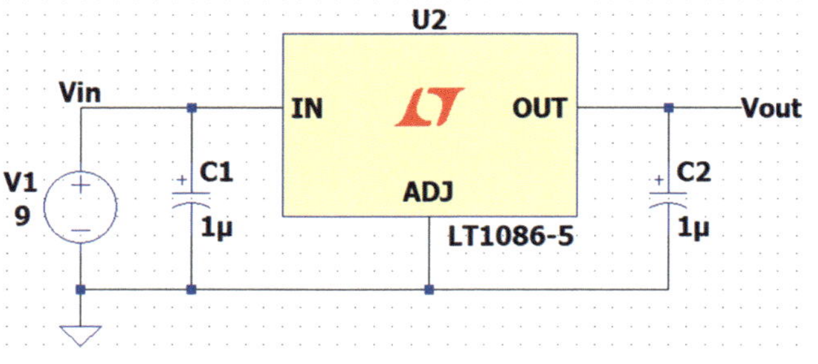

Abbildung 9.1: 5V-Spannungsregler mit einem LT1086

Simulation

- Klicken Sie auf **Component** → **[PowerProducts]** und wählen Sie den LT1086-5.
- Legen Sie die Eingangsspannung mit 9 V fest.
- Klicken Sie auf **Run/Pause** und wählen Sie **DC op pnt** um die Spannungen und Ströme der Schaltung aufzulisten. Wie in Abbildung 9.2 gezeigt, liegt die Ausgangsspannung bei 5,002 V.

```
* D:\ELEKTOR-LTSPICE\PROGRAMS\Draft10.asc
      --- Operating Point ---

V(vin):          9               voltage
V(vout):         5.00201         voltage
I(C1):           9e-18           device_current
I(C2):           5.00201e-18     device_current
I(V1):           -0.00518696     device_current
Ix(u2:1):        -0.00518696     subckt_current
Ix(u2:2):        -1.16455e-10    subckt_current
Ix(u2:3):        0.00518696      subckt_current
```

Abbildung 9.2: Darstellung der Spannungen und Ströme

9.3 10 V am Ausgang

Der LT1086-5 Regler kann mit einer Z-Diode zusammen verwendet werden um eine 10 V Ausgangsspannung zu erzeugen, obwohl dafür gewöhnlich kein IC existiert. Abbildung 9.3 zeigt die Schaltung.

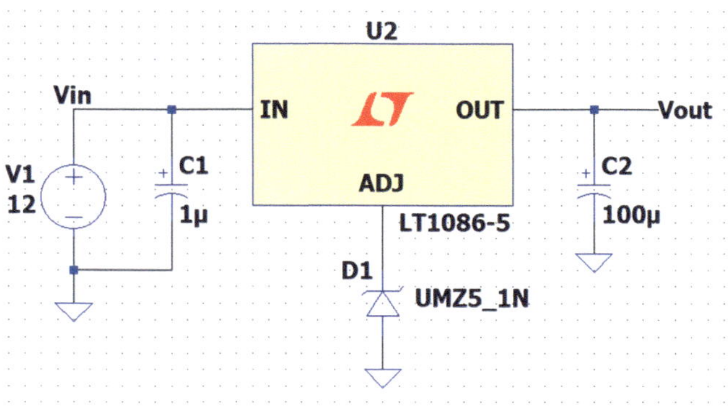

Abbildung 9.3: 10 V Ausgangsspannung mit einem 5 V-Spannungsregler

Nach einer Simulation der Schaltung zeigt Abbildung 9.4 die Ausgangsspannung mit 10,09 V.

```
* D:\ELEKTOR-LTSPICE\PROGRAMS\lt1086-5-to-10v.asc
      --- Operating Point ---

V(vin):          12              voltage
V(vout):         10.0926         voltage
V(n001):         5.09128         voltage
I(C1):           1.2e-17         device_current
I(C2):           1.00926e-15     device_current
I(D1):           -0.00518625     device_current
I(V1):           -0.00518625     device_current
Ix(u2:1):        -0.00518625     subckt_current
Ix(u2:2):        -8.64976e-16    subckt_current
Ix(u2:3):        0.00518625      subckt_current
```

Abbildung 9.4: Spannungen und Ströme am 10V-Spannungsregler

9.4 DC Boost-Converter

Ein DC Boost-Converter oder Aufwärtswandler erzeugt eine Ausgangsspannung, die höher ist, als seine Eingangsspannung. In diesem Beispiel werden wir einen LT8338 Synchron-Aufwärtswandler verwenden um eine Gleichspannung von 12 V auf 36 V mit einem Strom von bis zu 1,2 A zu wandeln. Abbildung 9.5zeigt die Schaltung (eine typische Anwendung aus dem Datenblatt des LT8338).

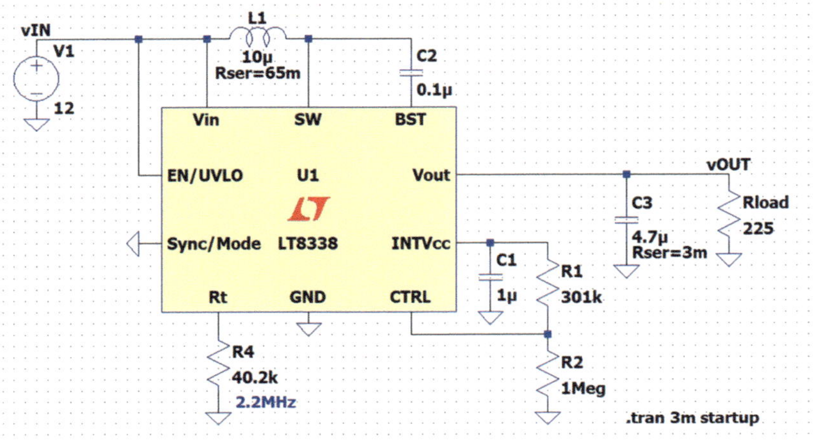

Abbildung 9.5: Boost-Converter von 12 V nach 36 V

Die Ausgangsspannung wird erreicht, indem man die Spannung am CTRL-Eingang mit 18 multipliziert (siehe Datenblatt). Diese Spannung wird durch den Spannungsteiler R1 und R2 eingestellt. Die Spannung am INTVcc-Pin liegt typischerweise bei 2,6 V. Demnach ist die Ausgangsspannung in Abbildung 9.5:

$$2{,}6\ \mathrm{V} \cdot 18 \cdot R2:(R1 + R2) = 2{,}6\ \mathrm{V} \cdot 18 \cdot 1\ \mathrm{M\Omega} : (1\ \mathrm{M\Omega} + 301\ \mathrm{k\Omega}) = 35{,}9\ \mathrm{V}.$$

Schaltplaneingabe

- Klicken Sie auf **Component** → **[PowerProducts]** und wählen Sie LT8338.
- Legen Sie die Eingangsspannung mit 12 V fest.
- Geben Sie bei **Equiv. Series Resistance** von L1 65m ein und bei C3 3m.

Simulation

- Klicken Sie Run/Pause und wählen Sie Transient und geben Sie bei Stop time 3m ein. Setzen Sie einen Haken bei Start external DC supply voltages at 0V um das Startverhalten der Schaltung zu beobachten.

Ein Teil der Ausgangsspannung ist in Abbildung 9.6 dargestellt.

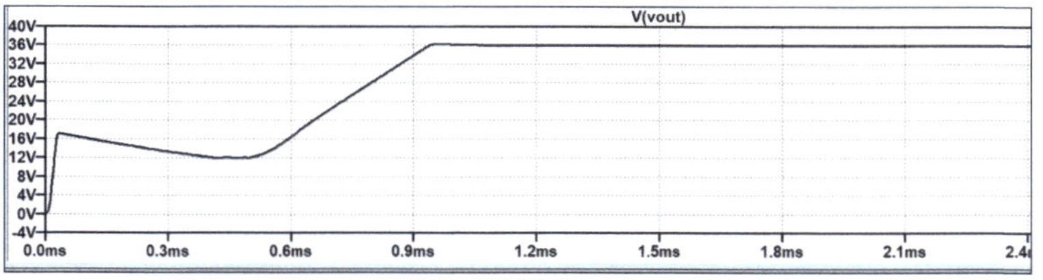

Abbildung 9.6: Ausgangsspannung des Aufwärtswandler beim Einschalten

9.5 Simulation eines Optokopplers

Optokoppler werden in vielen Anwendungen verwendet um zwei Schaltungsteile galvanisch zu trennen. Sie verhindern, dass eine gefährliche Spannung von einem Teil der Schaltung in den anderen gelangt.

Abbildung 9.7 zeigt die Schaltung einer einfachen Optokoppler-Schaltung. In diesem Beispiel werden wir eine 100 V Gleichstromlast mit einer 9 V Gleichspannung am Eingang mit einem Optokoppler schalten.

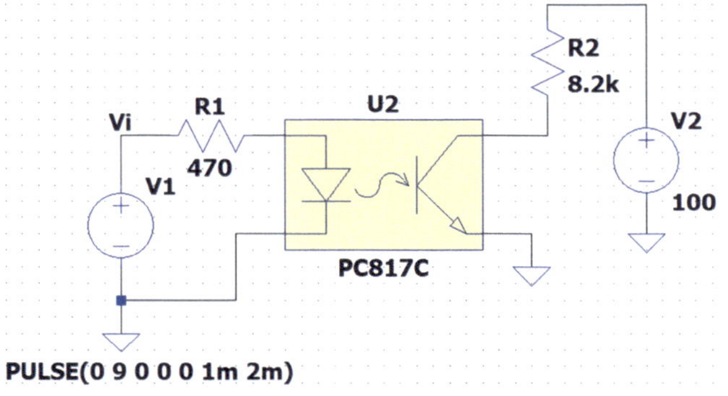

Abbildung 9.7: Einfache Optokoppler-Schaltung

Entwurf

In diesem Beispiel wurde ein Optokoppler vom Typ PC817 verwendet. Die wesentlichen Eigenschaften dieses Bauteils sind:

Vorwärtsspannung am Eingang:	1,2 V
Maximaler Strom in Flussrichtung:	100 mA
Maximaler Kollektorstrom:	30 mA
Sättigungsspannung der Kollektor-Emitter-Strecke:	0,1 V

Unter der Annahme, dass der maximale Eingangsstrom bei 20 mA liegen soll, wird der Wert des Widerstands R1 berechnet mit:

$$R1 = (9\ V - 1{,}2\ V) : 0{,}02\ A = 390\ \Omega.$$

Wir werden einen 470 Ω Widerstand verwenden um auf der sicheren Seite zu sein.

Die Spannung am Ausgang beträgt 100 V. Unter der Annahme, dass der maximale Kollektorstrom 20 mA beträgt und die Sättigungsspannung der Kollektor-Emitter-Strecke vernachlässigt wird, darf der Lastwiderstand R2 nicht kleiner als 100 V : 0,02 A = 5 kΩ sein. In diesem Beispiel wurde ein Widerstand von 8,2 kΩ gewählt.

Schaltplaneingabe

- Klicken Sie auf **Component** → **[Optos]** und wählen Sie den **PC817C** aus.

- Stellen Sie die Eingangsspannung auf **PULSE, Von(V)** = 9, **Ton(s)** = 1m, **Tperiod(s)** = 1m. Das ergibt am Eingang einen Puls mit einer Einschaltdauer von 1 ms und einer Periodendauer von 2 ms (500 Hz, 50% Tastgrad).

- Stellen Sie die Ausgangsspannung auf 100 V DC.

Simulation

- Klicken Sie **Run/Pause** und geben Sie bei **Stop time** 5m ein.

- Wir möchten die Eingangsspannung und den Ausgangsstrom darstellen. Bewegen Sie den Mauszeiger über R2 und klicken Sie, wenn die Stromzange angezeigt wird. Abbildung 9.8 zeigt die Eingangsspannung und den Ausgangsstrom.

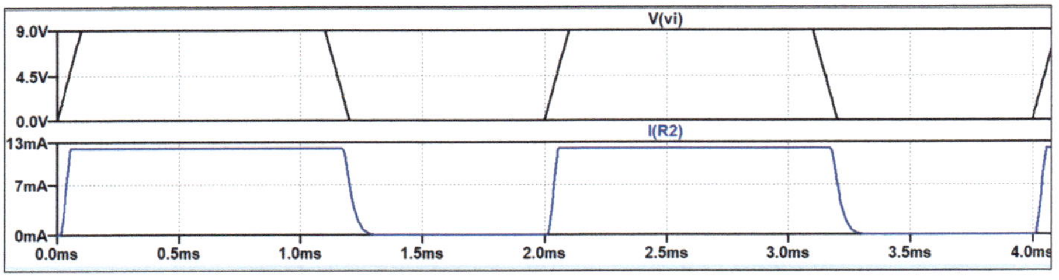

Abbildung 9.8: Eingangs- und Ausgangsspannung für die Optokoppler-Schaltung

9.6 Operationsverstärker mit Single Supply

Manchmal ist es bei einer Operationsverstärkerschaltung ungeeignet, zwei Versorgungsspannungen (z.B. Batterien) zu verwenden. In diesem Abschnitt werden wir einen Operationsverstärker simulieren, der nur mit einer Batterie versorgt wird.

Abbildung 9.9 zeigt eine Schaltung, in der zwei Widerstände verwendet werden um den positiven Eingang auf die Hälfte der Versorgungsspannung anzuheben. Diese Technik wird häufig als virtuelle Masse bezeichnet. Für den Operationsverstärker sieht es aus, als werde er mit einer symmetrischen Spannung versorgt.

C1 und C2 verhindern, dass Gleichströme am Eingang oder am Ausgang aus der Schaltung raus oder in die Schaltung hinein fließen.

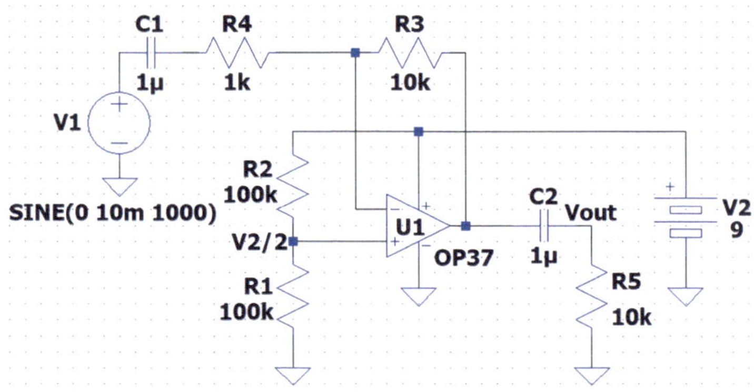

Abbildung 9.9: Nur mit positiver Spannung versorgter invertierender Operationsverstärker

Simulation

- Nehmen Sie die Einstellungen vor um **Transient** mit einer **Stop time** von 5m darzustellen.

- Abbildung 9.10 zeigt die Ausgangsspannung vor und nach dem Kondensator C2 am Ausgang. Beachten Sie, dass die Ausgangsspannung des Operationsverstärker einen DC-Anteil besitzt, der bei 9 V : 2 = 4,5 V liegt. Dieser DC-Anteil wird durch den Ausgangskondensator gesperrt, so dass eine daran angeschlossene Schaltung nicht beeinflusst wird.

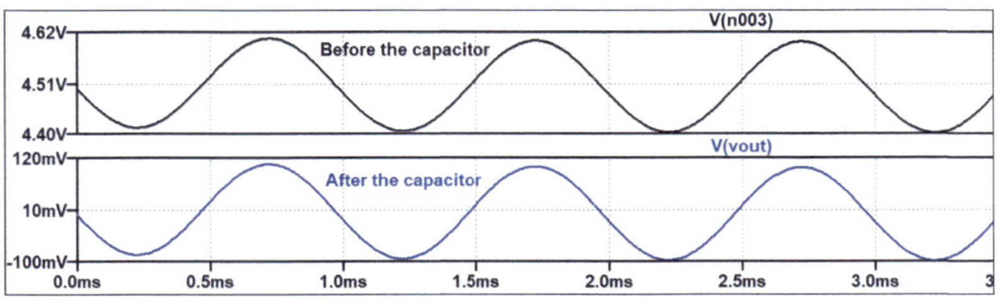

Abbildung 9.10: Ausgangsspannung vor und nach dem Kondensator C2

9.7 Durchlauf eines Widerstandswerts

Dieses Beispiel zeigt wie der Wert eines Widerstands durchlaufen werden kann, so dass das Verhalten der Schaltung für verschiedene Widerstandswerte dargestellt werden kann. An dieser Stelle wird eine einfache Operationsverstärkerschaltung verwendet, bei welcher der Widerstandswert im Rückkopplungszweig durchlaufen und die Ausgangsspannung für die verschiedenen Widerstandswerte dargestellt wird.

Abbildung 9.11 zeigt die Schaltung. Der Widerstand R1 im Rückkoppelzweig wird von 100 Ω bis 500 Ω in 100 Ω-Schritten durchlaufen.

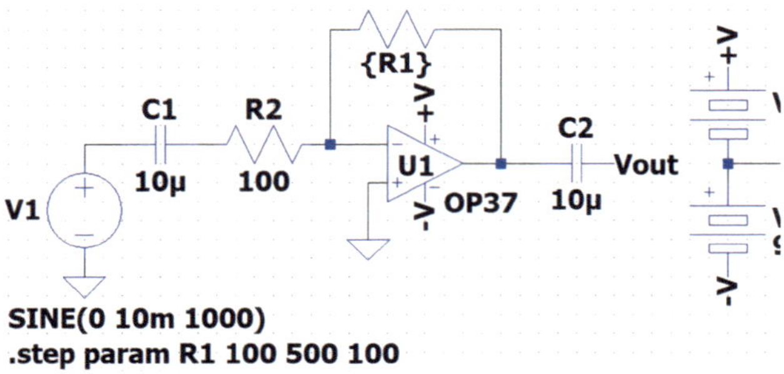

Abbildung 9.12: Ausgangsspannungen für verschiedene R1-Werte

Schaltplaneingabe

- Klicken Sie auf den Widerstand im Rückkoppelzweig und geben Sie ihm den Wert {R1}. Geben Sie dem festen Widerstand R2 den Wert 100 Ω.

- Klicken Sie auf **SPICE Directive** und geben Sie die nachfolgende Zeile ein. Diese wird R1 wie gewünscht durchlaufen lassen:

  .step param R1 100 500 100

- Konfigurieren Sie die Eingangsspannung. Klicken Sie mit der rechten Maustaste und wählen Sie **Advanced**, dann wählen Sie **SINE** und setzen die Amplitude auf 10 mV und die Frequenz auf 1 kHz.

Simulation

- Klicken Sie **Run/Pause** und wählen Sie **Transient** mit einer **Stop time** von 2m.

- Klicken Sie im Diagramm auf die rechte Maustaste und wählen Sie **Add_Traces** und wählen Sie die Ausgangsspannung (oder klicken Sie mit dem Spannungsprüfer auf den Ausgang).

- Abbildung 9.12 zeigt die Ausgangsspannung für verschiedene Werte des Widerstands R1 im Rückkoppelzweig. Die Kurven sind beschriftet (verwenden Sie **Notes & Annotations** und dann **Text**, indem Sie einen Rechtsklick im Diagramm machen), damit man sie besser zuordnen kann.

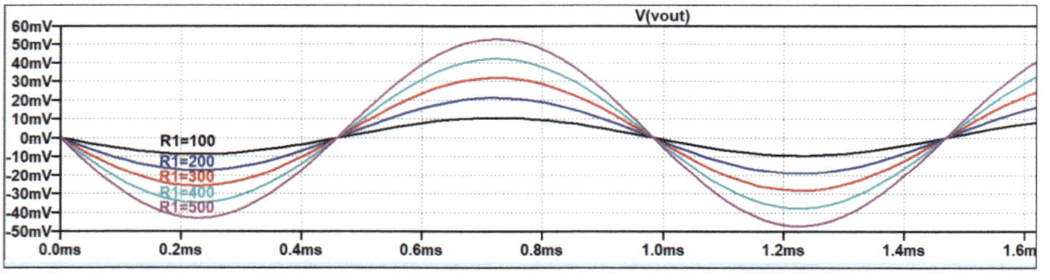

Abbildung 9.12: Ausgangsspannungen für verschiedene R1-Werte

Kapitel 10 • Filter – Erstellung von Blöcken mit Subcircuits

10.1 Übersicht

Filter sind Schaltungen, die bestimmte Frequenzen im Signal durchlassen und andere sperren, d.h. sie filtern Frequenzen, die wir nicht möchten, heraus oder dämpfen sie. Das Frequenzband, dass durchgelassen wird, bezeichnet man als **Durchlassbereich**. Die Frequenz, bei welcher der Übergang zwischen den durchgelassenen und gesperrten Frequenzen beginnt, heißt **Grenzfrequenz** und der Bereich der Frequenzen, in dem sie gedämpft werden, ist der **Sperrbereich** des Filters.

Grundsätzlich gibt es zwei Arten von Filtern, was die Art der verwendeten Bauteile anbelangt: **Passive** Filter werden nur mit passiven Bauteilen wie Widerstände, Kondensatoren und Spulen aufgebaut. **Aktive** Filter werden mit Transistoren, Operationsverstärkern, Widerständen und Kondensatoren aufgebaut. Diese Filter werden gewöhnlich in elektronischen Schaltungen für niedrige und mittlere Frequenzen verwendet.

Am gebräuchlichsten sind die Filterarten Tiefpass, Hochpass, Bandpass und Bandsperre. Es ist nicht Ziel dieses Buches, Ihnen den Entwurf von elektronischen Filtern zu lehren, denn es gibt viele Bücher[6], Tutorials und Computerprogramme, die den Filterentwurf behandeln. Wir haben das Ziel, das Verhalten von Filterschaltungen mit LTspice zu simulieren. Aus diesem Grund werden in diesem Kapitel nur Tiefpassfilter behandelt.

10.2 Tiefpassfilter

Abbildung 10.1 zeigt den Frequenzgang eines Tiefpassfilters erster Ordnung. Die Grenzfrequenz ist der Punkt, an dem die Verstärkung um -3 dB geringer ist als im Durchlassbereich bei 0 dB (bei 0 dB ist die Amplitude am Ausgang genau so groß wie am Eingang). In Abbildung 10.1 liegt die Grenzfrequenz bei 10 kHz. Im Sperrbereich fällt die Amplitude nach jeweils einer Dekade auf -20 dB, d.h. 100 kHz usw. Das bedeutet, der Anstieg (Abfall) der Kurve liegt bei -20 dB/Dekade. Wir können also sagen, dass der Anstieg der Kurve bei -6 dB/Oktave liegt, d.h. die Amplitude fällt um 6 dB bei 20 kHz um 12 dB bei 40 kHz usw. Entsprechend fällt die Kurve bei einem Filter zweiter Ordnung um 40 dB/ Dekade (oder 12 dB/Oktave) usw.

6 z.B. Aktive und passive Filter von Herbert Bernstein: https://www.elektor.de/products/aktive-und-passive-filter

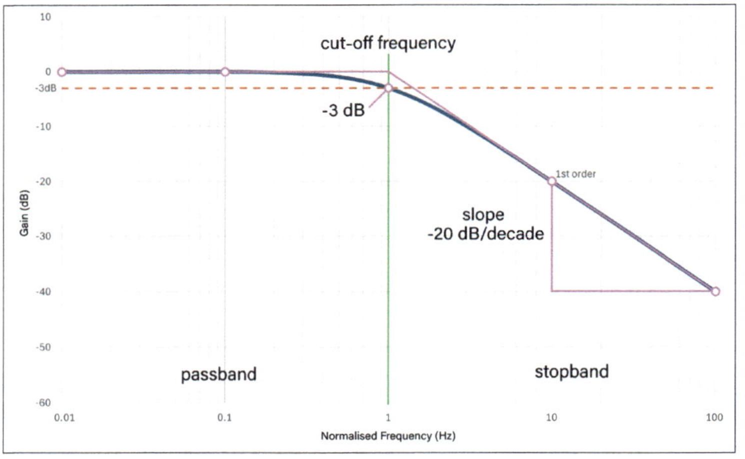

Abbildung 10.1: Frequenzgang für ein Tiefpassfilter erster Ordnung

Abbildung 10.2 zeigt die mit steigender Ordnung einhergehende Änderung der Kurve für ein Tiefpassfilter.

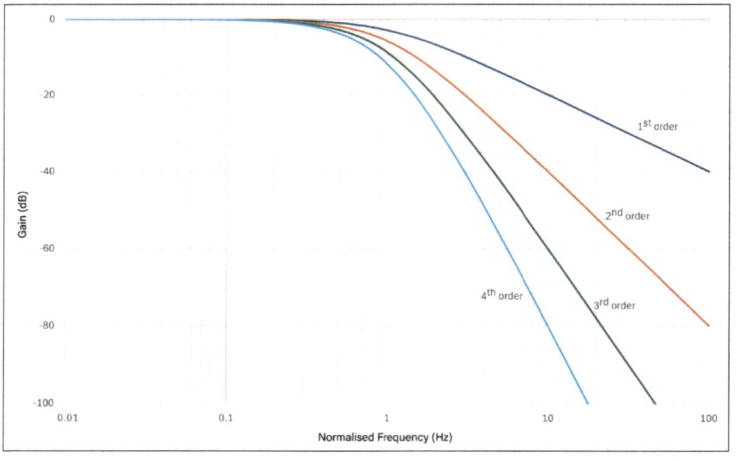

Abbildung 10.2: Frequenzgang und Filterordnung

10.3 Werkzeug für den Entwurf eines Filters

Der *Analog Filter Wizard* von Analog Devices wird in diesem Kapitel verwendet um die Bauteilwerte für die zu entwerfenden Filter zu berechnen und um deren Diagramme zu zeichnen. In diesem Kapitel werden nur aktive Filter behandelt. Das Filterprogramm ist auf der folgenden URL verfügbar und es muss nicht installiert werden:

https://tools.analog.com/en/filterwizard/

Das Programm kann verwendet werden um Butterworth- und Tschebyscheff-Filter zu entwerfen.

10.3.1 Aktive Tiefpassfilter

Beispiel

Es wird gefordert, ein Tiefpassfilter mit folgenden Eigenschaften zu entwerfen und zu simulieren:

Verstärkung im Durchlassbereich:	0 dB (d.h. Ausgang = Eingang)
Grenzfrequenz:	10 kHz
Anstieg im Sperrbereich:	-40 dB/Dekade

Lösung

Die Schritte sind:

- Starten Sie das Filterentwurfsprogramm und wählen Sie Tiefpass (Low Pass) aus.
- Geben Sie bei der Verstärkung (Gain) im Durchlassbereich 0 dB ein. Setzen Sie den Punkt für -3 dB bei 10 kHz und geben Sie für den Anstieg -40 dB bei 100 kHz ein (d.h. nach einer Dekade). Dieser Entwurf entspricht einem Filter zweiter Ordnung.
- Stellen Sie sicher, dass die Filterkurve einen Butterworth darstellt (in der Ecke links unten), ansonsten den Schieber für die Filterkurve (**Filter Response**) verschieben (Abbildung 10.3).

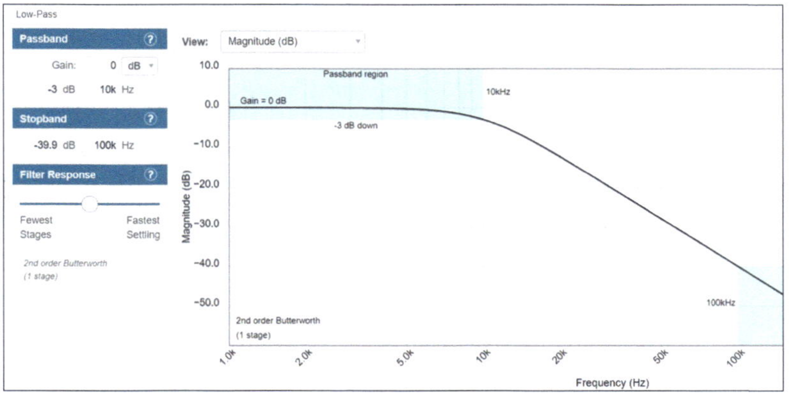

Abbildung 10.3: Theoretischer Frequenzgang unseres Filters

- Klicken Sie auf **Components** um die Schaltung des Filters anzuzeigen (Abbildung 10.4). Sie können die Bauteile (Operationsverstärker, Widerstände und Kondensatoren) oder die Filterstruktur (Sallen Key oder Multiple Feedback) verändern.
- Klicken Sie auf **Tolerances** und wählen Sie die bevorzugte Kondensator- und Widerstandsreihe aus (z.B. E12, E24 usw.) um die Verwendung von Bauteilen zu erzwingen, die Sie auch tatsächlich kaufen können.

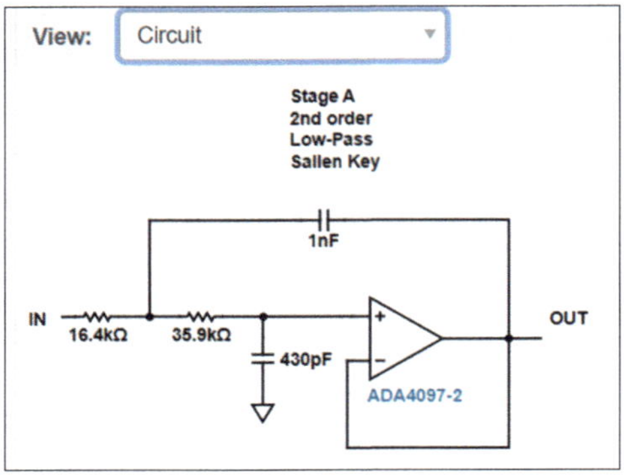

Abbildung 10.4: Mit dem Analog Filter Wizard generierte Schaltung

Die Schaltung

Abbildung 10.5 zeigt die Schaltung des Filters, die wir aus dem Filterentwurfsprogramm in Abbildung 10.4 erhalten haben.

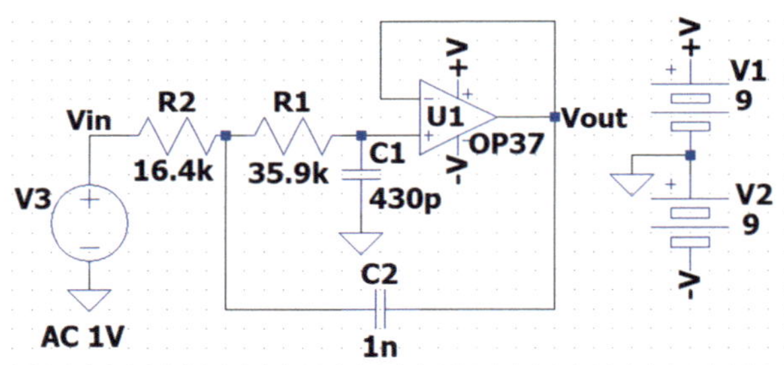

Abbildung 10.5: Schaltung mit LTspice gezeichnet

- Verwenden Sie einen Operationsverstärker vom Typ OP37. Beachten Sie, dass in der Bibliothek in LTspice auch der ADA4097-2 ist, der vom Analog Filter Wizard vorgeschlagen wurde. Wenn Sie diesen verwenden möchten, verbinden Sie dessen ´S´-Anschluss mit -V. Die Diagramme werden sich etwas von denen unterscheiden, die wir mit dem OP37 erhalten. Es ist durchaus interessant zu sehen wie unterschiedliche Operationsverstärker die Ergebnisse beeinflussen.

- Klicken Sie mit der rechten Maustaste auf die Eingangsspannung und stellen Sie diese unter **Functions** auf (**none**) und bei **AC Amplitude** unter **Small signal AC analysis** (.AC) auf 1 V.

- Die Schaltung ist nun ein Tiefpassfilter vierter Ordnung und aus zwei hintereinandergeschalteten Filtern zweiter Ordnung aufgebaut. Die Bezeichnung der Blöcke wurde hier durch einen Rechtsklick auf die Blöcke jeweils in **LP1** und **LP2** geändert.

Simulation

Nun werden wir den Frequenzfang des Filters (d.h. als Bodeplot) mit der y-Achse in dB auf der linken Seite und der Frequenz auf der x-Achse darstellen. Die y-Achse auf der rechten Seite ist der Phasengang des Filters.

- Klicken Sie **Run/Pause** und wählen Sie **AC Analysis**.

- Geben Sie die folgenden Werte ein um den Frequenzgang beginnend von 5 kHz an bis 25 kHz zu zeichnen und klicken Sie **OK**.

Type of Sweep:	Decade
Number of points per decade:	100
Start frequency:	5k
Stop frequency:	25k

- Klicken Sie auf Vout um den Frequenzgang wie in Abbildung 10.6 darzustellen. Beachten Sie, dass die Amplitude bei der Grenzfrequenz 10 kHz um 3 dB gefallen ist.

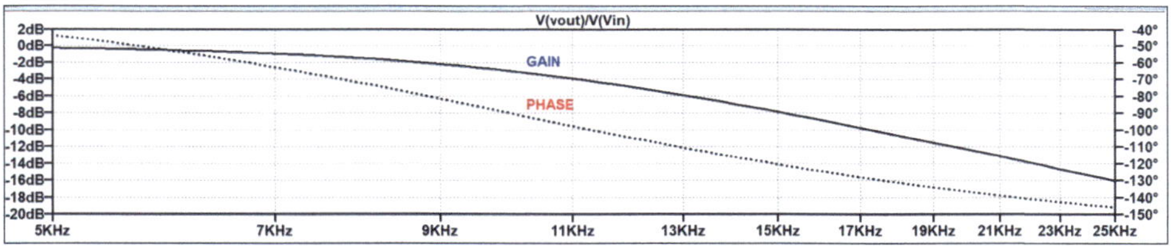

Abbildung 10.6: Frequenzgang des Filters

Sprungantwort

Die Sprungantwort des Filters sollte keine großen Überschwinger haben. Die Sprungantwort unseres Filters kann wie folgt gezeichnet werden:

- Klicken Sie mit der rechten Maustaste auf die Eingangsspannungsquelle und ändern Sie diese zu:

Function: PULSE
Von[V]: 1
Ton[s]: 1m
Tperiod[s]:5m

- Klicken Sie OK und dann **Run/Pause**. Wählen Sie **Transient** mit der **Stop time** auf 10m eingestellt. Abbildung 10.7 zeigt die Ausgangsspannung des Filters, mit dem Anfangsteil des Spannungsverlaufs vergrößert, indem der Bereich mit der Maus ausgewählt wurde. Ja, es gibt einen kleinen Überschwinger in der Sprungantwort.

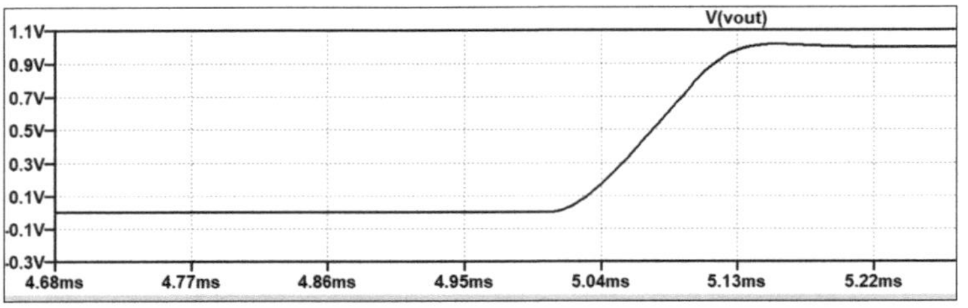

Abbildung 10.7: Sprungantwort des Filters

Sinussignal am Eingang

Es wäre interessant zu wissen, ob das Filter im zeitlichen Verlauf einen guten Sinusverlauf zeigt. Wir können die Sinuskurve als Ausgangsspannung wie folgt darstellen:

- Klicken Sie mit der rechten Maustaste auf die Spannungsquelle und stellen Sie diese auf **SINE** mit einer **Amplitude** von 1 V und einer **Frequency** von 1 kHz ein.

- Klicken Sie auf **Run/Pause** und stellen Sie **Transient** mit einer **Stop time** von 5 ms ein.

- Abbildung 10.8 zeigt die Ausgangsspannung des Filters. Beachten Sie, dass der maximale Spannungswert 1 V beträgt, da die Verstärkung im Durchlassbereich 1 (0 dB) beträgt.

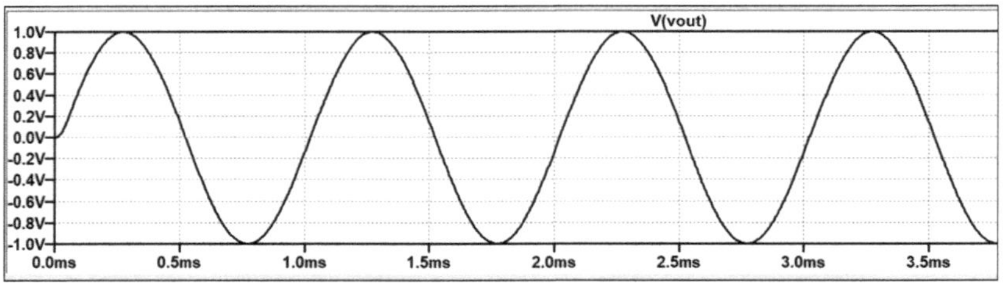

Abbildung 10.8: Ausgangsspannung am Filter mit einer Sinusspannung am Eingang

Rauschanalyse

Es ist gut, eine Rauschanalyse für den Filter durchzuführen. Die Schritte dazu sind:

- Klicken Sie **Run/Pause** und wählen Sie **Noise**. Geben Sie Folgendes ein:

Output:	V(out)
Input:	V3
Type of sweep:	Decade
Number of points per decade:	100
Start frequency:	5k
Stop frequency:	25k

- Messen Sie mit dem Spannungsprüfer an Vout. Sie sollten eine Grafik zur Rauschanalyse wie in Abbildung 10.9 sehen. Die y-Achse ist die spektrale Rauschspannung in nV/Hz und die x-Achse ist die Frequenz.

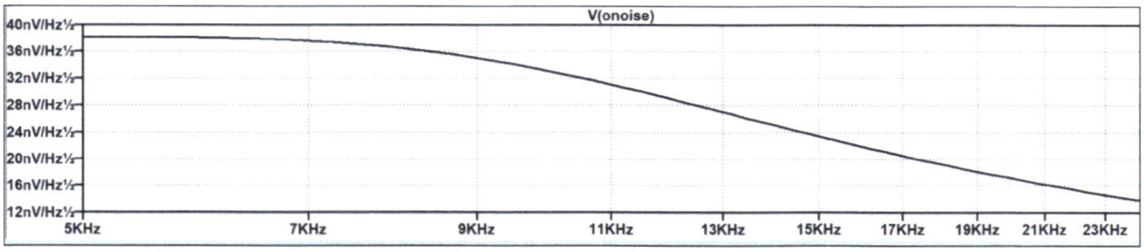

Abbildung 10.9: Rauschanalyse

10.4 Subcircuits – Block eines Tiefpassfilters zweiter Ordnung

Blöcke mit Subcircuits vereinfachen die Übersicht eines Schaltplans mit komplexen Schaltungen. Nehmen wir z.B. an, wir möchten einen Filter vierter oder höherer Ordnung mit der Schaltung des einfachen Filters zweiter Ordnung entwerfen. Anstatt mehrmals die selbe Schaltung zu zeichnen, können wir den Filter zweiter Ordnung in einem Block mit den entsprechenden Ein- und Ausgängen speichern und diesen Block so oft verwenden wie wir möchten um ein Filter höherer Ordnung zu entwerfen. So kann z.B. ein Filter vierter Ordnung entworfen werden, indem wir zwei dieser Blöcke hintereinander schalten. In diesem Abschnitt werden wir lernen wie man einen Block mit einem Subcircuit unseres Filters zweiter Ordnung aus Abbildung 10.5 erstellt.

Die Schritte sind:

- Entfernen Sie die Batterien in Abbildung 10.5 und Kennzeichnen Sie die Ein- und Ausgänge der Schaltung, indem Sie diese mit der Menüauswahl **Label Net** beschriften. Wählen Sie entsprechend den Port Type als Input oder Output. Abbildung 10.10 zeigt die Schaltung mit den gekennzeichneten Ein- und und Ausgängen. Speichern Sie die Schaltung, z.B. unter dem Namen LPFilter, in Ihrem Arbeitsverzeichnis.

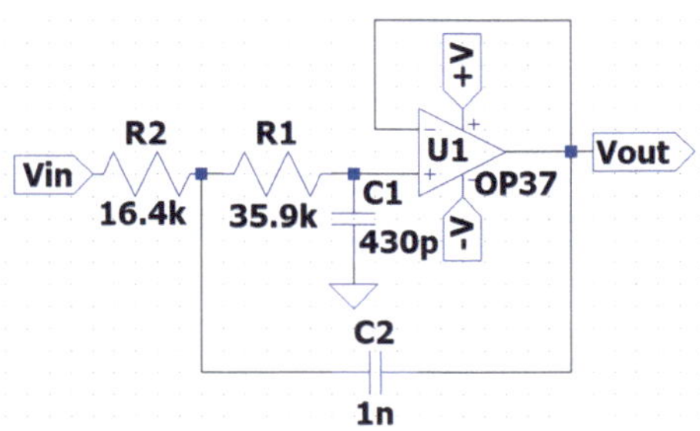

Abbildung 10.10: Subcircuit eines Filters zweiter Ordnung

- Klicken Sie auf **Hierarchy** in der oberen Menüleiste und wählen Sie **Open or Generate this Sheet's Symbol** und bestätigen Sie, dass eins erstellt werden soll. Ihnen wird das Symbol in Abbildung 10.11 angezeigt, bei dem die Bezeichnungen der Ein- und Ausgänge in einem Rechteck dargestellt sind. Speichern Sie diesen Block im selben Ordner und mit dem selben Namen wie die Schaltung (z.B. LPFilter).

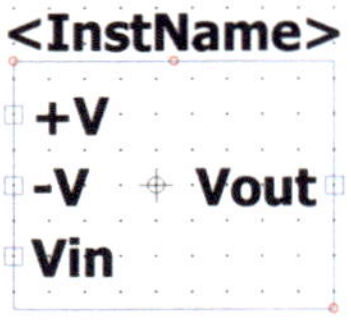

Abbildung 10.11: Das Filter als Block

- Starten Sie LTspice neu. Sie sollten nun den Filterblock der Auswahl mit den Bauteilen (**Component**) haben.

10.4.1 Verwenden des Filterblocks

- Starten Sie LTspice und erstellen eine neuen Schaltplan.

- Klicken Sie auf **Component** und wählen Sie ihr Arbeitsverzeichnis unter dem Punkt **Top Directory**: Das Verzeichnis des Autors ist **C:\ELEKTOR-LTSPICE\PROGRAMS**. Sie sollten den Block sehen, den Sie gerade erstellt haben (**LPFilter**) wie in Abbildung 10.12 dargestellt.

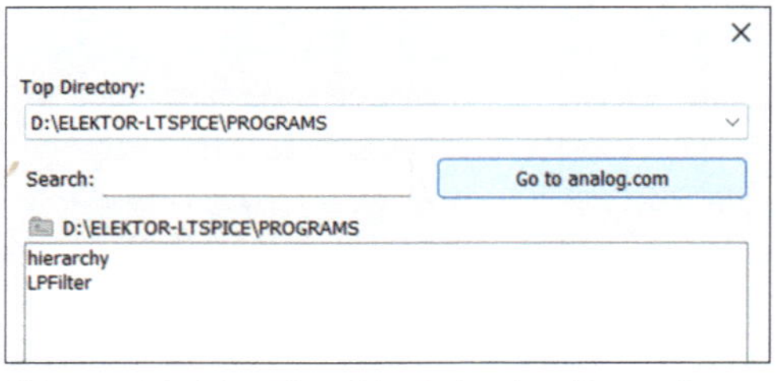

Abbildung 10.12: Filterblock in der Bauteilauswahl

- Klicken Sie auf den Filterblock und platzieren Sie diesen zweimal in Ihrem Schaltplan und zeichnen Sie die übrigen Teile der Schaltung wie in Abbildung 10.13 gezeigt. Platzieren Sie die beiden Batterien und die Eingangsspannungsquelle. Klicken Sie mit der rechten Maustaste auf die Eingangsspannung und stellen Sie diese unter Functions auf (none) und bei **AC Amplitude** unter **Small signal AC analysis (.AC)** auf 1 V.

- Die Schaltung ist nun ein Tiefpassfilter vierter Ordnung und aus zwei hintereinandergeschalteten Filtern zweiter Ordnung aufgebaut. Die Bezeichnung der Blöcke wurde hier durch einen Rechtsklick auf die Blöcke jeweils in **LP1** und **LP2** geändert.

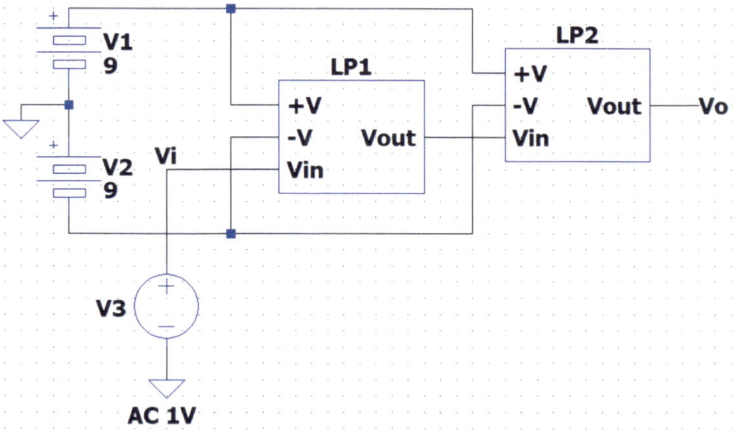

Abbildung 10.13: Aufbau eines Tiefpassfilters vierter Ordnung mit Blöcken

- Klicken Sie auf **Run/Pause** und wählen Sie **AC Analysis**.
- Stellen Sie die folgenden Punkte ein um den Amplituden- und Phasengang von 5 kHz bis 39 kHz darzustellen:

Type of sweep:	Decade
Number of points per decade:	100
Start frequency:	5k
Stop frequency:	39k

- Klicken Sie auf Vout um das Bodediagramm des Filters wie in Abbildung 10.14 zu zeichnen. Beachten Sie wie die Verstärkung bei der Grenzfrequenz 10 kHz um 3 dB gesunken ist.

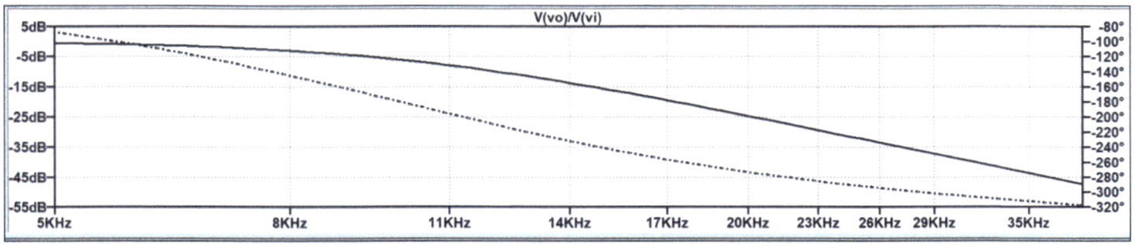

Abbildung 10.14: Frequenzgang des Filters vierter Ordnung

10.5 Übergabe von Parametern in Subcircuits

Der Tiefpassfilterblock, den wir in Abbildung 10.11 erstellt haben, ist nur für eine Grenzfrequenz von 10 kHz brauchbar. Das ist ziemlich unpraktisch. Wir können den Block so verändern, dass die Werte für die Widerstände und Kondensatoren während der Schaltplaneingabe festgelegt werden können. Auf diese Weise können Tiefpassfilter mit jeder benötigten Grenzfrequenz simuliert werden.

Die Schritte sind:

- Entfernen Sie die Batterien aus Abbildung 10.5 und kennzeichnen Sie die Ein- und Ausgänge der Schaltung, indem Sie diese mit Menüauswahl **Label Net** wie im vorherigen Beispiel (Abbildung 10.10) beschriften, doch ersetzen Sie die Widerstandswerte mit **{Rn}** und die Kondensatorwerte mit **{Cn}**, wobei ´n´ die Nummer des Widerstands oder des Kondensators ist (Abbildung 10.15). Speichern Sie die Schaltung unter **LP2** in Ihrem Arbeitsverzeichnis.

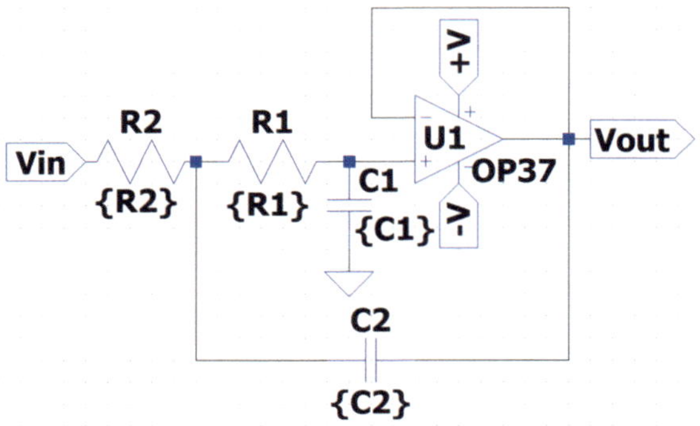

Abbildung 10.15: Subcircuit eines Filters zweiter Ordnung mit variablen Bauteilwerten

- Klicken Sie auf **Hierarchy** in der oberen Menüauswahl und wählen Sie **Open or Generate this Sheet's Symbol** und bestätigen Sie, dass ein Symbol erstellt werden soll. Sie bekommen ein Symbol wie in Abbildung 10.16 angezeigt, indem die Ein- und Ausgänge des Blocks im Rechteck bezeichnet sind. Speichern Sie diesen Block unter dem selben Namen und im selben Verzeichnis, die die Schaltung (z.B. LP2).

Abbildung 10.16: Verbesserter Filterblock (sieht genauso aus wie vorher!)

10.5.1 Verwendung des programmierbaren Blocks

- Lassen Sie uns einen Tiefpassfilter zweiter Ordnung unter Verwendung des Filterblocks aus Abbildung 10.16 simulieren, doch mit der Annahme, dass die benötigte Grenzfrequenz bei 1 kHz liegt.

- Mit dem Analog Filter Wizard haben wir festgestellt, dass dies die benötigten Bauteilwerte sind:

  R1 = 229 kΩ
  R2 = 101 kΩ

C1 = 680 pF
C2 = 1,6 nF

- Erstellen Sie die Schaltung.

- Klicken Sie auf **Component** und wählen Sie Ihr Arbeitsverzeichnis wie im vorherigen Beispiel. Sie sollten den gerade erstellten Block sehen (LP2).

- Klicken Sie auf den Filterblock und platzieren Sie diesen in Ihrem Schaltplan und zeichnen Sie die übrigen Teile der Schaltung wie in Abbildung 10.17 gezeigt. Platzieren Sie die beiden Batterien und die Eingangsspannungsquelle. Klicken Sie mit der rechten Maustaste auf die Eingangsspannung und stellen Sie diese unter Functions auf (none) und bei **AC Amplitude** unter **Small signal AC analysis (.AC)** auf 1 V.

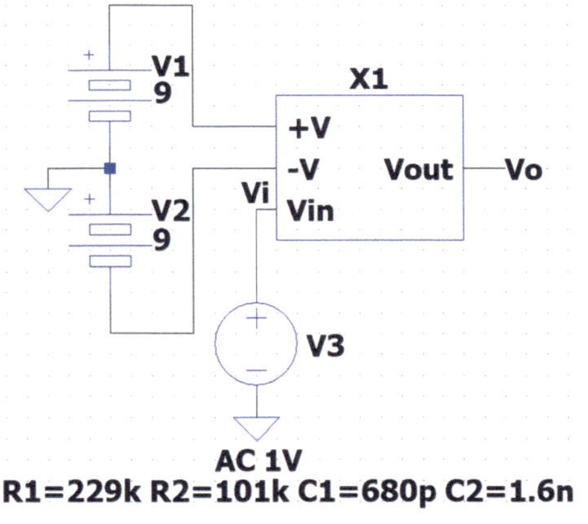

Abbildung 10.17: Einstellbares Tiefpassfilter zweiter Ordnung

- Geben Sie die Bauteilwerte für die neue Grenzfrequenz von 1 kHz ein. Klicken Sie mit der rechten Maustaste auf das Filter, setzen Sie ein Häkchen bei PARAMS und geben die folgenden Werte in das Feld hinter PARAMS ein (Abbildung 10.18):

R1=229k R2=101k C1=680p C2=1.6n

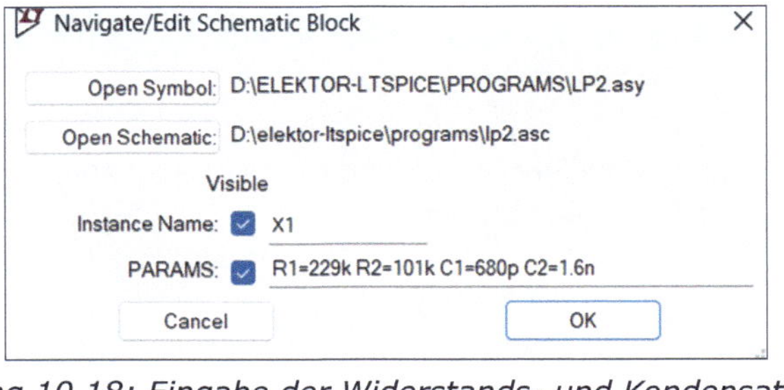

Abbildung 10.18: Eingabe der Widerstands- und Kondensatorwerte

- Klicken Sie auf **Run/Pause** und wählen Sie **AC Analysis**.
- Stellen Sie die folgenden Werte ein um sich den Frequenz- und Phasengang von 500 Hz bis 5 kHz anzeigen zu lassen:

Type of sweep:	Decade
Number of points per decade:	100
Start frequency:	500
Stop frequency:	5k

- Klicken Sie auf Vout um das Bodediagramm des Filters wie in Abbildung 10.19 zu zeichnen. Beachten Sie wie die Verstärkung bei der Grenzfrequenz 1 kHz um 3 dB gesunken ist.

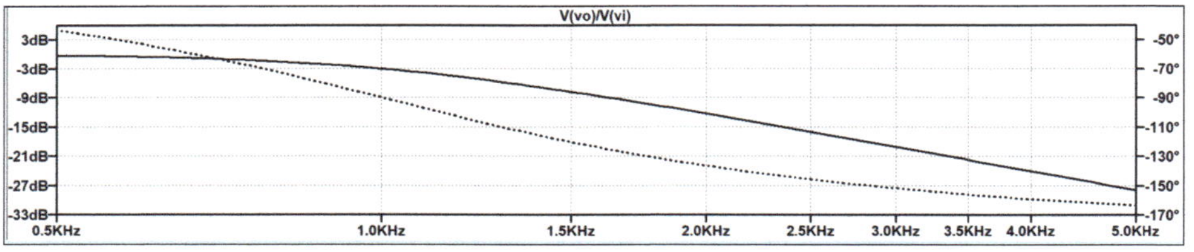

Abbildung 10.19: Frequenzgang des einstellbaren Filters zweiter Ordnung

10.6 Erstellung eines eigenen Symbols

Abbildung 10.11 und 10.16 zeigen das von LTspice erzeugte Symbol. In manchen Anwendungen möchten Sie vielleicht Ihr eigenes Symbol erstellen. Das wird in diesem Abschnitt beschrieben, wo wir wieder unseren einfachen Filterblock mit dem Tiefpass zweiter Ordnung und der Grenzfrequenz von 10 kHz verwenden (Sie möchten vielleicht den Aufbau verändern, so dass Sie die Bauteilwerte als Parameter eingeben können wie im vorherigen Beispiel).

Die Schritte sind:

- Entfernen Sie die Batterien in Abbildung 10.5 und kennzeichnen Sie die Ein- und Ausgänge der Schaltung, indem Sie diese mit der Menüauswahl **Label Net** beschriften (wie im vorherigen Beispiel). Speichern Sie die Schaltung aus Abbildung 10.10 z.B. mit dem Namen **LPF2** in einem eigenen Ordner.
- Klicken Sie auf Hierarchy in der oberen Menüauswahl und wählen Sie Create a New Symbol.
- Ihnen wird ein leeres Fenster mit einem Raster angezeigt, in dem Sie Ihr eigenes, neues Symbol zeichnen können.

- Lassen Sie uns ein Rechteck für unseren Block zeichnen. Klicken Sie mit der rechten Maustaste ins Fenster und wählen Sie **Draw → Rectangle** und zeichnen Sie ein großes Rechteck, das unseren Block darstellt. Stellen Sie sicher, dass die Kanten Ihres Rechtecks auf den Punkten im Raster sind.

- Als nächstes werden wir die Anschlüsse und die Anschlussbezeichnungen hinzufügen. Klicken Sie mit der rechten Maustaste auf das Rechteck und wählen Sie **Add Pin**. Ihnen wird eine Maske angezeigt. Stellen Sie sicher, dass die Bezeichnungen (Label), die Sie eingeben, die selben sind wie in der Schaltung, die Sie in Abbildung 10.10 erstellt haben. Geben Sie Vin als die Anschlussbezeichnung ein und positionieren Sie das kleine Rechteck (Anschluss) am linken Rand des Rechtecks (Abbildung 10.20 und Abbildung 10.21).

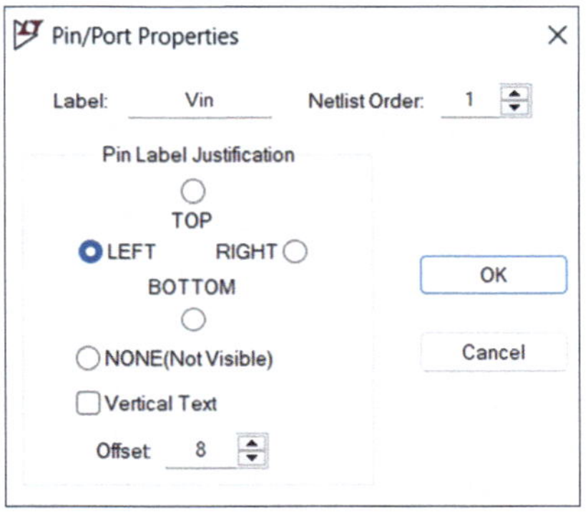

Abbildung 10.20: Hinzufügen des Eingangspins ´Vin´

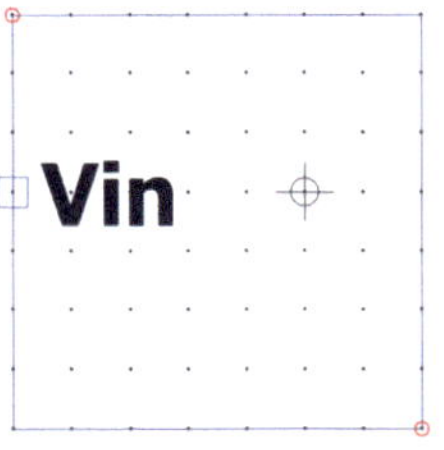

Abbildung 10.21: Eingangspin ´Vin´ am Rechteck

Wiederholen Sie diesen Arbeitsvorgang für alle Anschlüsse

- Speichern Sie das Symbol im selben Arbeitsverzeichnis mit dem Namen **LPF2. asy**

Der neue Filterblock kann nun in einer Schaltung wie in Abschnitt 10.4.1 (stellen Sie sicher, dass Sie in Ihrem Arbeitsverzeichnis nach dem neu erstellten Filtersymbol suchen, nachdem Sie auf Component geklickt haben) verwendet werden.

10.7 LTspice Filterbibliothek

In LTspice sind verschiedene Filtermodelle für ein Filter zweiter Ordnung verfügbar. In diesem Abschnitt werden wir einen Bandpass vierter Ordnung mit einer Grenzfrequenz von 1 kHz simulieren.

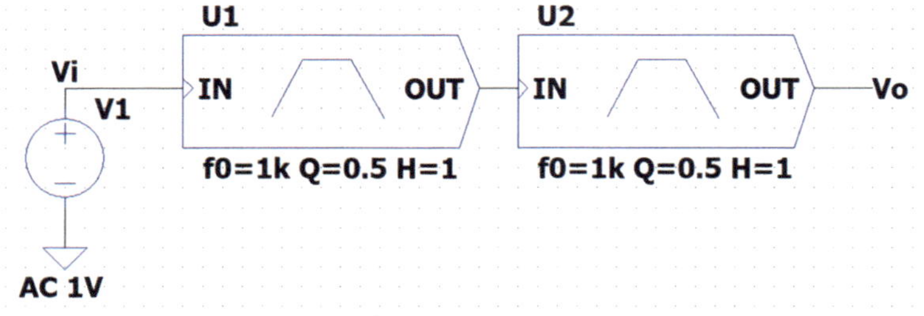

Abbildung 10.22: Verwendung der Blöcke aus der Filterbibliothek

Schaltplaneingabe

- Klicken Sie auf **Component** → **[SpecialFunctions**] und wählen Sie **2ndOrdBandpass**.
- Fügen Sie eine Spannungsquelle hinzu und stellen Sie ihre **Amplitude** auf 1 V.

Simulation

- Klicken Sie **Run/Pause** und wählen Sie **AC Analysis**.
- Stellen Sie die folgenden Punkte ein um den Frequenzgang von 100 Hz bis 10 kHz zu zeichnen:

Type of sweep:	Decade
Number of points per decade:	100
Start frequency:	100
Stop frequency:	10k

- Klicken Sie auf **Vo** um sich das Bodediagramm anzeigen zu lassen. Abbildung 10.23 zeigt den Frequenz- und Phasengang des Filters

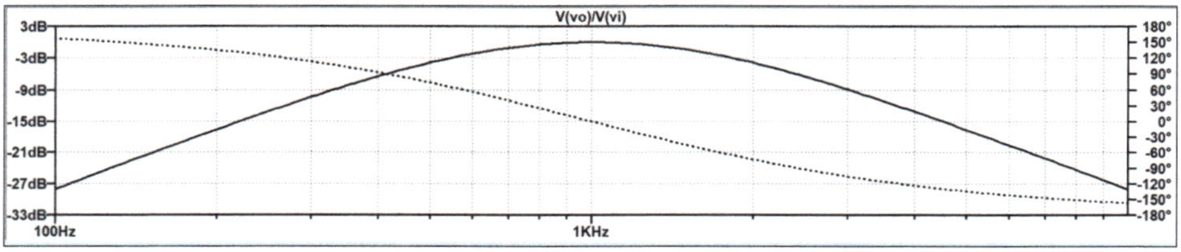

Abbildung 10.23: Frequenzgang des Filters

Kapitel 11 • Digitale Bausteine

11.1 Übersicht

Digitaltechnik ist eine fundamentale Technologie und wesentlich für den Aufbau von modernen Digital- und Computersystemen. Digitalschaltungen können in zwei Kategorien eingeteilt werden: Kombinatorische und sequentielle Schaltungen. In kombinatorischen Digitalschaltungen gibt es für gewöhnlich keinen Takt und der Ausgang reagiert direkt auf Änderungen am Eingang. Auf der anderen Seite gibt es sequentielle Schaltungen, die einen Takt besitzen und deren Ausgänge sich nur ändern können, wenn sich der Taktzustand ändert. Üblicherweise werden sequentielle Schaltungen aus Blöcken mit kombinatorischen Logikbausteinen getrennt von Speicherbausteinen, die durch ein Taktsignal angesteuert werden, aufgebaut.

In diesem Kapitel werden wir digitale Schaltungen mit LTspice simulieren.

11.2 Digitale Bausteine

Leider befinden sich in der Bauteildatenbank von LTspice nur wenige, grundlegende Logikbausteine. Weiterhin sind diese Bausteine generisch, was bedeutet, dass sie keiner kommerziell verfügbaren Logikfamilie angehören (z.B. der 74HC Serie). Vorhanden sind universelle Logikgatter und andere Bausteine. Glücklicherweise können wir Logikfamilien von Drittanbietern aus dem Internet importieren, was wir später in diesem Kapitel auch tun werden. Doch zuerst werden wir einfache Logikschaltungen mit den vorhandenen Bausteinen entwerfen und simulieren.

11.3 Halbaddierer mit Logikgattern

Ein Halbaddierer ist ein Teilbaustein von einem Volladdierer. Wie in Abbildung 11.1 gezeigt, hat ein Halbaddierer zwei Eingänge A und B sowie zwei Ausgänge S (Summe) und Übertrag (Carry-Out, C). Wie in der Wahrheitstabelle in Tabelle 11.1 dargestellt, werden A und B addiert und das Ergebnis liegt als Summe an. Der Überlauf oder Übertrag liegt am Carryausgang an. Die Summe ist einfach eine XOR-Verknüpfung der beiden Eingänge, während der Übertrag eine UND-Verknüpfung der beiden Eingänge ist.

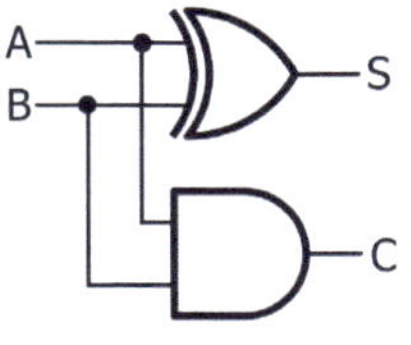

Abbildung 11.1: Logikschaltung eines Halbaddierers

A	B	S	C
0	0	0	0
0	1	1	0
1	0	1	0
1	1	0	1

Tabelle 11.1: Wahrheitstabelle eines Halbaddierers

Als Logikgleichung:

$S = A \oplus B$

$C = AB$

Schaltplaneingabe

Abbildung 11.2 zeigt die mit LTspice gezeichnete Schaltung.

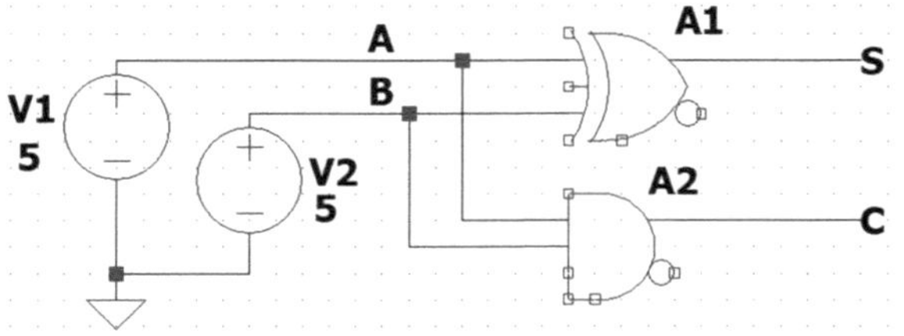

Abbildung 11.2: Halbaddierer in LTspicer

- Klicken Sie auf **Component** → **[Digital]** und fügen Sie ein xor ein. Ebenso ein **and**.

- Verbinden Sie die beiden Bauteile wie in Abbildung 11.2. Beachten Sie, dass die Gatter mehrere Eingänge haben und einen invertierenden und nicht-invertierenden Ausgang.

- Verbinden Sie zwei Spannungsquellen an die Eingänge.

Simulation

Wir müssen prüfen, ob die Schaltung für alle Eingangskombinationen die selben Ausgangswerte ausgibt wie die in der Wahrheitstabelle. Klicken Sie mit der rechten Maustaste auf die Spannungsquellen und stellen Sie diese wie unten angegeben ein. Klicken Sie **Run/ Pause** und wählen Sie **DC op pnt** um die Ausgangsspannungen zu prüfen. Beachten Sie, dass der Eingangspegel HIGH bei 5 V und der Ausgangspegel HIGH bei 1 V liegt:

Set V1 = 0 V, V2 = 0 V prüfen Sie ob S = 0 V, C = 0 V
Set V1 = 0 V, V2 = 5 V prüfen Sie ob S = 1 V, C = 0 V
Set V1 = 5 V, V2 = 0 V prüfen Sie ob S = 1 V, C = 0 V
Set V1 = 5 V, V2 = 5 V prüfen Sie ob S = 0 V, C = 1 V

- Als Beispiel zeigt Abbildung 11.3 die Ausgangszustände an, wenn an beiden Eingängen 5 V anliegt.

```
        --- Operating Point ---

V(a):          5          voltage
V(b):          5          voltage
V(s):          0          voltage
V(c):          1          voltage
```

Abbildung 11.3: Ausgangspegel mit beiden Eingängen auf HIGH

11.4 Volladdierer mit zwei Halbaddierern

Ein Volladdierer addiert zwei Bits A und B und ein Übertragbit (Carry-In, Ci) um ein Summenbit (S) und ein Übertragbit (Carry-Out, Co) auszugeben. Abbildung 11.4 zeigt ein Blockdiagramm eines Volladdierers. Die Wahrheitstabelle eines Volladdierers ist in Tabelle 11.2 gezeigt.

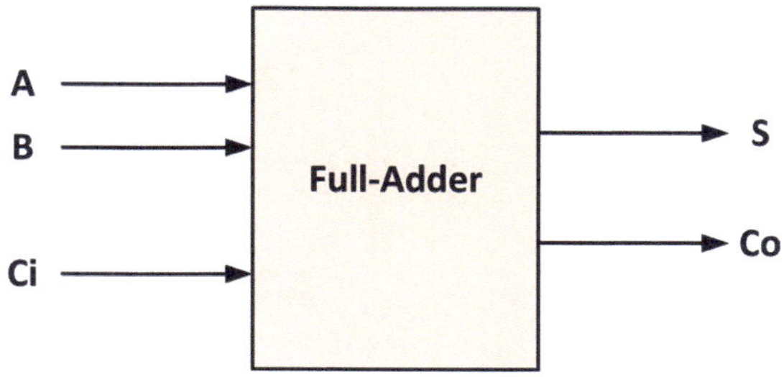

Abbildung 11.4: Block für einen Volladdierer

Eingänge			Ausgänge	
A	B	Ci	S	Co
0	0	0	0	0
0	0	1	1	0
0	1	0	1	0
0	1	1	0	1
1	0	0	1	0
1	0	1	0	1
1	1	0	0	1
1	1	1	1	1

Tabelle 11.2: Wahrheitstabelle eines Volladdierers

Als Logikgleichung:

$S = A \oplus B \oplus Ci$

$C = AB + ACi + Bci.$

Die Schaltung

Ein Volladdierer kann aus der Kombination von zwei Halbaddierern unter Ergänzung eines ODER-Gatters gebaut werden wie in Abbildung 11.5 gezeigt

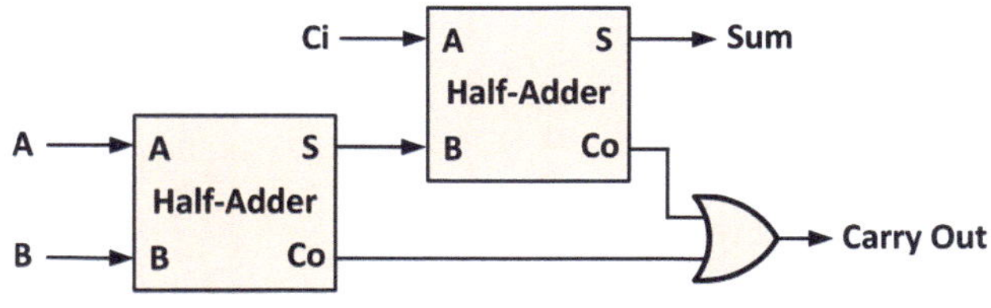

Abbildung 11.5: Volladdierer aus zwei Halbaddierern

Wir können einen Halbaddierer als Block mit einem Subcircuit erstellen und diesen verwenden um einen Volladdierer zu bauen. Die Schritte sind:

- Entfernen Sie die Spannungsquellen aus Abbildung 11.2 und beschriften Sie die Ein- und Ausgänge mit Labeln wie in Abbildung 11.6 gezeigt. Speichern Sie die Schaltung als **Halbaddierer** in Ihrem Arbeitsverzeichnis.

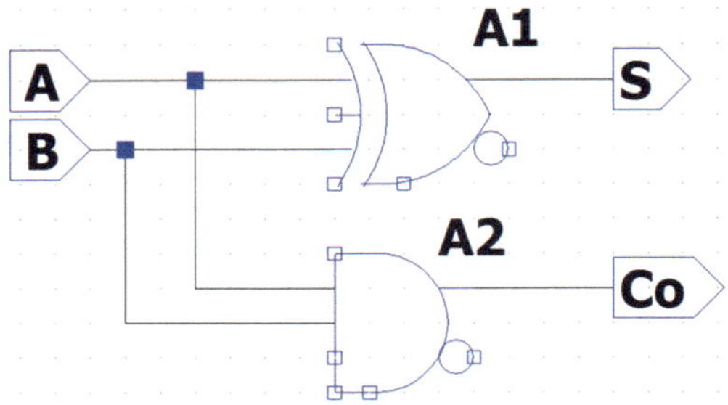

Abbildung 11.6: Erstellung eines Subcircuits für einen Halbaddierer als Blocksymbol

- Klicken Sie auf **Hierarchy** und wählen Sie **Open** or **Generate this Sheet's Symbol**. Bestätigen Sie, dass ein Symbol erstellt werden soll.

- Klicken Sie auf **Save**.

Erstellung des Volladdierers

- Klicken Sie auf **Component** und wählen Sie unter als Hauptverzeichnis den Ordner, unter dem Sie den Halbaddierer gespeichert haben.

- Fügen Sie zwei **Halbaddierer** in Ihren neuen Schaltplan und erstellen Sie die Schaltung für den Volladdierer wie in Abbildung 11.7 gezeigt.

- Verbinden Sie die Spannungsquellen an die Eingänge der Halbaddierer und beschriften Sie die Schaltung passend mit der Menüoption **Label Net**.

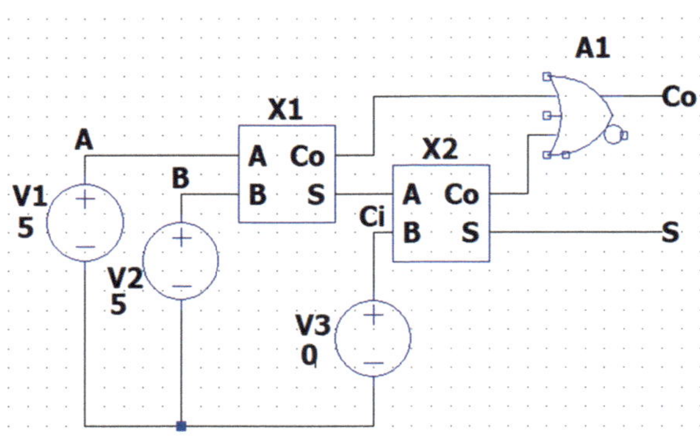

Abbildung 11.7: Schaltung des Volladdierers

Simulation

- Wir müssen prüfen, ob der Volladdierer für alle Eingangskombinationen die selben Ausgangswerte ausgibt wie in der Wahrheitstabelle. Klicken Sie mit der rechten Maustaste auf die Spannungsquellen. Stellen Sie diese entsprechend Tabelle 11.2 ein und denken Sie daran, für eine logische 1 5 V und für eine logische 0 0 V zu verwenden.

- Klicken Sie auf **Run/Pause** und wählen Sie **DC op pnt** um die Ausgangsspannungen zu prüfen.

- Als Beispiel dient Abbildung 11.8, welche die Ausgangspegel zeigt, wenn alle Eingänge bei 5 V liegen.

```
* D:\ELEKTOR-LTSPICE\PROGRAMS\Full-adder.asc
       --- Operating Point ---

V(a):          5          voltage
V(b):          5          voltage
V(n003):       0          voltage
V(n001):       1          voltage
V(ci):         5          voltage
V(s):          1          voltage
V(n002):       0          voltage
V(co):         1          voltage
V(n005):       0          voltage
```

Abbildung 11.8: Ausgangspegel mit beiden Eingängen auf HIGH

11.5 Import der 74HC Familie

Wie zuvor erwähnt, ist das Angebot an Digitalbausteinen bei LTspice eher gering. Es gibt allerdings Bibliotheken für Logikbausteine im Internet. Die vom Autor verwendete ist eine mit Standardbausteinen aus der 74HC Familie. 74HC sind low-power, high-speed CMOS Bausteine und umfassen sowohl Logikbausteine als auch Zähler, Schieberegister, Multiplexer und viele mehr. Die Bausteine dieser Familie sind mit vielen anderen Familien Pinkompatibel wie LS, S, F, HCT usw. Die 74HC Bausteine arbeiten mit einer Betriebsspannung von 2 V bis hin zu 6 V und die Anschlüsse können einen Strom von 4 mA aufnehmen oder abgeben. Die Logikpegel der 74HC Familie am Ein- und Ausgang sind:

High-Pegel Eingangsspannung:	1,5 V min.
Low-Pegel Eingangsspannung:	0,5 V max.
High-Pegel Ausgangsspannung:	4,4 V typ.
Low-Pegel Ausgangsspannung:	0,1 V max.

Einige Mitglieder der 74HC Familie sind in Abbildung 11.9 aufgeführt. Es gibt viele Seiten im Internet, die eine vollständige Beschreibung eines jeden Familienmitglieds beinhalten.

Part No.	Description
74HC00	Quad 2-input NAND Gate
74HC02	Quad 2-input NOR Gate
74HC04	Hex Inverter
74HC08	Quad 2-input AND Gate
74HC10	Triple 3-input NAND Gate
74HC11	Triple 3-input AND Gate
74HC14	Hex Inverter Schmitt Trigger
74HC20	Dual 4-input NAND Gate
74HC30	8-input NAND Gate
74HC32	Quad 2-input OR Gate
74HC74	Dual D Flip-Flop
74HC75	Quad Bistable Transparent Latch
74HC85	4-bit Magnitude Comparator
74HC86	Quad EXCLUSIVE-OR Gate
74HC107	Dual JK Flip-Flop with Reset
74HC123	Dual Monostable Multivibrator
74HC125	Quad Bus Buffer Tri-State
74HC126	Quad Buffer/Line Driver, 3-State
74HC132	Quad 2-input NAND Schmitt Trigger
74HC138	3 to 8 Decoder/Demultiplexer

Abbildung 11.9: Einige Gatter aus der 74HC-Logikfamilie

Die 74HC Logikfamilie, die der Autor verwendet, besteht aus:

- Symboldateien für jedes Bauteil (mit der Endung .asy)
- Bibliotheksdatei der Familie (mit der Endung .lib)

Diese Dateien sind auf der folgenden Internetseite verfügbar. Sie müssen sich registrieren um auf den Inhalt der Seite zugreifen zu können:

https://groups.io/g/LTspice/files/z_yahoo/Lib/Digital%2074HCxxx

Obwohl es viele Dateien und Dokumente auf dieser Seite gibt, sind wir nur an den folgenden beiden Dateien interessiert. Kopieren Sie diese in Ihr Arbeitsverzeichnis:

74HC.zip (Symboldateien)
74HC_v.lib (Bibliotheksdatei)

Import der Bibliothek

- Entpacken Sie die Datei **74HC.zip** in Ihr Arbeitsverzeichnis. Sie werden feststellen, dass sich in der zip-Datei viele Dateien befinden, welche die Endung **.asy** haben, zum Beispiel **74hc00.asy**.
- Sie sind nun bereit, die Bausteine in der Bibliothek zu benutzen. Es ist wichtig, dass Sie in jede Schaltung, die diese Bauelemente verwendet, die folgende Zeile in Ihre **SPICE Directive** einfügen (legen Sie Ihr eigenes Arbeitsverzeichnis fest, in dem die Symbole und Bibliotheksdateien gespeichert sind):

.inc D:\ELEKTOR-LTSPICE\PROGRAMS\74hc_v.lib

Beachten Sie, dass für diese Bibliothekselemente die Verbindung zwischen den Schaltungen und der Spannungsquelle mit VCC gelabelt werden muss.

Test der Bibliothek

Es ist nützlich, die Bibliothek mit einem einfachen Beispiel zu testen.

Die Schaltung

Hier wird ein 74HC00 NAND Gatter verwendet und der Ausgang auf seine Richtigkeit hin überprüft. Abbildung 11.10 zeigt die zu simulierende Schaltung.

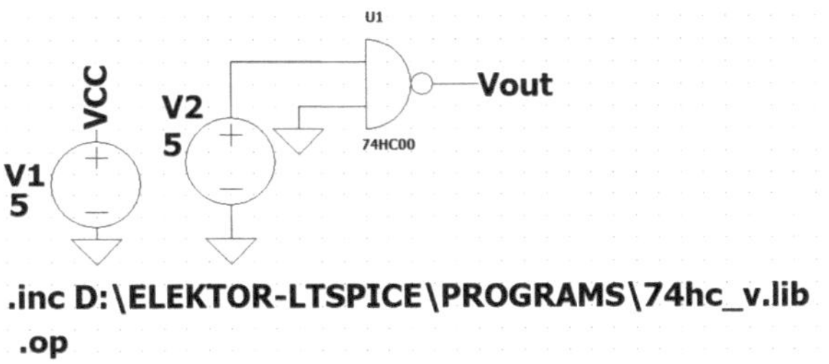

Abbildung 11.10: Testschaltung für die 74HC-Bibliothek

- Klicken Sie auf **Component** und wählen Sie Ihr Arbeitsverzeichnis aus. Klicken Sie auf das **74hc00** NAND Gatter und positionieren Sie es im Schaltplan.

- Fügen Sie die **SPICE Directive** .inc [Ihr_Arbeitsverzeichnis]\74hc_v.lib hinzu.

- Platzieren Sie eine Spannungsquelle für U1 und nennen Sie die daran angeschlossene Leitung mit **VCC**. Setzen Sie ihre Spannung auf 5 V. Verwenden Sie eine weitere Spannungsquelle als Eingangsspannung für das Gatter. Labeln Sie den Ausgang (z.B. **Vout**).

Simulation

- Klicken Sie auf **Run/Pause** und wählen Sie **DC op pnt** um die Eingangs- und Ausgangsspannungen anzuzeigen. Abbildung 11.11 zeigt die Eingangs- und Ausgangsspannungen. Wie erwartet ist der Ausgang des NAND Gatters auf logisch 1 (5 V), da einer der Eingänge auf logisch 0 (0 V) liegt.

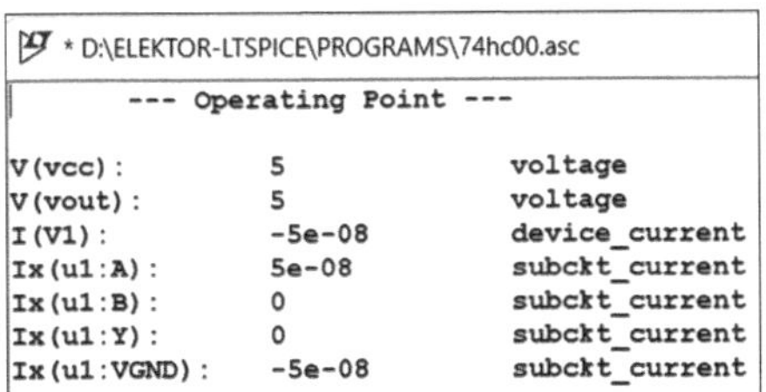

* D:\ELEKTOR-LTSPICE\PROGRAMS\74hc00.asc

--- Operating Point ---

V(vcc):	5	voltage
V(vout):	5	voltage
I(V1):	-5e-08	device_current
Ix(u1:A):	5e-08	subckt_current
Ix(u1:B):	0	subckt_current
Ix(u1:Y):	0	subckt_current
Ix(u1:VGND):	-5e-08	subckt_current

Abbildung 11.11: Eingangs- und Ausgangsspannungen

Hinweis: Die 74HC Bibliothek ist eine Arbeit der Netzgemeinschaft, die auch fehlerbehaftet sein kann. Sie wurde nicht vollständig dßurch den Autor getestet.

11.6 Multiplexer mit zwei Eingängen

In diesem Abschnitt wird ein Multiplexer mit zwei Eingängen simuliert. Das Ziel ist zu zeigen wie man eine Schaltung mit vielen Gattern einfach simuliert. Der eigentliche Entwurf von Logikschaltungen geht über den Inhalt des Buches hinaus und es wird angenommen, dass der Leser die Kenntnis des Entwurfs solcher Schaltungen mit Hilfe eines Karnaughplans usw. besitzt. Abbildung 11.12 zeigt das Blockschaltbild eines Multiplexers mit zwei Eingängen.

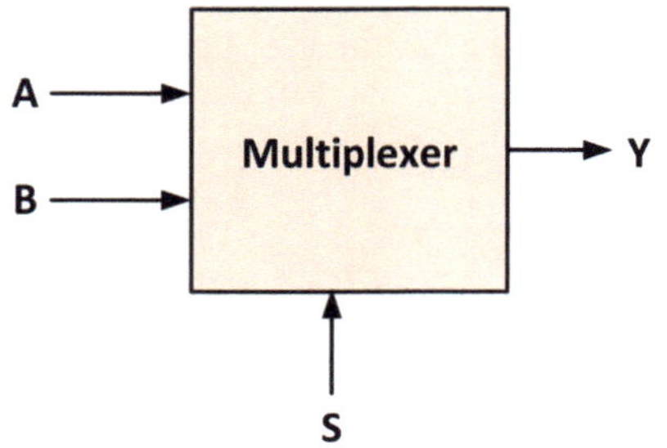

Abbildung 11.12: Block eines Multiplexers mit zwei Eingängen

Die Wahrheitstabelle des Multiplexers ist in Tabelle 11.3 dargestellt. Setzen Sie z.B. S = 1, wird Eingang B mit dem Ausgang verbunden, wenn Sie es auf 0 setzen, verbindet er stattdessen Eingang A.

S	Y
0	A
1	B

Tabelle 11.3: Wahrheitstabelle eines Multiplexers

Schaltplaneingabe

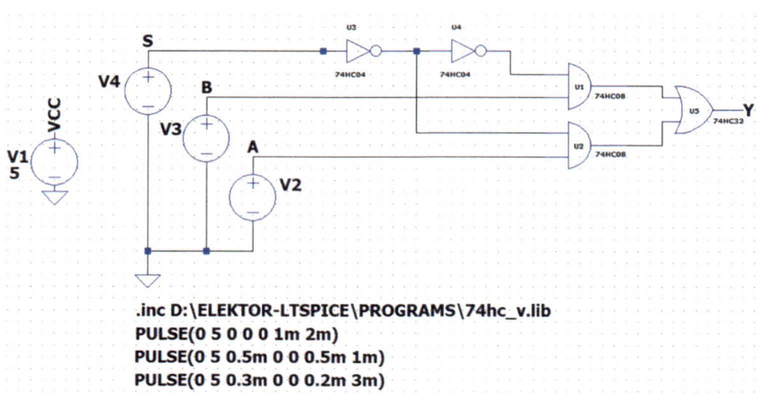

Abbildung 11.13: Schaltung des Multiplexers

- Klicken Sie auf **Component** und navigieren Sie zu dem Verzeichnis, in dem die 74HC Modelle gespeichert sind. Fügen Sie die UND Gatter (74HC08), die ODER Gatter (74HC32) und die INVERTER (74HC04) wie in Abbildung 11.13 ein.

- Fügen Sie die Spannungsquelle für die Bibliothekselemente hinzu und bezeichnen Sie diese mit **VCC**.

- Fügen Sie drei Spannungsquellen für die Eingänge S, A und B hinzu. Konfigurieren Sie diese als **PULSE**, so dass wir die Ausgänge einfach darstellen können:

S(V4):	Von[V]:	5
	Ton[s]:	1m
	Tperiod[s]:	2m
S(V3):	Von[V]:	5
	Tdelay[s]:	0.5m
	Ton[s]:	0.5m
	Tperiod[s]:	1m
S(V2):	Von[V]:	5
	Tdelay[s]:	0.3m
	Ton[s]:	0.2m
	Tperiod[s]:	3m

Simulation

- Klicken Sie auf **Run/Pause** und wählen Sie **Transient**. Setzen Sie die **Stop time** auf 10m.

- Abbildung 11.14 zeigt die Signalverläufe für S, B, A und den Ausgang Y. Die Endwerte der y-Achse wurden etwas vergrößert um die Signale besser erkennen zu können. In diesem Bild kann man sehen, dass der Ausgang Y dem Eingang A folgt, wenn S = 0 ist und wenn S = 1 ist, dem Eingang B folgt.

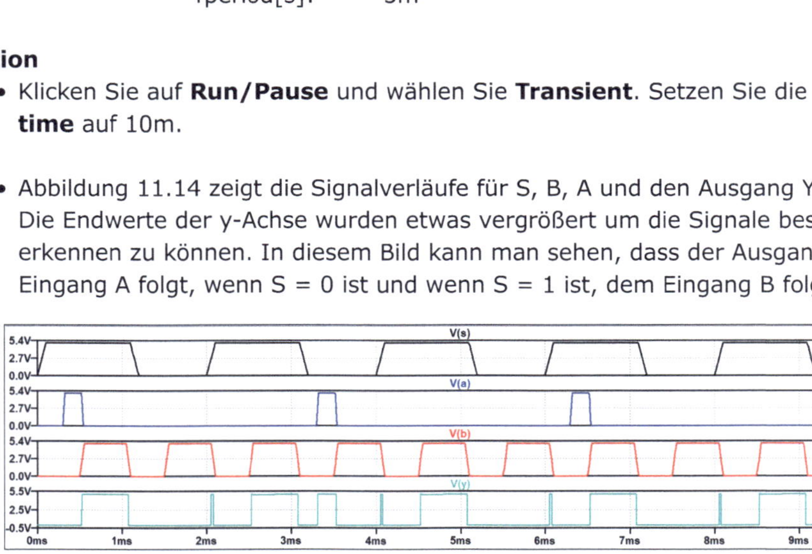

Abbildung 11.14: Eingangs- und Ausgangsspannungen des Multiplexers

11.7 4 Bit Binärzähler

Binärzähler sind grundlegende Bauelemente der Logikfamilien und werden in vielen Digitalschaltungen verwendet. In diesem Abschnitt werden wir einen bekannten 4 Bit Binärzähler namens 74HC161 simulieren.

Der Zähler wird mit einer positiven Taktflanke am Takteingang gesteuert. Er hat einen **LOAD** Eingang, so dass mit einem LOW Pegel an seinem Eingang die Daten an den Eingängen **A, B, C** und **D** mit der positiven Taktflanke in den Zähler geladen werden. Mit einem HIGH Pegel an den Enable Eingängen kann der Zähler aktiviert bzw. deaktiviert werden. Der Ripple Carry Ausgang wird benötigt um mehrere Bausteine zu einem größeren Zähler zu kaskadieren. Die Ausgänge werden gelöscht, wenn am CLR Eingang ein LOW Pegel anliegt. Das Ausgangsdatum des 4 Bit Zählers liegt an den Anschlüssen Q0, Q1, Q2, und Q3 an, wobei Q0 das niederwertigste Bit (Least Significant Bit, LSB) ist.

Eingänge

CLK (oder CP):	Takteingang
CLR (oder R):	Löscheingang
ENP (oder CEP):	Enable Pin (Zähler)
ENT (oder CET):	Enable Pin (Ripple Carry)
LOAD (der PE):	Ladeeingang
A, B, C, D (oder D0, D1, D2, D3):	Dateneingänge

Ausgänge

Q0, Q1, Q2, Q3:	Datenausgänge
Ripple Carry Ausgang (oder TC):	Ausgang zum nächsten Zähler

Im Normalbetrieb zählt der Zähler bei einer positiven Taktflanke hoch, wenn die Eingänge CLR, ENP und ENT alle einen HIGH Pegel anliegen haben.

Schaltplaneingabe

Abbildung 11.15 zeigt die Schaltung des Zählers.

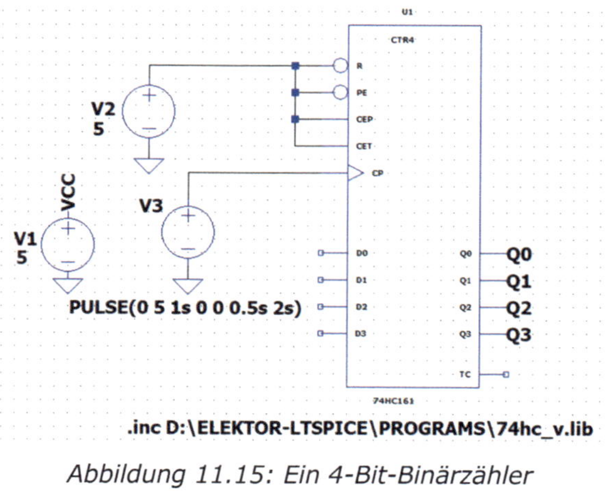

Abbildung 11.15: Ein 4-Bit-Binärzähler

- Klicken Sie auf **Component** und öffnen Sie das Verzeichnis, in dem die 74HC Modelle gespeichert sind. Platzieren Sie ein 74HC161 im Schaltplan. Verbinden Sie die Eingänge R, PE, CEP, CET mit 5 V.

- Verbinden Sie den Takteingang (CP) mit einer Spannungsquelle und konfigurieren Sie diese so, dass sie einen **PULSE** mit einer Pulsdauer von 0,5 s und einer Periodendauer von 2 s ausgibt:

Von[V]:	5
Tdelay[s]:	1
Ton[s]:	0.5
Tperiod[s]:	2

- Stellen Sie die Spannungsquelle U1 auf 5 V und bezeichnen Sie diese mit VCC.

Simulation

- Klicken Sie auf **Run/Pause** und wählen Sie **Transient**. Stellen Sie die **Stop time** auf 50 s.

- Klicken Sie auf **Q0** um das Ausgangssignal von **Q0** anzuzeigen. Klicken Sie mit der rechten Maustaste auf das Diagramm und wählen Sie **Add Plot Pane Below**. Klicken Sie auf **Q1** um sich die Spannung **Q1** anzeigen zu lassen. Wiederholen Sie die Schritte für **Q3** und **Q4**.

- Abbildung 11.16 zeigt die Ausgangssignale des Zählers. Wie Sie sehen können, zählt der Zähler binär aufwärts.

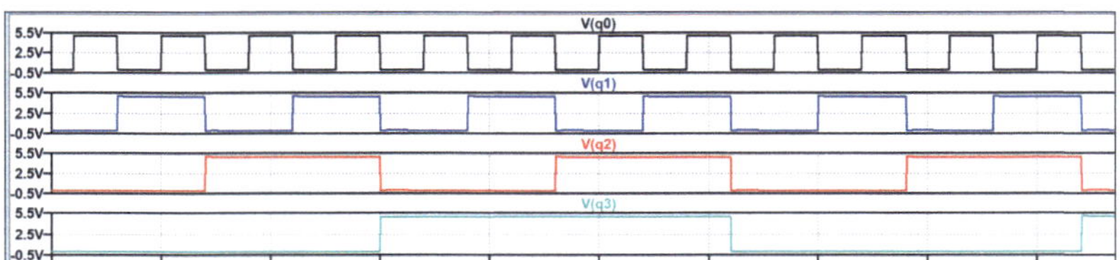

Abbildung 11.16: Ausgangsspannungen des 4-Bit-Binärzählers

11.8 Mehrere Eingänge

Viele der Logikgatter aus der 74HC Familie haben zwei oder drei Eingänge. Es gibt Anwendungen, bei denen mehr Eingänge notwendig sind. Hier zeigen wir, wie man Logikgatter mit vier Eingängen erstellt, indem man die jeweiligen Bausteine mit drei Eingängen verwendet.

Abbildung 11.17 zeigt wie man UND, ODER, NAND und NOR Gatter mit vier Eingängen aus den Bausteinen mit zwei oder drei Eingängen aufbaut. Man kann auch die selben Ergebnisse erzielen, indem man verschiedene Gattertypen miteinander verwendet.

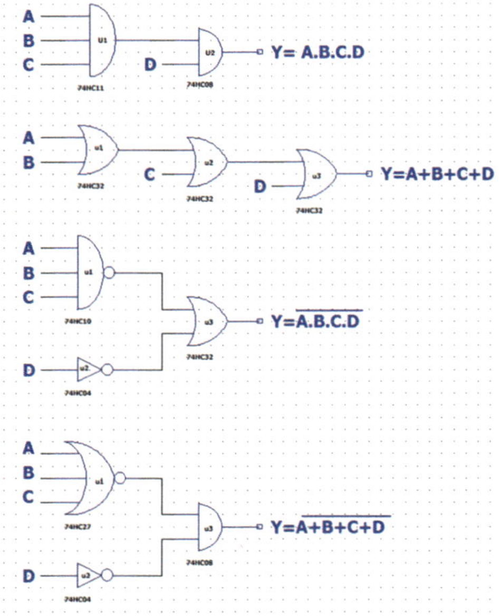

Abbildung 11.17: Erstellung von Logikgattern mit vier Eingängen

11.9 Volladdierer

Der 74HC283 ist ein Volladdierer aus der 74HC Familie. Dieser Baustein addiert die 4 Bit Worte zusammen mit einem Übertrag (Ci) an seinen A (A0...3) und B (B0...3) Eingängen und gibt die Summe an seinem S Ausgang (S0...3) zusammen mit einem Carry-Out (Co) Signal. Die Endungen 0 und 3 geben entsprechend das niederwertigste Bit (Least Significant, LS) und höchstwertigste Bit (Most Significant, MS) wieder.

Abbildung 11.18 zeigt die Schaltung. In diesem Beispiel wird die Binärzahl 4 am Eingang A zu der Binärzahl 3 am Eingang B addiert. Das Ergebnis 7 steht am Ausgang S an. Das Übertragbit ist auf 0 gesetzt. Mathematisch ausgedrückt:

A B S
0100 + 0011 = 0111

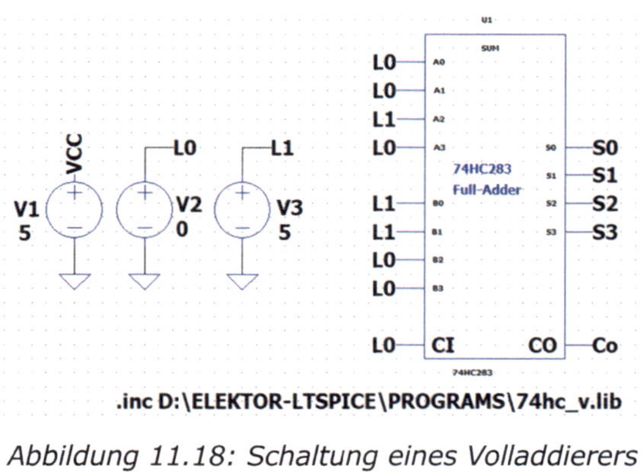

Abbildung 11.18: Schaltung eines Volladdierers

Schaltplaneingabe

- Klicken Sie auf **Component** und wählen Sie den Ordner aus, in dem die 74HC Symbole gespeichert sind und klicken Sie auf den 74HC283 um diesen im Schaltplan zu platzieren.

- Platzieren Sie eine Spannungsquelle als Versorgung für das Bauteil und setzen Sie die Spannung auf 5 V. Bezeichnen Sie die Leitung daran mit **VCC**.

- Platzieren Sie zwei Spannungsquellen und benennen Sie diese als **L1** und **LO**. Setzen Sie L1 auf 5 V und **LO** auf 0 V (oder Masse). Verwenden Sie im Schaltplan die Leitung **LO** um eine logische 0 darzustellen und die Leitung **L1** für eine logische 1. Geben Sie an Port **A** die Binärzahl 4, (0110, A3 = 0, A2 = 1, A1 = 1, A0 = 0) und an Port **B** die Binärzahl 3 (0011, B3 = 0, B2 = 0, B1 = 1, B0 = 1) ein.

- Klicken Sie auf **SPICE Directive** und fügen Sie den Pfad für die **74HC_v.lib** in den Schaltplan ein.

Simulation

- Klicken Sie auf **Run/Pause** und wählen Sie **DC op pnt** um die Spannungen und Ströme in der Schaltung anzuzeigen (wir sind nur an den Spannungen interessiert). Sie sollten sehen wie am Ausgang die Summe von A und B ansteht (d.h. S3 = 0, S2 = 1 S1 = 1 S3 = 1).

Abbildung 11.19 zeigt die Spannungen am Ausgang.

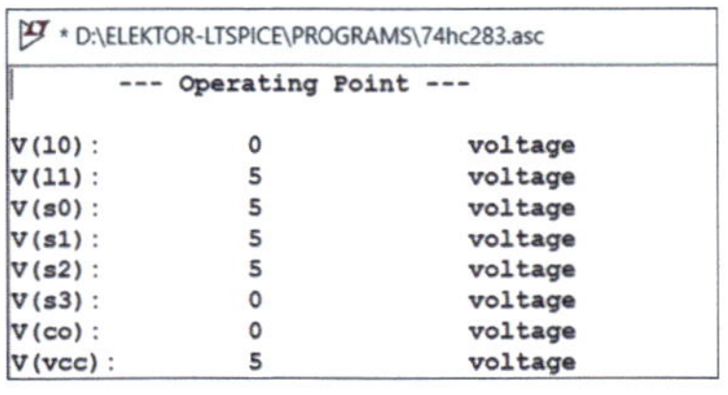
* D:\ELEKTOR-LTSPICE\PROGRAMS\74hc283.asc

```
--- Operating Point ---

V(10):     0     voltage
V(11):     5     voltage
V(s0):     5     voltage
V(s1):     5     voltage
V(s2):     5     voltage
V(s3):     0     voltage
V(co):     0     voltage
V(vcc):    5     voltage
```

Abbildung 11.19: Die Berechnung von 4 + 3 = 7 mit Logikpegeln

11.10 Monostabile Kippstufe

In diesem Beispiel werden wir unter Verwendung des 74HC221 einen monostabilen Multivibrator simulieren. Dies ist ein nicht-nachtriggerbares Monoflop, bei dem die Breite des Ausgangspulses durch einen Kondensator und einen Widerstand bestimmt wird. In diesem Beispiel wird die Kippstufe mit einer steigenden Taktflanke an seinem Takteingang ausgelöst.

Abbildung 11.20 zeigt die Schaltung.

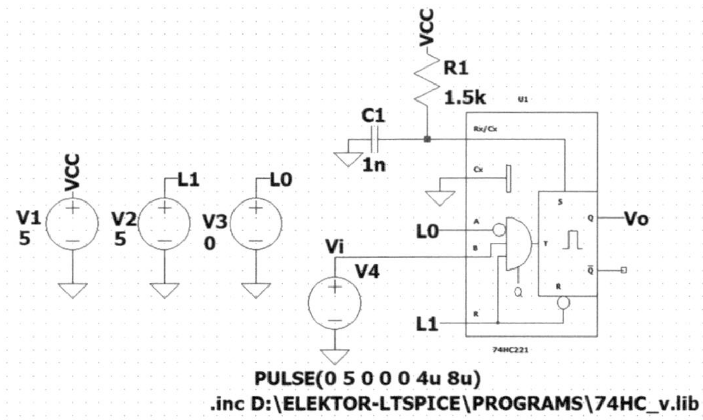

Abbildung 11.20: Ein nicht-nachtriggerbarer monostabiler Multivibrator

Entwurf

Laut Datenblatt ist die Breite des Pulses am Ausgang mit

$$T_W = 0{,}7 \cdot R \cdot C$$

gegeben. Wir möchten hier eine Pulsdauer von T = 1 µs. Wählen wir C = 1 nF, dann können wir den Wert des Widerstands mit

$$R = \frac{1 \cdot 10^{-6} \mu s}{0{,}7 \cdot 1 \cdot 10^{-9} F} = 1429 \Omega$$

wählen. Wir werden einen 1,5 kΩ Widerstand auswählen, was eine Pulsbreite von 1,05 µs ergibt.

Schaltplaneingabe

- Klicken Sie auf **Component** und wählen Sie den Ordner, in dem die 74HC Symbole gespeichert sind und klicken Sie auf den 74HC221 um ihn auf den Schaltplan zu setzen.

- Platzieren Sie eine Spannungsquelle als Versorgung für das Bauteil und setzen Sie die Spannung auf 5 V. Bezeichnen Sie die Leitung daran mit **VCC**.

- Platzieren Sie zwei Spannungsquellen und benennen Sie diese als **L1** und **L0**. Setzen Sie **L1** auf 5 V und **L0** auf 0 V (oder Masse). Verwenden Sie im Schaltplan die Leitung **L0** um eine logische 0 darzustellen und die Leitung **L1** für eine logische 1.

- Legen Sie den Reseteingang (**R**) des Monoflops auf logisch 1 und den Eingang **A** auf logisch 0, so dass er mit einer positiven Taktflanke am Eingang **B** getriggert wird.

- Klicken Sie auf **SPICE Directive** und fügen Sie den Pfad für die **74HC_v.lib** in den Schaltplan ein.

- Fügen Sie eine Spannungsquelle hinzu und stellen Sie diese auf **PULSE** mit **Von[V]** = 5, Ton[s] = 4u und **Tperiod[s]** = 8u. Das wird Pulse mit einer Amplitude von 5 V und einer Periodendauer von 8 µs erzeugen, wobei die Zeiten für EIN und AUS mit 4 µs gleich sind.

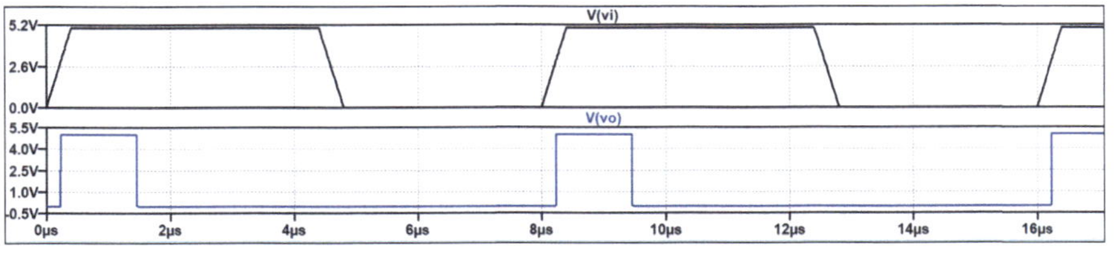

Abbildung 11.21 Eingangs- und Ausgangsspannungen

11.11 Rechteckgenerator

In diesem letzten Beispiel werden wir einen logikbasierten Rechteckgenerator (Oszillator) entwerfen und dann simulieren. Abbildung 11.22 zeigt die Schaltung. In diesem Beispiel wird ein 74HC14 Inverter mit Schmitttriggereingang verwendet.

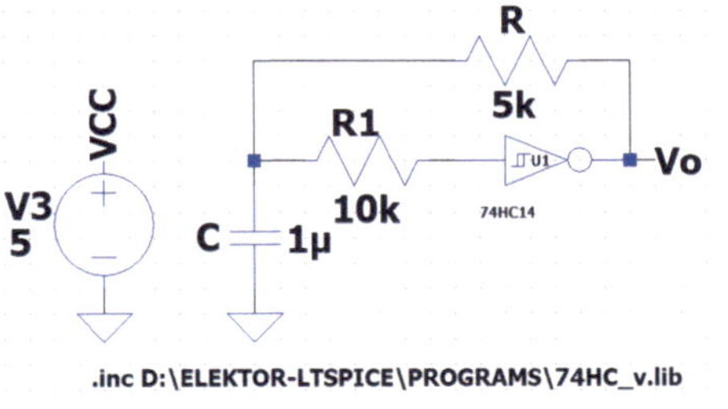

Abbildung 11.22: Die Schaltung des Oszillators

Die Oszillatorfrequenz hängt von den Werten für R1 und C ab und liegt in etwa bei:

$$f=\frac{1}{0{,}465 \cdot R1 \cdot C}.$$

In diesem Beispiel ist R = 10 kΩ und C = 1 µF und deshalb ist f = 215 Hz.

Schaltplaneingabe

- Klicken Sie auf **Component**, wählen Sie den Ordner, in dem die 74HC Symbole gespeichert sind und klicken Sie auf den 74HC14 um ihn auf dem Schaltplan zu platzieren.

- Platzieren Sie eine Spannungsquelle als Versorgung für das Bauteil und setzen Sie ihre Spannung auf 5 V. Geben Sie der daran angeschlossenen Leitung die Bezeichnung **VCC**.

- Platzieren Sie die beiden Widerstände und den Kondensator.

- Klicken Sie auf **SPICE Directive** und fügen Sie den **Pfad 74HC_v.lib** zur Bibliothek in den Schaltplan ein.

Simulation

- Klicken Sie auf **Run/Pause** und wählen Sie Transient und setzen Sie die **Stop time** auf 50m.

- Zeichnen Sie die Spannung an Vo (siehe Abbildung 11.23). Die Oszillatorfrequenz wurde mit 216 Hz gemessen.

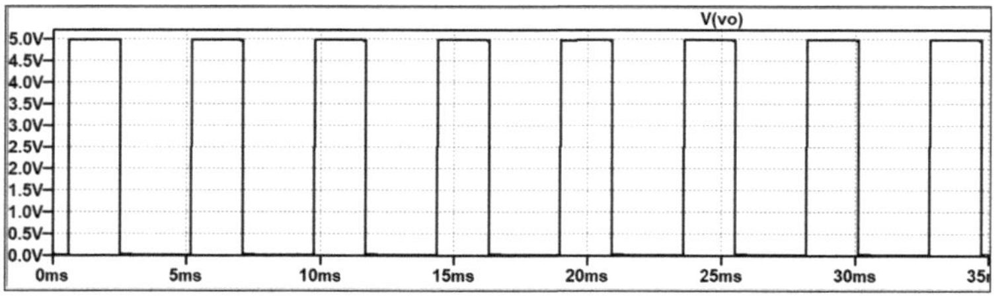

Abbildung 11.23: Ausgangsspannung des Oszillators

Kapitel 12 • SPICE-Modelle

12.1 Übersicht

Ein SPICE-Modell ist eine Textbeschreibung eines elektronischen Bauteils, die in vielen Computerprogrammen für elektronische Simulationen verwendet wird. SPICE-Modelle können einfach sein wie eine einzeilige Beschreibung eines passiven Bauelements, z.B. ein Widerstand oder eine sehr komplexe Beschreibung über mehrere Textzeilen beinhalten.

Es ist nicht die Absicht dieses Buches, die Modellierung mit SPICE zu lehren. Dazu gibt es viele Bücher, Tutorials, Artikel, Beispiele und Videos, die erklären wie man SPICE-Modelle erstellt. Das Ziel dieses Kapitels liegt darin, Ihnen das Prinzip der SPICE-Modellierung aufzuzeigen, indem wir Ihnen einige Beispielmodelle geben. Zusätzlich wird Ihnen gezeigt wie Sie ein SPICE-Modell verwenden, das Sie selbst in LTspice erstellt haben.

12.2 Die Struktur von SPICE-Modellen

Vielleicht ist es der beste Weg sich ein paar Beispiele anzusehen um die Struktur von SPICE-Modellen zu erlernen. Das SPICE-Modell einer Schaltung kann man sich in LTspice anzeigen lassen, indem man auf **View** → **SPICE Netlist** klickt.

12.3 Passive Bauteile

Beispiel 1

Abbildung 12.1 zeigt eine einfache Schaltung, die aus ein paar passiven Bauteilen und einer Spannungsquelle besteht. Die **SPICE Netlist** wird zur einfachen Anschauung zusätzlich neben der Schaltung angezeigt.

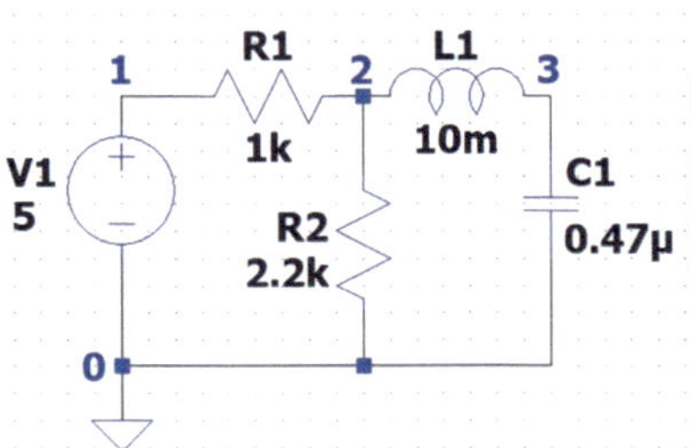


```
* D:\ELEKTOR-LTSPICE\PROGRAMS\Draft10.asc
V1 N001 0 5
R1 N002 N001 1k
R2 0 N002 2.2k
L1 N002 N003 10m
C1 N003 0 0.47µ
.backanno
.end
```

Abbildung 12.1: Schaltung mit zugehöriger SPICE-Beschreibung

Am Anfang der SPICE-Beschreibung haben wir üblicherweise eine kurze Erklärung des Bauteils, das beschrieben wird. Ein Sternchen ´*´ leitet eine Kommentarzeile ein.

Die Knoten (nodes) in der Schaltung sind durchnummeriert, beginnend mit Knoten 0, welcher die Masse ist.

Ein Bauteil wird anhand der zugeordneten Knoten, mit denen es verbunden ist, gefolgt von seinem Wert, festgelegt. Zum Beispiel ist die Spannungsquelle V1 mit den Knoten N001 und 0 verbunden und ihr Wert beträgt 5 V. Sie wird beschrieben mit:

V1 N001 0 5

Der Widerstand R1 ist mit den Knoten N002 und N001 verbunden und sein Wert beträgt 1 kΩ. Er wird beschrieben mit:

R1 N002 N001 1k tol=5 pwr=1

Die Spule L1 ist mit den Knoten 2 und 3 verbunden und ihr Wert beträgt 10 mH. Sie wird beschrieben mit:

L1 N002 N003 10m

Wenn der maximale Bemessungsstrom der Spule mit 1 A und ihr Serienwiderstand 0,1 Ω beträgt, dann wird die Spule folgendermaßen beschrieben:

L1 N002 N003 10m Ipk=1A Rser=0.1

Das Schlüsselwort **.backanno** wird in jeder Netzliste automatisch hinzugefügt, die LTspice aus einer Schaltung generiert. Prinzipiell leitet es LTspice dazu an, Informationen in die .raw-Datei einzufügen, die dazu verwendet werden um anhand der Anschlussbezeichnungen auf die Ein- und Ausgangsströme zuzugreifen. Das erlaubt Ihnen, die Ströme durch die Anschlüsse zu messen, indem Sie auf den Anschluss im Symbol klicken.

Alle Beschreibungen werden mit dem Schlüsselwort .end abgeschlossen.

Transformator
Ein Transformator wird durch seinen Namen gefolgt durch seine Primär- und Sekundärinduktivitäten mit dem Koppelfaktor, für die Kopplung zwischen den zwei Spulen, beschrieben:

Name L1 L2 k

Wobei k (Koppelfaktor) zwischen den beiden Spulen liegt und größer als 0 und kleiner oder gleich 1 sein muss.

Beispiel 2
Eine komplexere Schaltung wird in Abbildung 12.2 gezeigt, die einen Transformator mit einem Koppelfaktor von 0,5 besitzt. Die SPICE-Beschreibung wird auch angezeigt. Eine Wechselspannungsquelle mit einer Amplitude von 10 V und einer Frequenz von 50 Hz wird in dieser Schaltung benutzt. Für eine einfachere Veranschaulichung der Beschreibung sind die Knoten nummeriert.

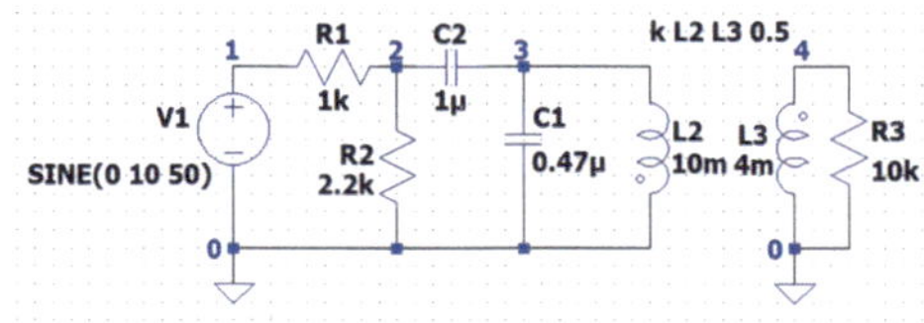


```
* D:\ELEKTOR-LTSPICE\PROGRAMS\netlist1.asc
V1 N001 0 SINE(0 10 50)
R1 N002 N001 1k tol=5 pwr=1
R2 0 N002 2.2k tol=5
C1 N003 0 0.47µ V=20
L2 N003 0 10m
L3 0 N004 4m
C2 N003 N002 1µ
R3 N004 0 10k
* 0
* 1
* 2
* 3
k L2 L3 0.5
* 4
* 0
.backanno
.end
```

Abbildung 12.2: Schaltung mit zugehöriger SPICE-Beschreibung

Beachten Sie, dass die Wechselspannungsquelle mit den Knoten 1 und 0 verbunden ist und beschrieben wird mit:

V1 N001 0 SINE(0 10 50)

Die Primär- und die Sekundärspulen L1 und L3 des Transformators werden als einzelne Spulen gelistet. Der Koppelfaktor wird beschrieben durch die Festlegung von L2 und L3, gefolgt durch den Wert des Koppelfaktors.

12.4 Aktive Bauteile

Die Beschreibung von aktiven Bauteilen wie Halbleiter, sind in SPICE-Listen komplexer, da es viele Parameter gibt, die die Funktion eines solchen Bauteils bestimmen. Einige Beispiele werden in diesem Abschnitt beschrieben.

Alle Halbleiterbauelemente müssen die Beschreibung ihrer elektrischen Eigenschaften in einer Zeile haben, die mit dem Wort .model beginnt und mit dem Modellnamen und den Parametern fortgesetzt wird. Dies teilt LTspice genau mit wie sich das Bauteil verhalten wird. Wenn einige der Eigenschaften in dem Modell nicht ausdrücklich definiert sind, dann werden Standard-SPICE-Werte verwendet.

12.4.1 Dioden

Dioden werden mit dem Standardformat festgelegt:

.model modelname d [param1=x] [param2=y] [param3=z]...

In dieser Zeile steht d für Diode und param sind ihre Parameter. Diese Parameter sind optional, d.h. die Standardparameter werden verwendet, es sei denn, es werden andere im Modell festgelegt. Um eine Diode (oder ein anderes Bauteil) genau zu modellieren, müssen die Parameter im Detail bekannt sein. Die benötigten Werte für die Parameter werden manchmal, nicht immer, im Produktdatenblatt angegeben.

Einige wichtige Parameter sind (für Details, eine vollständige Parameterliste und die Standardwerte der Parameter siehe https://ltwiki.org/LtspiceHelp/LtspiceHelp/D_Diode):

Is	Sperrsättigungsstrom (A)
Iave	Durchschnittlicher Bemessungsstrom (A)
Ipk	Maximal zulässiger Strom (A)
Vpk	Maximal zulässige Spannung (V)
dDss	Maximal zulässige Verlustleistung (W)
Ilimit	Grenze des Stroms in Flussrichtung (A)
Revlimit	Grenze des Stroms in Sperrrichtung (A)
Rs	Bahnwiderstand (Ω)
N	Emissionskoeffizient
Tt	Transitzeit (s)
jo	Sperrschichtkapazität bei 0 V (F)
Vj	Diffusionsspannung (V)
M	Gradationskoeffizient
Eq	Aktivierungsenergie
Xti	Temperaturexponent des Sättigungsstrom
Kf	1/f-Rauschkoeffizient
Af	1/f-Rauschexponent
Fc	c_j-Koeffizient
Bv	Durchbruchspannung (V)
Ibv	Durchbruchstrom bei der Durchbruchspannung (A)
Mfg	Hersteller
Type	Verwendeter Halbleiter

Beispiel 3
Abbildung 12.3 zeigt eine Schaltung mit einer Gleichspannungsquelle, zwei Widerständen und einer Diode. Die zugehörige SPICE-Liste steht in der Abbildung.

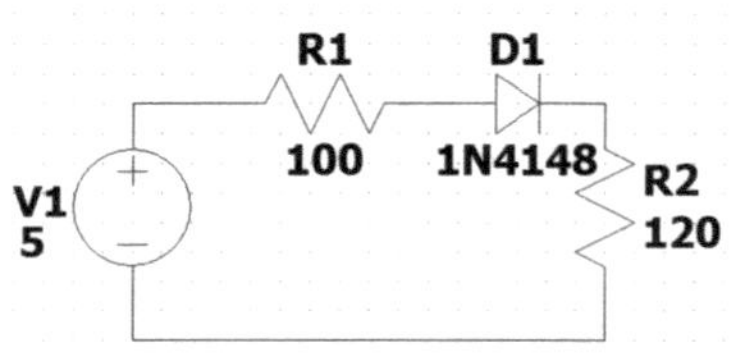


```
* D:\ELEKTOR-LTSPICE\PROGRAMS\Draft10.asc
V1 N001 N004 5
R1 N002 N001 100
D1 N002 N003 1N4148
R2 N003 N004 120
.model D D
.lib C:\Users\Dogan Ibrahim\AppData\Local\LTspice\lib\cmp\standard.dio
.backanno
.end
```

Abbildung 12.3: Schaltung mit einer Diode und der zugehörigen SPICE-Beschreibung

Beachten Sie, dass das Diodenmodell hier nicht näher bestimmt ist, doch eine Referenz zur Bibliothek, in der alle Diodenmodelle gespeichert sind, angegeben wird. Nachfolgend wird ein Bibliotheksauszug aus den SPICE-Beschreibungen für das Modells der 1N4148 gezeigt:

```
.model 1N4148 D(Is=2.52n Rs=.568 N=1.752 Cjo=4p M=.4 tt=20n Iave=200m
Vpk=75 mfg=OnSemi type=silicon)
```

12.4.2 Bipolartransistoren

Bipolartransistoren werden mit der nachfolgenden Standardform beschrieben:

```
.model modelname [npn oder pnp] [param1=x] [param2=y] [param3=z]...
```

Wobei **npn** oder **pnp** für den Transistortyp stehen und **param** die Transistorparameter sind. Diese Parameter sind optional, d.h. die Standardparameter werden verwendet, es sei denn es werden andere im Modell festgelegt. Um einen Transistor genau zu modellieren, müssen die Parameter im Detail bekannt sein. Die benötigten Werte für die Parameter werden manchmal, nicht immer, im Produktdatenblatt angegeben:

Is	Transfersättigungsstrom (A)
Bf	Ideale Vorwärtsstromverstärkung
Nf	Vorwärtsemissionskoeffizient
Vaf	Vorwärts-Early-Spannung (V)
Ikf	Kniestrom in Vorwärtsrichtung (A)
Ise	Sättigungsstrom der Basis-Emitter-Strecke (A)
Ne	Emissionskoeffizient der Basis-Emitter-Strecke
Br	Ideale Rückwärtsstromverstärkung
Nr	Rückwärtsemissionskoeffizient
Bar	Rückwärts-Early-Spannung (V)
Ikrikr	Kniestrom in Rückwärtsrichtung (A)
Iscisc	Sättigungsstrom der Basis-Kollektor-Strecke (A)
Nc	Emissionskoeffizient der Basis-Kollektor-Strecke
Rb	Maximaler Basisbahnwiderstand (Ω)
Irb	Kniestrom des Basisbahnwiderstands (A)
Rbm	Minimaler Basisbahnwiderstand (Ω)
Re	Emitterbahnwiderstand (Ω)
Rc	Kollektorbahnwiderstand (Ω)
Cje	Sperrschichtkapazität der Basis-Emitter-Strecke (F)
Vje	Diffusionsspannung Basis-Emitter (V)
Mje	Gradationskoeffizient Basis-Emitter
Tf	Ideale Vorwärtstransitzeit (s)
Xtf	Spannungsabhängigkeit der Transitzeit
Vtf	Abhängigkeit der Transitzeit von V_{BC} (V)
Itf	Abhängigkeit der Transitzeit von I_C (A)
Cjc	Sperrschichtkapazität der Basis-Kollektor-Strecke (F)
Vjc	Diffusionsspannung Basis-Kollektor (V)
Mjc	Gradationsexponent Basis-Kollektor
Tr	Ideale Rückwärtstransitzeit (s)
js	Sperrschichtkapazität zwischen Kollektor und Substrat (F)
Vjs	Diffusionsspannung Kollektor-Substrat (V)
Kf	1/f-Rauschkoeffizient

Af	1/f-Rauschexponent
Isc	Sättigungsstrom der Basis-Kollektor-Strecke (A)
Xtb	Temperaturkoeffizient der Stromverstärkung

Der BC108 NPN-Transistor hat beispielsweise das folgende SPICE-Modell. Beachten Sie, dass das ´+´-Zeichen angibt, dass die Zeile fortgesetzt wird.

```
.model BC108 NPN IS=1.8E-14 ISE=5.0E-14 NF=.9955 NE=1.46 BF=400
+ BR=35.5 IKF=.14 IKR=.03 ISC=1.72E-13 NC=1.27 NR=1.005
+ RB=.56 RE=.6 RC=.25 VAF=80 VAR=12.5
+ CJE=13E-12 CJC=4E-12 VJC=.54 MJC=.33
+ TF=.64E-9 TR=50.72E-9
```

12.4.3 MOSFETs

MOSFETs werden im folgenden Standardformat beschrieben:

```
.model modelname [nmos oder pmos] [param1=x] [param2=y] [param3=z]...
```

Wobei **nmod** und **pmos** für den MOSFET sowie den Kanaltyp stehen und **param** sind die Transistorparameter.

Die MOSFETs werden durch den Vto-Parameter zwischen Anreicherungs- und Verarmungstyp unterschieden. Ein positiver Wert steht bei einem P-Kanaltransistor oder ein negativer Wert bei einem N-Kanaltransistor für einen Verarmungstyp.

Um einen MOSFET zu definieren, sind die folgenden Parameter notwendig:

Rg	Gatebahnwiderstand (Ω)
Rd	Drainbahnwiderstand (Ω)
Rs	Sourcebahnwiderstand (siehe oben) (Ω)
Vto	Einsatzspannung (V)
Kp	Koeffizient für den Übertragungsleitwert (A/V)
Lambda	Parameter für die Kanallängenmodulation (1/V)
Cgdmax	Maximale Gate-Drain-Kapazität (F)
Cgdmin	Minimale Gate-Drain-Kapazität (F)
Cgs	Gate-Source-Kapazität (F)
Cjo	Sperrschichtkapazität (F)
Is	Substrat-Sperrsättigungsstrom (A)
Rb	Bulkbahnwiderstand (Ω)

Ein Beispielmodell für einen MOSFET:

```
.model SUM110N04 VDMOS(Rg=1.0 Rd=0m Rs=0.80m Vto=1.85
+ Kp=120 Cgdmax=3n Cgdmin=800p Cgs=14.0n Cjo=5.8nn
+ Is=53.1p Rb=0)
```

12.4.4 Erstellen eines neuen Diodenmodells

Nehmen wir an, wir möchten ein neues Diodenmodell mit dem Namen **MeineDiode** erstellen. Nehmen wir weiterhin an, dass diese Diode die selben Parameter hat wie eine 1N4148, von der das SPICE-Modell in Beispiel 3 angegeben wurde. Nun werden wir unser eigenes Model für LTspice erstellen und es dann in einer Schaltung verwenden um es auszuprobieren.

Die Schaltung

- Das SPICE-Modell unserer Diode wird unten beschrieben. Speichern Sie dieses in Ihrem Arbeitsverzeichnis, z.B. unter dem Dateinamen **AutorenDiode.lib**. An dieser Stelle ist der Modellname unserer Diode **MeineDiode**:

```
*Neues Diodenmodell des Autors
.model MeineDiode D(Is=2.52n Rs=.568 N=1.752 Cjo=4p M=.4 tt=20n
Iave=200m Vpk=75 mfg=Autor type=silicon)
.backanno
.end
```

- Starten Sie LTspice und klicken Sie auf **New Schematic**. Zeichnen Sie Ihren Schaltplan und verwenden Sie dabei das Standarddiodensymbol aus dem Menü wie in Abbildung 12.4 gezeigt.

- Fügen Sei eine 5 V Gleichspannungsquelle hinzu und fügen Sie einen 100 Ω Widerstand in Reihe zu der Diode hinzu.

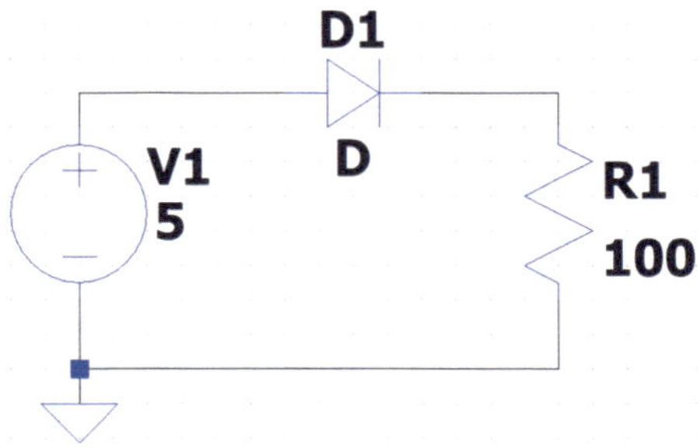

Abbildung 12.4: Testschaltung für unser Diodenmodell

- Nun werden wir die Diode in unserer Schaltung mit unserem SPICE-Modell verknüpfen, die sich in der Datei **AutorenDiode.lib** befindet. Drücken Sie Strg und klicken Sie mit der rechten Maustaste auf das Diodensymbol. Klicken Sie auf **Value** und geben Sie unseren Namen des Diodenmodells ein: **MeineDiode** (Abbildung 12.5). Sie sehen unter der Diode **MeineDiode** als ihr Name angezeigt.

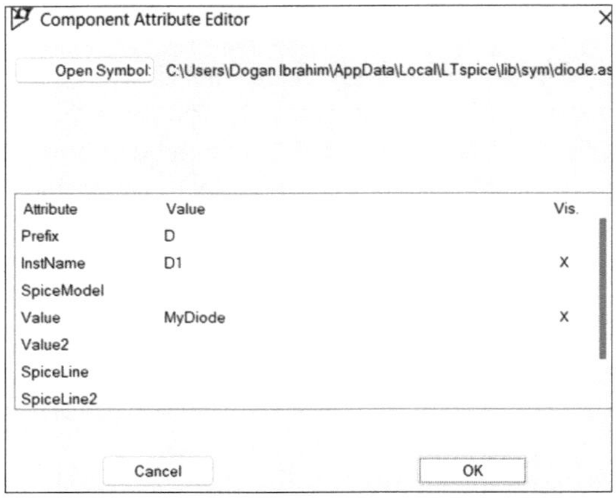

Abbildung 12.5: Eingabe des Namens für unser Diodenmodell

- Als nächstes müssen wir LTspice mitteilen, wo unser Diodenmodell liegt. Klicken Sie auf **SPICE Directive** und geben Sie den folgenden Text ein (geben Sie den Pfad an, unter dem Sie Ihr Diodenmodell abgespeichert haben). Klicken Sie auf **OK** und positionieren Sie den Text unter die Schaltung:

  .inc D:\ELEKTOR-LTSPICE\PROGRAMS\AutorenDiode.lib

Abbildung 12.6 zeigt die fertige Schaltung.

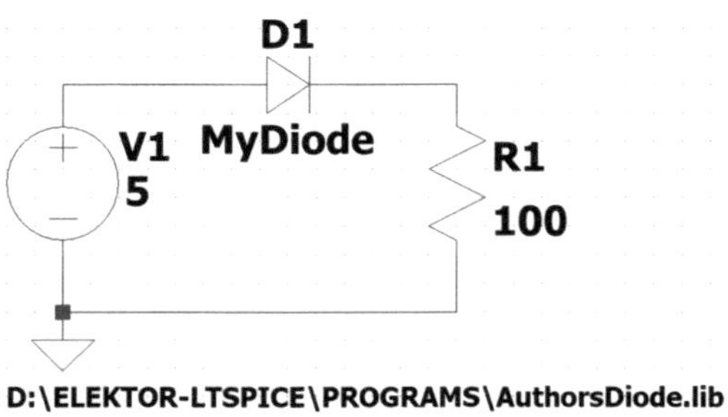

Abbildung 12.6: Vollständige Testschaltungt

Simulation

- Klicken Sie auf **Run/Pause** und klicken Sie auf **DC op pnt** um die Spannungen und Ströme in der Schaltung anzuzeigen. Abbildung 12.7 zeigt das Ergebnis.

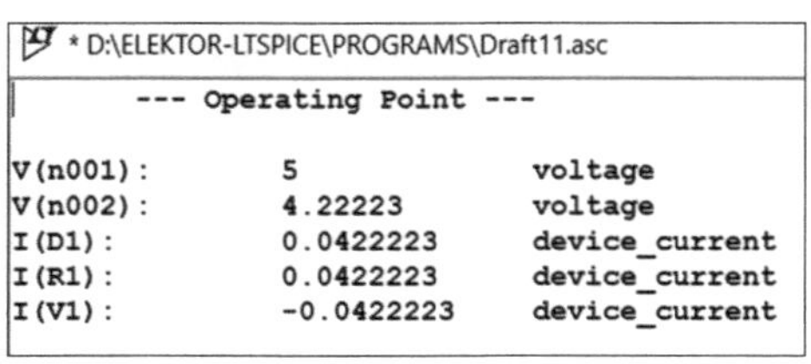

Abbildung 12.7 Spannungen und Ströme in der Diodenprüfschaltung

12.5 Logikgatter

Es ist interessant zu sehen wie Logikgatter in SPICE modelliert werden. In Abbildung 12.8 wird das SPICE-Modell des UND-Gatters (74HC08) aus der 74HC_v.lib Bibliothek gezeigt. ´A´ und ´B´ sind die Eingänge und ´Y´ ist der Ausgang. Die Hauptparameter sind die Geschwindigkeitsdefinitionen des Gatters. Die UND-Funktion wird ziemlich am Ende des Modells, in der Zeile mit dem Schlüsselwort AND umgesetzt. Der interessierte Leser kann sich die anderen Logikbausteine in der Bibliothek genauer umsetzten.

```
* 2-input AND gate
* tpd 25n/9n/7n
* tr 19n/7n/6n
.SUBCKT 74HC08  A B Y  VCC VGND  vcc1={vcc} speed1={speed}
tripdt1={tripdt}
.param td1=1e-9*(9-3-3)*4.0/({vcc1}-0.5)*{speed1}
*
XIN1  A Ai  VCC VGND  74HC_IN_1  vcc2={vcc1}  speed2={speed1}
tripdt2={tripdt1}
XIN2  B Bi  VCC VGND  74HC_IN_1  vcc2={vcc1}  speed2={speed1}
tripdt2={tripdt1}
*
A1  Ai Bi 0 0 0  0 Yi 0  AND  tripdt={tripdt1}  td={td1}
*
XOUT  Yi Y  VCC VGND  74HC_OUT_1X  vcc2={vcc1} speed2={speed1}
tripdt2={tripdt1}
.ends
*
```

Abbildung 12.8: Das SPICE-Modell des UND-Gatters aus der Bibliothek 74HC_v.lib

12.6 SPICE-Direktiven

Die SPICE-Direktiven, auch als **Dot Commands** bezeichnet, werden verwendet um die auszuführende Simulationsart festzulegen. Obwohl viele dieser Befehle automatisch generiert werden, wenn Sie eine Simulation konfigurieren, können einige dieser Befehle nur unter Benutzung des **SPICE Directive** Menüs eingegeben werden.

Eine Auflistung der häufigsten SPICE-Direktiven befindet sich in den nächsten Abschnitten (siehe und für weitere Details).

.tran Transientenanalyse. Analysiert die Änderungen in der Spannung und der Ströme über der Zeit im Zusammenhang mit einem Eingangs-signal.
Beispiel: **.tran 5m** setzt die **Stop time** der Transientenanalyse auf 5 ms.

.dc
DC-Sweepanalyse. Durchläuft die Werte der Gleichspannungsquelle am Eingang, wird häufig verwendet um die Gleichspannungseigen-schaften von Halbleiterbausteinen zu analysieren.
Beispiel: **.dc V 0 10 1** setzt den Startwert der Spannung auf 0 V und steigt in 1 V-Schritten bis 10 V

.ac AC-Analyse. Analysiert die Wechselspannungseigenschaften einer Schaltung.
Beispiel: **.ac 10 0** setzt die Amplitude der Wechselspannung auf 10 V und die Phase auf 0°

.tf DC-Transferfunktionsanalyse. Es werden die Übertragungsfunktion, die Eingangs-- und Ausgangsimpedanz einer Schaltung aufgelistet. Beispiel: **.tf V(Vo) Vi**, wobei Vo und Vi die jeweiligen Aus- und Eingangsspannungen der Schaltung sind.

.op Analyse des Gleichspannungsarbeitspunkt. Berechnet und zeigt die Gleichspannungen und -ströme einer Schaltung. Beispiel: **.op**

.step Parameteranalyse. Analysiert eine Schaltung, indem Parameter wie Widerstand, Kapazität, Induktivität und Versorgung verändert werden. Wird mit Transienten, AC- und DC-Analyse usw. verwendet. Beispiel: **.step**

.lib Fügt einen Pfad zu einer Modellbibliothek ein. Wird gewöhnlich verwendet um mehrere Teile aus einer Modellbibliothek einzufügen. Beispiel: **.lib C:\Modelle\MeineModelle.lib**

.inc Ähnlich wie .lib, wird allerdings verwendet um ein einzelnes Modell einzubinden.

.ic Setze die Anfangsbedingungen. Normalerweise liegen die Anfangsbedingungen am Beginn einer Simulation bei 0, doch mit diesem Befehl können Sie Anfangsbedingungen für Spannung und Strom setzen. Beispiel: .**ic V(vo)=10** stellt die Anfangsbedingung der Spannung vo auf 10 V

.func Benutzerdefinierte Funktion. Erstellt eine benutzerdefinierte Funktion, üblicherweise in der Netzlistenbeschreibung. Beispiel: **.func MeineFunktion(a,b){a*b}** multipliziert zwei Werte, wenn die Funktion aufgerufen wird.

.param Erstellt benutzerdefinierte Variablen. Um veränderliche Parameter aufzurufen, müssen die Variablen in geschweiften Klammern im Schaltplan angegeben werden. Beispiel: .**step lin param R 1k 10k 1k** veranlasst R linear in 1 kΩ-Schritten von 1 kΩ bis 10 kΩ zu verändern.

.model Bindet die Modelldetails eines fremden Bauteils ein. Beispiel: .**model MeineDiode D(Rs=0.5 Vj=0.9 eg=1.4 Is=3.0E-12 Cjo=2E-10)**

.four Berechnet die Fourieranalyse.
Beispiel: **.four 10k V(vo)** führt eine Fourieranalyse mit der Spannung Vo durch. Wenn die Zahl der Harmonischen benötigt wird, kann diese hinzugefügt werden.

.end Das Ende der Netzliste.
Beispiel: **.end**

Kapitel 13 • Nützliche Werkzeuge und Funktionen

13.1 Übersicht

LTspice hat viele Funktionen, die in diesem Buch nicht behandelt werden, weil sie außerhalb dem Bereich der in diesem Buch behandelten Einführung. Dennoch gibt es ein paar praktische Sachen, die Sie vielleicht wissen sollten, allerdings nicht so einfach selbst herauszufinden sind. In diesem Kapitel werden wir uns einige von diesen ansehen.

13.2 Erzeugen von Dreieck- und Sägezahnspannungen

Die Spannungsquelle in LTspice ist ein leistungsfähiges Bauteil. Wir haben es verwendet um Gleich, Sinus- und Rechteckspannungen (PULSE) zu erzeugen, doch können Sie damit noch mehr. Sie möchten z.B. eine Dreieck- oder Sägezahnspannung in Ihrer Schaltung erzeugen. In diesem Abschnitt werden Sie lernen wie Sie die PULSE-Spannungsquelle für solche Verlaufsformen verwenden.

Voraussetzungen

Abbildung 13.1 zeigt die Kurven, die wir erzeugen möchten. Abbildung 13.1a zeigt eine Sägezahnspannung mit einer Amplitude von 1 V und einer Periodendauer von 1 ms (1 kHz). Entsprechend zeigt Abbildung 13.1b eine Dreiecksspannung, ebenfalls mit einer Amplitude von 1 V und einer Periodendauer von 1 ms.

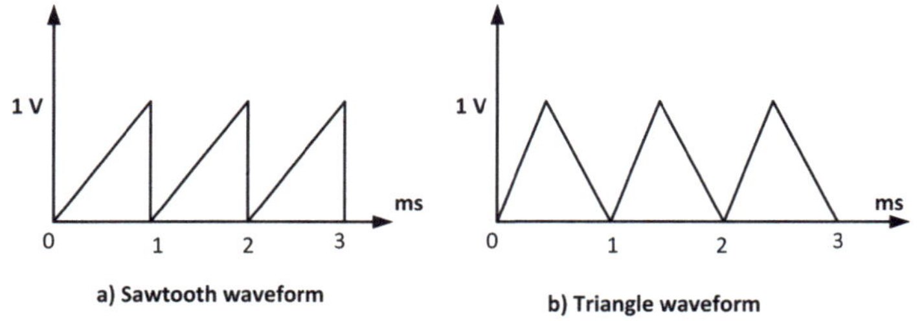

Abbildung 13.1: Zu generierende Spannungen

Die Schaltung

- Um zu zeigen wie man die Kurvenverläufe erzeugt, werden eine Spannungsquelle und ein Widerstand verwendet. Abbildung 13.2 zeigt die Schaltung.

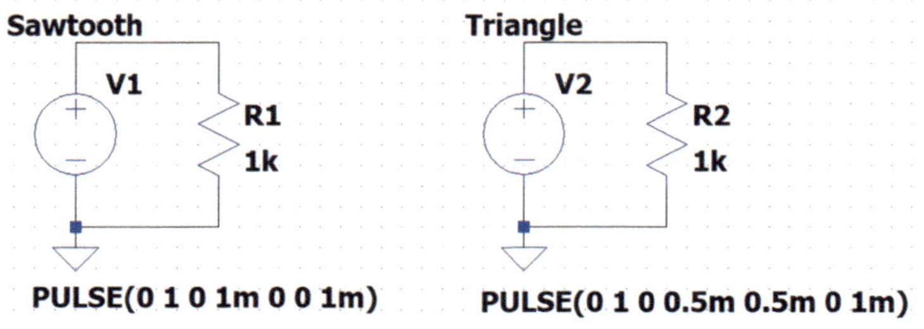

Abbildung 13.2: Schaltungen zur Erzeugung von Sägezahn- und Dreiecksspannungen

- Um den Verlauf eines Sägezahns zu erzeugen, klicken Sie mit der rechten Maustaste auf V1, wählen Sie **PULSE** aus und geben Sie das folgende ein. Dies erzeugt einen Kurvenverlauf mit einer Amplitude von 1 V und steigt mit einer Anstiegszeit von 1 ms auf diesen Wert an. Sie hat eine Periodendauer von 1 ms.

  Von[V]: 1
  Tdelay[s]: 0
  Trise[s]: 1m
  Tfall[s]: 0
  Ton[s]: 0
  Tperiod[s]: 1m

- Für die Dreieckspannung, klicken Sie mit der rechten Maustaste auf V2, wählen Sie **PULSE** aus und geben das folgende ein. Dies erzeugt einen Kurvenverlauf mit einer Amplitude von 1 V, die in 0,5 ms ansteigt und in 0,5 ms abfällt. Sie hat eine Periodendauer von 1 ms.

  Von[V]: 1
  Tdelay[s]: 0
  Trise[s]: 0.5m
  Tfall[s]: 0.5m
  Ton[s]: 0
  Tperiod[s]: 1m

Simulation

- Klicken Sie auf **Run/Pause** und wählen Sie **Transient**. Setzen Sie die **Stop time** auf 5m.

- Klicken Sie auf Vo um die Sägezahnkurve anzuzeigen. Klicken Sie auf das Diagramm und wählen Sie **Add Plot Pane Below** und klicken dann auf V2 um die Dreieckspannung anzuzeigen. Abbildung 13.3 zeigt die beiden Kurven übereinander.

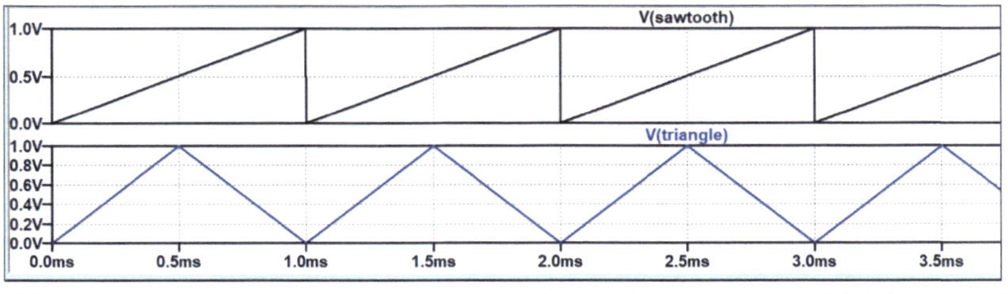

Abbildung 13.3: Ausgangsspannungen der Schaltungen in Abbildung 13.2

13.3 Erzeugen von beliebigen periodischen Spannungsverläufen

Manchmal möchten Sie vielleicht einen beliebigen Kurvenverlauf erzeugen. In diesem Abschnitt werden Sie lernen wie Sie die stückweise lineare Spannungsquelle (PWL, piece wise linear) verwenden um solche Kurvenverläufe zu erzeugen.

Voraussetzungen

Abbildung 13.4 zeigt den periodischen Kurvenverlauf, den wir erzeugen möchten.

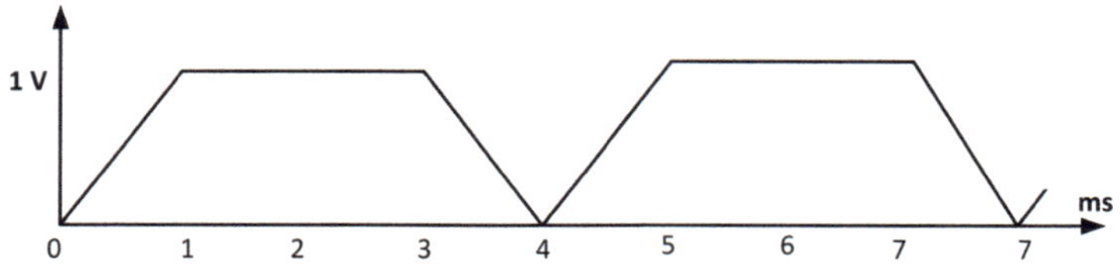

Abbildung 13.4 Wie werden solche Spannungsverläufe erstellt?

Die Schaltung

- Wie in dem vorherigen Beispiel, werden eine Spannungsquelle und ein Widerstand verwendet um zu zeigen wie man den Kurvenverlauf erzeugt. Abbildung 13.5 zeigt die Schaltung.

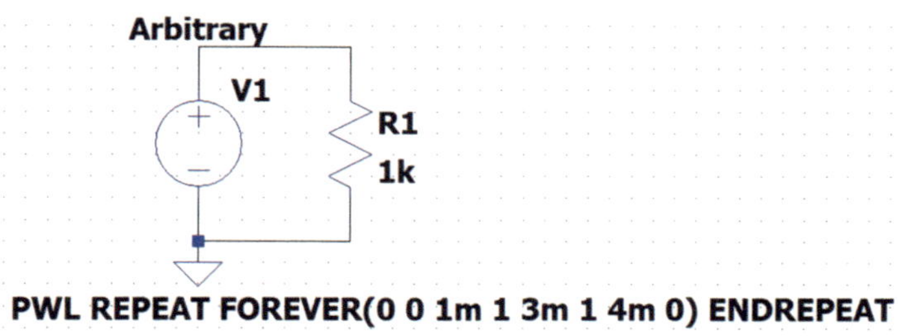

Abbildung 13.5 Die Magie geschieht in der SPICE-Directive

In diesem Beispiel werden wir unter Verwendung der **PWL**-Option die Ausgangsspannung erstellen.

- Klicken Sie mit der rechten Maustaste auf **V1**, wählen Sie **PWL** und geben Sie das folgende ein um eine Periode des Kurvenverlaufs zu erstellen (Abbildung 13.6):

  time1[s]: 0
  value1[V]:0
  time2[s]: 1m
  value2[V]:1
  time3[s]: 3m
  value3[V]:1
  time4[s]: 4m
  value4[V]:0

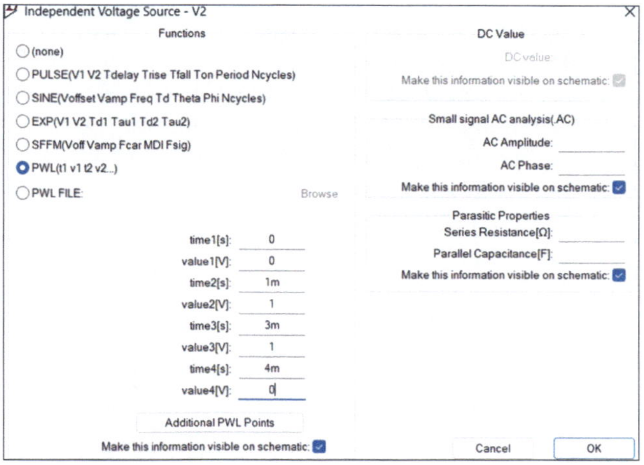

Abbildung 13.6: Erzeugung einer periodischen Spannung mit Geradenstücken

- Verändern Sie die PWL-Direktive in der Schaltung, indem Sie mit der rechten Maustaste darauf klicken um den Verlauf periodisch zu machen:

PWL REPEAT FOREVER(0 0 1m 1 3m 1 4m 0) ENDREPEAT

Simulation

- Klicken Sie auf **Run/Pause** und wählen Sie **Transient**. Setzen Sie die **Stop time** auf 15m

- Klicken Sie auf die Leitung unter **Arbitrary** um die Ausgangskurve wie in Abbildung 13.7

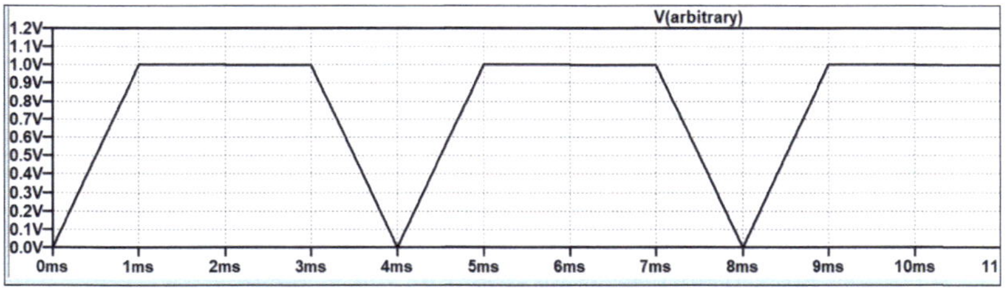

Abbildung 13.7: Die selbsterstellte periodische Ausgangsspannung

Hier sind einige Optionen, die Sie mit der PWL (für alle Details, sehen Sie in der LTspice-Hilfe nach – Drücken Sie dazu F1):

PWL REPEAT FOREVER (...) ENDREPEAT	Endlos wiederholen
PWL REPEAT n (...)	n-mal wiederholen
PWL (...) TRIGGER V(node) > 1	Schalte die Quelle ein, solange der Ausdruck (hier: ´V(node) > 1´) wahr ist.

13.4 Der spannungsgesteuerte Schalter

In LTspice gibt es einen spannungsgesteuerten Schalter (´sw´), der praktisch sein kann um Dinge in einer Schaltung ein- und auszuschalten. Er funktioniert wie ein Relay, dessen Kontakte schließen, wenn eine Spannung an der Spule angelegt wird. Der spannungsgesteuerte Schalter hat keine Spule, Stattdessen besitzt er eine programmierbare Schwellspannung. In diesem Beispiel werden wir einen spannungsgesteuerten Schalter verwenden.

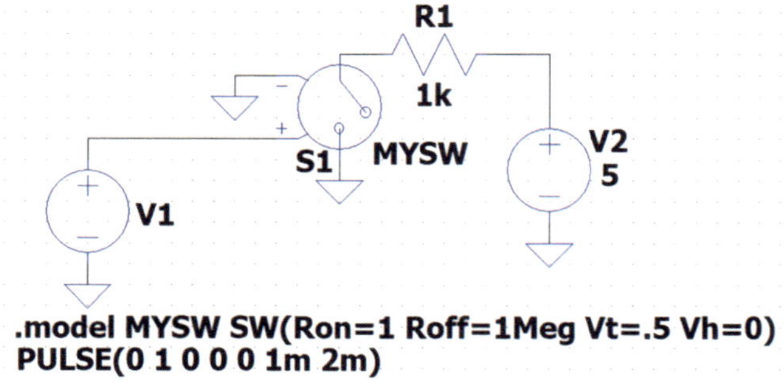

Abbildung 13.8 Spannungsgesteuerte Schalter

Abbildung 13.8 zeigt die Schaltung. Eine Widerstandslast ist in reiche mit einer Gleichspannungsquelle und an den Kontakt des Schalters angeschlossen. Eine Rechteckspannung ist an den Steuereingang des Schalters angelegt. Die Kontakte des Schalters schließen, wenn die Spannung am Steuereingang den einprogrammierten Schwellwert erreicht. Die angeschlossene Steuerquelle und die Spannung über der Last werden in diesem Beispiel gezeichnet.

Schaltplaneingabe

- Der spannungsgesteuerte Schalter ist in der Bauteilbibliothek mit **sw** bezeichnet. Klicken Sie auf **Component** und positionieren Sie ein **sw**-Bauteil.

- Zeichnen Sie die Schaltung wie in Abbildung 13.8. Fügen Sie einen 1 kΩ Lastwiderstand in Reihe mit der 5 V Gleichspannungsquelle hinzu.

- Auf der Eingangsseite fügen Sie eine Spannungsquelle hinzu und konfigurieren ihre **PULSE** Option um ein Rechtecksignal mit den folgenden Eigenschaften zu erzeugen. Das erzeugt eine Rechteckspannung mit einer Amplitude von 1 V und einer Periode von 2 ms:

  Funktion: PULSE
  Von[V]: 1
  Ton[s]: 1m
  Tperiod[s]: 2m

- Klicken Sie auf **SPICE Directive** und geben Sie folgenden Befehl ein um den spannungsgesteuerten Schalter zu modellieren:

.model MYSW SW(Ron=1, Roff=1Meg Vt=.5 Vh=0)

Hier wird das Modell des Schalters mit **MYSW** bezeichnet, sein Einschaltwiderstand liegt bei Ron = 1 Ω, sein Widerstand im offenen Zustand Roff = 1 MΩ, die Schwellspannung (Vt) liegt bei 0,5 V und er hat keine Hysterese (Vh=0).

Simulation

- Klicken Sie auf **Run/Pause** und wählen Sie **Transient**. Setzen Sie die **Stop time** auf 5m.
- Klicken Sie auf den Eingang um die Eingangsspannung darzustellen.
- Klicken Sie mit der rechten Maustaste auf das Diagramm und wählen Sie **Add Plot Pane Below**. Klicken Sie auf den Ausgang des Schalters (vor dem Lastwiderstand) um die Lastspannung wie in Abbildung 13.9, anzuzeigen.
- Die Eingangs und Ausgangsspannungen sind in Abbildung 13.10 vergrößert um den Einschaltpunkt zu zeigen. Es ist klar zu erkennen, dass der Einschaltpunkt wie erwartet bei 0,5 V liegt.

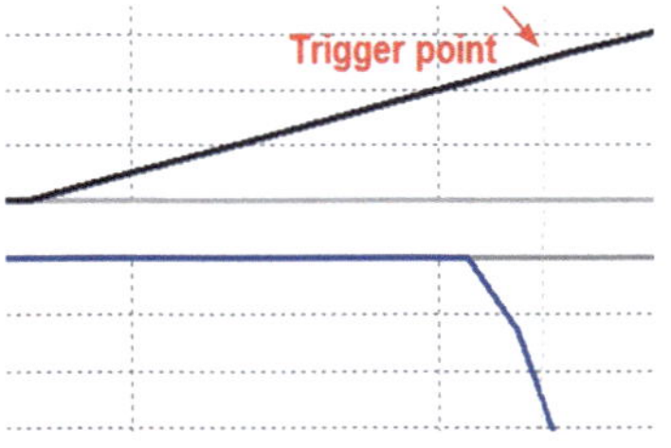

Abbildung 13.10: Markierung des Trigger-Punktes

Hinweis: Wenn Vh null ist (wie in diesem Beispiel), ist der Schalter, abhängig davon ob die Steßuerspannung über der Schwellspannung liegt oder nicht, immer vollständig AN oder AUS. Wenn Vh positiv ist, wird der Schalter an den Punkten Vt - Vh und Vt + Vh wie ein Schmitttrigger hart schalten. Dabei ist zu beachten, dass die Spannung Vh zwischen den beiden Schwellspannungen liegt. Wenn Vh negativ ist, wird der Schalter einen weichen Übergang zwischen den zwischen den Impedanzwerten (Ron, Roff) erzeugen. Weitere Informationen bekommen Sie in der LTspice-Hilfe (und natürlich im Internet).

13.5 Simulation basierend auf einer Laplace-Transformation

Die Laplacetransformation ist eins der mächtigen mathematischen Werkzeuge um eine Übertragungsfunktion einer Schaltung zu formulieren. Die Übertragungsfunktion einer Schaltung ist das Verhältnis des Ausgangssignals zu ihrem Eingangssignal. Wenn man die Übertragungsfunktion und das Eingangssignal kennt, können wir z.B. das Verhalten am Ausgang berechnen oder den Frequenzgang als Bodediagramm zeichnen.

LTspice kann die Antwort am Ausgang einer Schaltung zeichnen, wenn es die laplacetransformierte Übertragungsfunktion der Schaltung kennt. Die in diesem Abschnitt zu analysierende Schaltung, die aus einer einfachen RC-Schaltung besteht, wird in Abbildung 13.11 gezeigt.

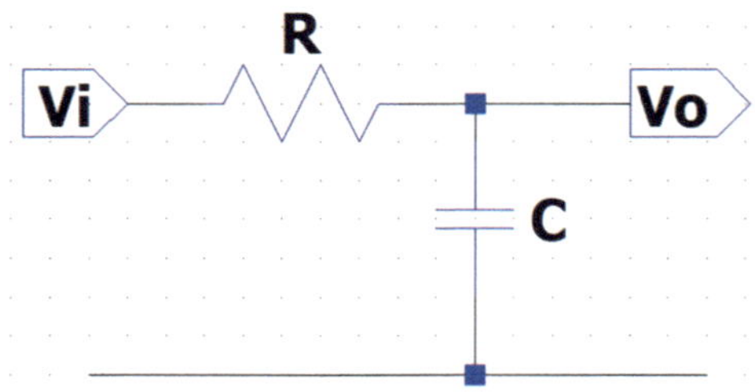

Abbildung 13.11: Schaltung zur Analyse unter Zuhilfenahme der Laplacetransformation

Die laplacetransformierte Übertragungsfunktion der Schaltung in Abbildung 13.11 ist gegeben durch (es wird angenommen, dass der Leser sich in Schaltkreistheorie und mit der Laplacetransformation und ihrer Anwendung auskennt):

$$\frac{V_o}{V_i} = \frac{1}{1+RCs}$$

In diesem Beispiel ist R = 2 kΩ und C = 10 µF, so dass die Zeitkonstante τ = R · C = 20 ms beträgt. Die Übertragungsfunktion wird dann zu:

$$\frac{V_o}{V_i} = \frac{1}{1+0{,}02s}$$

Die Schaltung
Abbildung 13.12 zeigt die Schaltung.

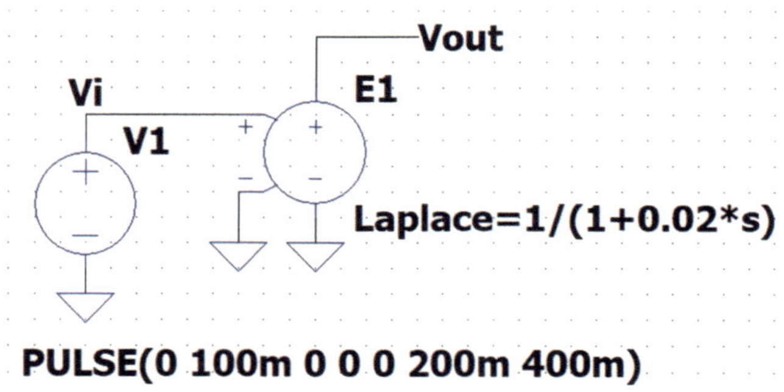

Abbildung 13.12: RC-Netzwerk modelliert mit seiner Laplacetransformierten

- Um die Laplacetransformierte in LTspice zu verwenden, setzen Sie zunächst eine spannungsabhängige Spannungsquelle in den Schaltplan. Dazu klicken Sie auf **Component** und klicken dann auf e um eine spannungsabhängige Spannungsquelle zu platzieren.

- Verbinden Sie eine Spannungsquelle an die spannungsabhängige Spannungsquelle, klicken Sie dann auf **Advanced** und wählen Sie **PULSE**. Konfigurieren Sie diese als Rechteckgenerator mit einer Amplitude von 100 mV, einer Einschaltdauer von 200 ms und einer Periodendauer von 400 ms.

- Klicken Sie mit der rechten Maustaste auf die spannungsabhängige Spannungsquelle und geben Sie die Übertragungsfunktion in das **Value**-Feld (Abbildung 13.13). Klicken Sie **OK**, wenn Sie fertig sind.

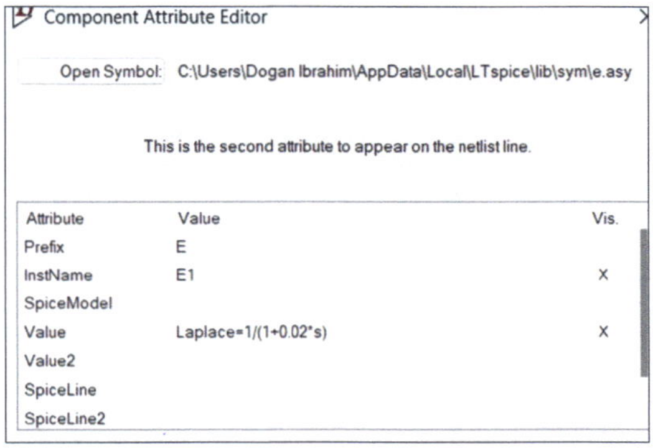

Abbildung 13.13: Eingabe der Übertragungsfunktion der Laplacetransformierten im Value-Feld der spannungsabhängigen Spannungsquelle

Simulation

- Klicken Sie auf **Run/Pause**, wählen Sie **Transient** und setzen Sie die **Stop time** auf 1 s.

Abbildung 13.14 zeigt die Eingangsspannung und die Spannung über dem Kondensator, die exponentiell ansteigt und abfällt.

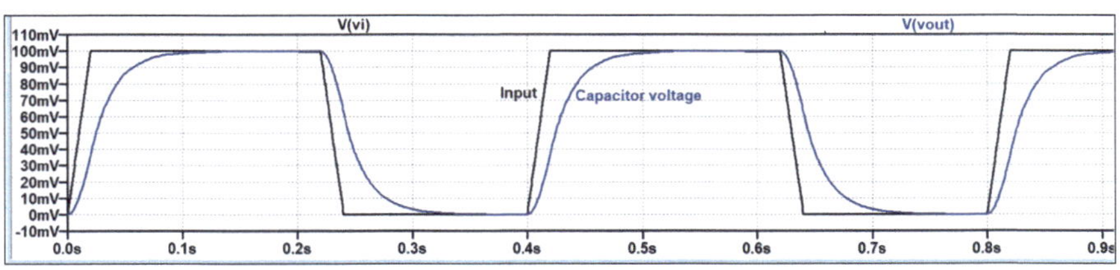

Abbildung 13.14: Eingangs- und Ausgangsspannung über dem Kondensator

Das erhaltene Ergebnis ist identisch mit dem, das wir mit einer Simulation der Schaltung aus Abbildung 13.11 erhalten, wenn wir die selben Bauteile und die selbe Eingangsspannung verwenden. Abbildung 13.15 beweist dies.

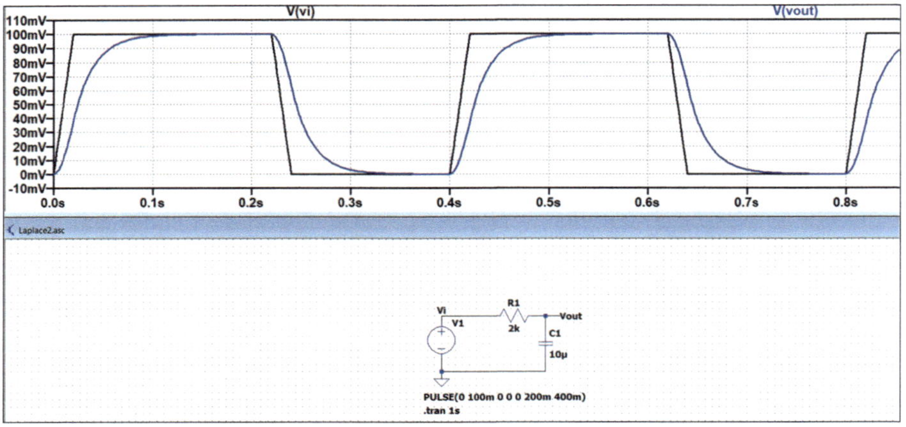

Abbildung 13.15: Eingangs- und Ausgangsspannung mit der üblichen Simulation

Anhang A – SPICE-Modelle von Drittanbietern

Hier erhalten Sie eine Liste von Links zu einigen Herstellern, die SPICE-Modelle anbieten.

Hersteller
ROHM Semiconductor:
https://www.rohm.com/news-detail?news-title=2023-01-17_topics_ltspice

Analog Devices:
https://www.analog.com/en/resources/simulation-models/spice-models.html

Diodes Incorporated:
http://www.diodes.com/spice/downloadall

Central Semiconductor:
https://my.centralsemi.com/content/engineering/spicemodels/index.php

NXP Semiconductors:
https://www.nxp.com/design/design-center/designs/models:MODELS-TEST-DATA

EPC:
https://epc-co.com/epc/design-support/device-models

Infineon Technologies:
https://community.infineon.com/t5/custom/page/page-id/GlobalSearch#q=spice&tab=All

Onsemi:
https://www.onsemi.com/design/technical-documentation#ZHQ9TW9kZWxzOw==

Eaton Magnetics:
https://www.eaton.com/us/en-us/products/electronic-components/spice-models.html

Intel FPGAs:
https://www.intel.com/content/www/us/en/support/programmable/support-resources/board-layout/hspice.html

APEX Microtechnology:
https://www.apexanalog.com/support/spice_models.html

Microsemi:
https://www.microsemi.com/document-portal/cat_view/56661-internal-documents/5674-spice-datasheets

STMicroelectronics:
https://www.st.com/content/st_com/en/standalone/pspice.html

Andere

https://ltwiki.org/files/LTspiceIV/Vendor%20List/
https://groups.io/g/LTspice/
http://bordodynov.ltwiki.org/
https://www.cordellaudio.com/book/spice_models.shtml
https://ltwiki.org/?title=Components_Library_and_Circuits

Anhang B – Nützliche Quellen

In diesem Anhang finden Sie Links zu hilfreichen Seiten und Videos zur Benutzung von LTspice:

Anfänger:
https://www.youtube.com/watch?v=-VPjPx2A1-M

https://www.youtube.com/
watch?v=SABAuQ1qL4Q&list=PLGtyXSn57qnKRiIqfpVK3ZtzOD8eb_2ro

https://www.youtube.com/watch?v=JRcyHuyb1V0

http://www.simonbramble.co.uk/lt_spice/ltspice_lt_spice.htm

https://learn.sparkfun.com/tutorials/getting-started-with-ltspice/all

https://electronicsbeliever.com/ltspice-circuit-simulation-tutorials-for-beginners/

https://www.analog.com/en/resources/media-center/videos/series/ltspice-gettingstarted-tutorial.html

https://courses.egr.uh.edu/ECE/ECE3355/Honors%20Electronics%20LTSpice/LTSpice%20Tutorials/A_brief_tutorial_on_LTSpice.pdf

https://www.analog.com/media/en/simulation-models/spice-models/
ltspicegettingstartedguide.pdf?modelType=spice-models

https://spiceman.net/ltspice/

https://www.allaboutcircuits.com/technical-articles/basic-circuit-simulation-with-ltspice/

https://www.youtube.com/watch?v=nDt1vLHWuQM

https://www.youtube.com/watch?v=xjj2XXDhZRQ

http://web02.gonzaga.edu/faculty/talarico/ee406/20162017/Cad/LTspiceQuickStart.pdf

Fortgeschrittene:
https://learn.sparkfun.com/tutorials/introduction-to-operational-amplifiers-with-ltspice/all

https://www.youtube.com/watch?v=lRz1gql-BWw

https://www.youtube.com/watch?v=kKuHvwSdzh4&t=280s

https://www.allaboutcircuits.com/technical-articles/intermediate-ltspice-tutorial/

https://courses.engr.illinois.edu/ece110/sp2020/content/labs/Experiments/LTspice%20
Tutorial%20%20Part%204-%20Intermediate%20Circuits.pdf

http://www.simonbramble.co.uk/lt_spice/ltspice_lt_spice_tutorial_5.htm

https://kolegite.com/EE_library/books_and_lectures

Index